비 아르키메디언 적분과 그 응용

김태균 · 장이채 · 임석훈 · 박순철
석정영 · 최준용 · 유천성　지음

KYOWOO CO. Publishing
敎友社

머리말

수의 산술에 관한 소개를 통해 10진법 및 p-진 수 등의 정의 그리고 성질과 보기들을 자세히 알아본다. p-진 수의 개념과 비 아르키메디언 해석학에 관한 흥미로운 이론들을 취급하고 (Bachman, 1964), p-진 수와 이와 관련된 함수의 연속성, 미적분을 고려하여 정수론 분야의 많은 문제 등을 언급하였다 (Khrennikov, 1991). 본 저자들은 지금까지 비 아르키메디언 해석학 입문(2004, 교우사), 초월함수개론(2005, 교우사), q-정수의 세계와 그 응용(2006, 교우사)을 통해, 새로운 수의 개념인 p-진 수에 대한 기초이론 및 비 아르키메디언 해석학, q-정수에 대한 여러 가지 이론 및 응용분야를 소개하였다.

최근 이 분야가 상당히 활발하게 연구되어오고 있다. 이러한 최근 연구 논문의 자료들을 정리하여 연구의 흐름에 대한 체계를 세워야할 필요성을 느껴, 이 책을 구성하게 되었다. 제 1 장에서는 수의 산술에 관한 여러 가지 사례들을 소개하였다. 제 2 장에서는 비 아르키메디언 노름, p-진 함수에 관련된 대수적 성질들, 비 아르키메디언 불변적분, 김(Kim)의 비 아르키메디언 q-적분에 관한 기초이론들을 취급한다. 제 3 장에서는 베르누이 수와 다항식의 이론과 성질들, 제타함수의 특성들, 오일러 수와 다항식의 이론과 성질들을 소개하였다. 제 4 장에서는 이 분야에서 활용될 수 있는 사례를 구체적으로 두 가지 소개하였다. 즉, 매스매티카를 이용한 자연수의 마이너스 제곱 합과 연속된 정수의 멱의 합을 구하기 위한 알고리즘이다. 제 5 장은 특수함수의 q-아날로그에 관한 사례들을 소개한다. 즉, 삼각함수의 q-확장, 다양한 q-제타함수와 $q-L$-함수들의 연구 결과들을 살펴보았다. 제 6 장은 $q=-1$에서 q-볼켄본 적분과 관련된 오일러수의 아날로그를 알아보고, 아포스톨-베르누이 정식과 아포스톨-오일러 정식의 일반화에 관한 여러 가지 성질들을 소개하였다. 제 7 장에서는 비틀림의 성질을 추가한 비틀림 q-제타함수와 비틀림 $q-L$-함수들의 다양한 연구 결과들을 살펴보았다.

본 저서는 오일러 수와 베르누이 수의 아날로그화에 관한 다양한 연구들과 이들의 활용 가능한 부분들을 구체적으로 소개함으로써 정수론에 관한 새로운 시도의 연구 분야의 이해와 저변확대를 위해서 저술된 네 번째 저서이다. 해마다 새로이 연구되어진 결과들을 책으로 발간한다는 것이 매우 힘든 작업임을 고백한다. 따라서 이 책의 잘못된 부분에 대해서는 독자의 서슴없는 지적이나 의견들을 겸허하게 수용하고자 한다.

이 책이 국내의 p-진 수 이론 및 비 아르키메디언 해석학의 연구를 보다 활발하게 만드는 계기가 된다면 저자들에게는 큰 보람일 것이다. 끝으로 출판해주신 교우사 오판근 사장님께 감사를 드린다.

2007년 8월

저자일동

차 례

1 수의 산술에 관한 소개

본 장에서는 자연수, 정수, 유리수, 실수와 p-진수 등의 정의 그리고 성질과 보기들에 대하여 자세히 알아본다. 그리고 활용으로 자주 언급되는 가우스함수와 이항정리에 대하여서도 예제를 통해서 학습한다.

1.1 자연수, 정수와 유리수

자연수는 얼마나 많이 존재하는가?

인간이 1초에 1부터 자연수를 한 개씩 확인하여도 100 년 후엔 $100 \times 365 \times 24 \times 60 \times 60 = 3,153,600,000$ 이상의 수는 알 수 없다. 즉, 인간의 능력으로는 그 끝을 확인할 수 없다. 따라서 이야기의 출발점으로 자연수의 존재를 우주가 창조된 시점에서 이미 만들어진 것이라 받아들이자.

두 자연수 $a, b \in N$ 에 대하여 $b/a = c$ 는 자연수일 필요는 없다. 만약 c 가 자연수이면 a 를 b 의 약수(divisor) 또는, b 를 a 의 배수(multiple)라 하며, 기호 $a|b$ 로 표시한다. 일반적으로, 자연수 a 의 배수 집합을 $\{na \mid n \in N\}$ 으로 나타낸다. 2 의 배수를 짝수(even number)라 부르고, 2 의 배수가 아닌 수를 홀수(odd number)라 부른다.

1 은 모든 자연수의 공통약수이다. 이와 같이 모든 수의 약수가 되는 수를 단수(unit)라 부른다. 특히, 단수는 1 의 약수이기 때문에 1 이외의 자연수는 단수가 아니다. 단수가 아닌 자연수 p 가 1 과 자기 자신 이외의 약수를 가지지 않을 때 p 를 소수(prime number)라 부르고 소수가 아닌 수를 합성수(composite number)라 부른다. 모든 자연수는 단수, 소수, 또는 합성수 중에 하나이다.

모든 자연수 n 은 유한개의 소수 $p_1, \cdots, p_r$ 의 곱으로 표현할 수 있고, 그 표현은 한 가지뿐이다: $n = p_1 p_2 \cdots p_r$ (주의: $n=1$ 일 때는 $r=0$ 으로 한다. 즉, 0 개의 소수의 곱은 1 이다). 그래서 $p_1, \cdots, p_r$ 를 n 의 소인수(prime divisor)라 부르고, n 을 소인수의 곱으로 표시한 것을 n 의 소인수분해(factorization)라 부른다. 소인수분해는, 일반적으로, 같은 소인수를 묶어서, $n = q_1^{e_1} q_2^{e_2} \cdots q_s^{e_s}$ 의 형태로 표시된다. 여기서, $q_1, \cdots, q_s$ 는 서로 다른 소수를, $e_1, \cdots, e_s$ 는 자연수를 표시한다. 예를 들어,

$$1000000 = 2^6 \cdot 5^6, \; 1000001 = 101 \cdot 9901,$$

$$1000002 = 2 \cdot 3 \cdot 166667,\ \ 1000003 = 1000003, \cdots .$$

2 는 최소의 소수이다. 200 이하의 자연수 중에서, 소수를 작은 것부터 차례로 써보면 46 개의 소수를 얻는다:

$$2,3,5,7,11,13,17,19,\cdots\cdots,179,181,191,193,197,199 .$$

■■■ 소수는 어느 정도 많이 있는가?

이미, 그리스시대, 유클리드가 소수는 무한히 많이 존재한다고 증명하였다: 소수가 유한개라 가정하자. 그것을 작은 것부터 차례로 $2, 3, \cdots, p_r$ 이라 하자. 이들 소수의 곱에 1 을 더한 수 $n = 2 \cdot 3 \cdots p_r + 1$ 은 1 보다 큰 자연수이다. n 의 소인수의 하나를 q 라 하면, q 는 소수이기 때문에, 가정에 의하여 소수 $2, 3, \cdots , p_r$ 중 어느 하나와 일치한다. $q = p_i (1 \leq i \leq r)$ 라 놓으면, n 과 $n-1 = 2 \cdot 3 \cdots p_r$ 은 모두 q 의 배수가 되고, 그들의 차 $1 = n-(n-1)$ 도 q 의 배수가 되기 때문에 모순을 얻는다.

양의 실수 x 에 대하여, x 이하의 소수의 개수를 $\pi(x)$ 로 쓰자. 예를 들면,

$$\pi(1) = 0,\ \pi(2) = 1,\ \pi(3) = 2,\ \pi(10) = 4,\ \pi(100) = 25, \pi(200) = 46 .$$

x 가 무한히 커질 때 $\pi(x)$ 도 무한히 커짐을 알 수 있다. 1896년에 $\pi(x) \sim \dfrac{x}{\log x}$ 가 증명되었고, 이것을 소수정리라 부른다.

정수와 유리수는 어떻게 만들어졌으며, 왜 만들었나?

일차방정식 $a+x=b$ $(a,b\in\mathbb{N})$의 근들은 정수집합 $\mathbb{Z}=-\mathbb{N}\cup\{0\}\cup\mathbb{N}$을 만든다. 또한, 일차방정식 $ax+b=c$ $(a,b,c\in\mathbb{Z},\ a\neq 0)$의 근들은 유리수집합 $\mathbb{Q}=\left\{\frac{r}{s}\mid r,s\in\mathbb{Z},\ s\geq 1\right\}$을 만든다. 자연수의 성질을 조사할 때, 그것을 좀 더 넓은 범위의 집합인 정수집합 $\mathbb{Z}$, 유리수집합 $\mathbb{Q}$, 또는 실수집합 $\mathbb{R}$에서 생각한다면 쉬워지는 경우가 많이 있다. 예를 들면, 약수, 배수의 정의는, 정수 $\mathbb{Z}$의 범위로 확장해 생각하면 다음과 같이 된다.

두 정수 m, a에 대하여, $m=ab$를 만족시키는 정수 b가 존재할 때, m은 a의 배수이고 a는 m의 약수이다. 0의 배수는 0뿐이다. 0이 아닌 정수 a의 배수집합을 $\mathbb{Z}a=\{na\mid n\in\mathbb{Z}\}$로 표시한다. 음의 정수는 -1을 곱하면 자연수가 되기 때문에 소인수분해에 대하여 다음 정리를 얻는다.

> [정리 1.1.1] 0이 아닌 정수 n는 부호 ± 1과 유한개의 소수 $p_1, \cdots, p_r$의 멱의 곱으로 표시할 수 있고, 그 표현은 한 가지뿐이다: $n=\pm\, p_1^{e_1}p_2^{e_2}\cdots p_r^{e_r}$.

모든 정수의 약수가 되는 수, 즉, 단수는 $\{1, -1\}$ 두 개가 있기 때문에, 0과 단수 이외의 정수 n은 4개의 약수 $\{1, -1, n, -n\}$를 갖는다. 따라서 소수 p는 4개의 다른 약수 $\{1, -1, p, -p\}$만을 갖는 자연수로 정의할 수 있다. 소수에 대한 성질은 p와 $-p$에서 같기 때문에, 우리는 소수 p를 양의 수로 한다. 정수범위에서 약수, 배수 문제를 생각하는 것은, 방정식 $ax=m$ 을 만족하는 정수해 x 가 존재하는가를 생각하는 것과 같다.

1.2 최대정수함수와 보기들

> [정의 1.2.1] 임의의 실수 x 에 대하여 $[x]$는 x 보다 크지 않는 최대의 정수를 나타낸다.

여기서 [ ]는 실수를 정의역으로 가지는 함수로서 함수값은 항상 정수이다. [ ]를 최대정수함수, 혹은 가우스함수라고 부른다.

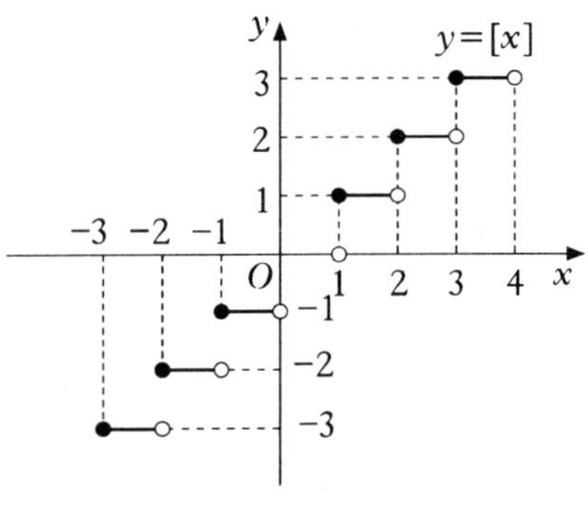

[그림 1.2.1]

[예제 1.2.2] 예를 들면 다음과 같다.

$$[1]=1,\ [-2]=-2,\ [3/4]=0,\ [-2.5]=-3,\ [\pi]=3,\ \cdots$$

최대정수함수는 산술함수는 아니지만 정수론의 여러 분야에 매우 유용하게 쓰이는 함수이다.

[정리 1.2.3]

(1) m 이 자연수이고 n 이 정수일 때, $n=qm+r(0 \leqq r < m)$ 이면 $\left[\frac{n}{m}\right]=q$ 이다.

(2) $[-x]=\begin{cases} -[x]-1 & (x\text{ 가 정수가 아닐 때}) \\ -[x] & (x\text{ 가 정수일 때}). \end{cases}$

(3) $x-[x]$ 는 어떤 양수 x 의 소수 부분을 의미한다.

(4) $<x>$ 는 x 보다 작지 않은 최소의 정수라 하면 다음 식이 성립한다.

$$<x> = -[-x] = \begin{cases} [x]+1 & (x\text{ 가 정수가 아닐 때}) \\ [x] & (x\text{ 가 정수일 때}). \end{cases}$$

우선, 최대정수함수의 성질에 관하여 간단하게 알아보자.

[정리 1.2.4] 임의의 실수 x, y 에 대하여,

(1) $[x] \leq x < [x]+1,\ x-1 < [x] \leq x,\ 0 \leq x-[x] \leqq 1.$

(2) $x \geq 0$ 이면, $[x]=\sum_{1 \leq i \leq x} 1$ 이다.

(3) m 이 정수이면, $[x+m]=[x]+m$ 이다.

(4) $[x]+[y] \leq [x+y] \leq [x+y]+1$.

(5) $9[x]+[-x]=\begin{cases} 0, & x\text{가 정수일 때,} \\ -1, & x\text{가 정수 아닐 때.} \end{cases}$

(6) m 이 자연수이면, $[[x]/m]=[x/m]$.

(7) $-[-x]$는 x 보다 작지 않는 최소의 정수이다.

(8) m, n 이 자연수이면, $[m/n]$은 1부터 m 까지 자연수 중에서 n 의 배수인 것들의 개수를 나타낸다.

증명 (1)~(5)는 자명하다.

(6) $[x]=n$, $x-[x]=\alpha\,(0 \leq \alpha < 1)$라고 놓고, $n=qm+r$, $0 \leq r < m$ 을 만족시키는 정수를 q, r 이라 하면, 좌변은

$$[[x]/m]=[n/m]=[q+r/m]=q+[r/m]=q$$

이다. 한편, $0 \leq r+\alpha < m$ 이므로, 우변도

$$\begin{aligned} [x/m] &= [(n+\alpha)/m]=[q+(r+\alpha)/m] \\ &= q+[(r+\alpha)/m]=q \end{aligned}$$

이다.

(7) (1)에 의하여 $-x-1 < [-x] \leq -x$, 즉, $x < -[-x] \leq x+1$ 이므로, $-[-x]$는 x 보다 작지 않은 최소의 정수가 된다.

(8) $qn \leq m < (q+1)n$을 만족시키는 자연수 q가 존재함은 당연하다. 1부터 m 까지의 자연수 중에서 n의 배수는 $n, 2n, \cdots, qn$ 뿐이고, 따라서 그 개수는 q 이다. 한편, $q \leqq m/n < q+1$ 이므로 $[m/n]=q$ 이다. ▩

잘 알려진 연습문제를 풀이 없이 소개만 하기로 한다.

[연습문제 1.2.4] (1) 방정식 $[x]^2+[x]-6=0$ 의 해를 구하여라.

(2) 집합 $A=\{x\mid[x]^2+2[x]+1=0\}$, $B=\{x\mid |x|\leqq 1\}$,

$C=\{x\mid x^2+x\leqq 0\}$ 에 대하여 $(C-A)\cap B$를 구하여라.

(3) 실수 x 에 대하여 $n\leqq x<n+1$ 을 성립시키는 정수 n 을 $[x]$ 로 나타낼 때, 연립부등식

$$\begin{cases}[x-5]^2-[x]-1<0\\ x^2-2x-8\leqq 0\end{cases}$$

을 만족시키는 정수 x 의 개수를 구하여라.

(4) 수열 $\{a_n\}$ 을 $a_n=\left[\dfrac{n^2+6n+8}{n+7}\right]$ 라 할 때, $\dfrac{1}{33}\displaystyle\sum_{k=1}^{20}a_n$ 을 구하여라.

(5) 방정식 $\left[\dfrac{3x+1}{10}\right]=x-[x]+1$ 을 만족하는 x 값들의 총합을 구하여라.

(6) 임의의 두 실수 x, y 에 대하여 $[2^x]+[2^y]=5$, $[2^x]\cdot[2^y]=4$ 일 때, $x+y$ 의 최소값을 구하여라.

(7) 다음과 같이 양의 정수들의 순서쌍에서 정의된 함수 f 가 있다.

$$f(n,\ 1)=1,\ f(n,\ n)=1,\ f(n,\ 2)=\left[\frac{n}{2}\right]$$

이 때, $f(m,\ n)=f(n,\ m)$ 이고,

$f(m,\ n)=f(m-1,\ n-1)+f(m-n,\ n)$ (단, $m>n>1$)

이 성립할 때, $f(9,\ 3)$ 의 값을 구하여라.

(8) 삼차방정식 $x^3-3x^2+1=0$ 은 서로 다른 세 실근 α, β, γ를 갖는다(단, $\alpha<\beta<\gamma$). 이 때, $[\alpha]+[\beta]+[\gamma]$ 의 값을 구하여라.

1.3 이항정리

이항정리(binomial theorem)에 대하여 간단히 언급한다.

$$\begin{aligned}(a+b)^n &= \sum_{r=0}^{n}\binom{n}{r}a^{n-r}b^r \\ &= \binom{n}{0}a^n+\binom{n}{1}a^{n-1}b+\cdots+\binom{n}{r}a^{n-r}b^r+\cdots+\binom{n}{n}b^n\end{aligned}$$

여기서

$$\binom{n}{r}=\frac{n!}{r!(n-r)!}=\frac{n(n-1)\cdots(n-r+1)}{r!}\ (0\le r\le n)$$

이다.

[정리 1.3.1] p가 소수일 때, 등식

$$\begin{aligned}(a+b)^p &= \sum_{r=0}^{p}\binom{p}{r}a^{p-r}b^r \\ &= a^p+\binom{p}{1}a^{p-1}b+\cdots+\binom{p}{p-1}ab^{p-1}+b^p\end{aligned}$$

에서 a^p와 b^p를 제외한 항의 계수는 모두 p의 배수이다.

증명 $0<r<p$ 일 때, $p|p!$, $p \nmid r!$, $p \nmid (p-r)!$ 이다.

따라서 $0<r<p$ 일 때, 정수 $\binom{p}{r}$는 모두 p 의 배수이다. ▨

잘 알려진 연습문제를 증명 없이 소개만 하기로 한다.

[연습문제 1.3.2] (1) 다음을 증명하시오.

$$\binom{n}{0}^2+\binom{n}{1}^2+\binom{n}{2}^2+\cdots+\binom{n}{n}^2=\binom{2n}{n}^2$$

(2) 다음을 증명하시오.

$$\binom{2n}{0}^2-\binom{2n}{1}^2+\binom{2n}{2}^2-\cdots-\binom{2n}{2n-1}^2+\binom{2n}{n}^2=(-1)^n\binom{2n}{n}$$

(3) 다음을 증명하시오.

$$\binom{n}{1}-2\binom{n}{2}+3\binom{n}{3}-\cdots+(-1)^{n-1}n\binom{n}{n}=\begin{cases}0, & n\neq 1\\ 1, & n=1\end{cases}$$

(4) 다음을 증명하시오.

$$\binom{n}{1}-\frac{1}{2}\binom{n}{2}+\frac{1}{3}\binom{n}{3}-\cdots+(-1)^{n-1}\frac{1}{n}\binom{n}{n}=1+\frac{1}{2}+\frac{1}{3}+\cdots+\frac{1}{n}$$

(5) 모든 정수 n에 대해 $\binom{1/2}{n}$ 의 분모가 2의 거듭제곱 수가 됨을 보이시오.

1.4 10진법과 p – 진수

우리들이 일상생활에서 사용하고 있는 것은 10진법이다. 예를 들어, 4325 는

$$4 \cdot 10^3 + 3 \cdot 10^2 + 2 \cdot 10 + 5$$

를 나타낸다. 이 절에서는 일반적인 진법과 p-진법에 대하여 간단히 논하기로 한다. 일반적인 진법은 다음 정리에 그 근거를 두고 있다.

> [정리 1.4.1] $a \in \mathbb{Z}$, $a \geq 2$ 일 때, 임의의 양의 정수 b 에 대하여 다음 등식을 만족시키는 정수 $m, r_0, r_1, \cdots, r_m$ 이 존재한다.
>
> $$b = r_m a^m + r_{m-1} a^{m-1} + \cdots + r_1 a + r_0$$
>
> 여기서 $m \geq 0$, $0 \leq r_m < a$, $0 \leq r_i < a$ $(0 \leq i \leq m-1)$이다.

증명 양의 정수 b 에 대하여 제 2 수학적 귀납법을 이용한다. 분명히, $b < a$ 이면 이 정리는 성립한다(이때, $m = 0$, $r_0 = b$). 이제 $b \geqq a$ 이라 하고, 위의 정리가 b 보다 작은 모든 정수에 대하여 성립한다고 가정하자. 나눗셈정리에 의하여

$$b = aq + r_0, \quad 0 \leqq r_0 < a$$

인 두 정수 q, r_0 가 존재한다. 이 때 $0 < q < b$ 이므로, 귀납법의 가정에 의하여 q 를 다음과 같이 나타낼 수 있다.

$$q = r_m a^{m-1} + \cdots + r_2 a + r_1$$

여기서 m 은 음이 아닌 정수이고 $r_1, r_2, \cdots, r_m$ 은 정수이며

$$0 \leq r_m < a, \ 0 \leq r_i < a \ \ (i = 1, 2, \cdots, m-1)$$

이다. 그러므로 $b = r_m a^m + r_{m-1} a^{m-1} + \cdots + r_1 a + r_0$ 이다. 따라서 위의 정리는 b 에 대하여 성립한다. □

정리 1.4.1에서와 같이

$$b = r_m a^m + r_{m-1} a^{m-1} + \cdots + r_1 a + r_0$$

일 때, 양의 정수 b 를

$$b = r_m r_{m-1} \cdots r_1 r_{0(a)}$$

로 나타내고, b 를 a 진법으로 나타내면 $r_m r_{m-1} \cdots r_1 r_{0(a)}$ 이다. 특히, 정수를 10진법으로 나타낼 때에는 밑 10을 생략한다. 여기서 우리는 유리수체 위에서 정의된 절대값을 이용하여 유리수체에서 실수체를 만드는 방법과 유사하게, 고정된 소수 p 에 대하여 새롭게 p -진 절대값을 유리수체 위에서 정의하여 p -진체를 만드는 과정을 설명한다. 그리고 실수체에서 볼 수 없는 여러 가지 현상들 중 두 가지만 설명한다.

임의의 정수 a와 b 에 대하여 정수 $a+b$ 와 정수 ab 가 일의적으로 정해진다. 또 이 두 연산에 관하여 정수집합 $\mathbb{Z}$는 다음과 같은 기본성질을 갖는다.

A.1 $a+b=b+a$ (덧셈의 교환법칙);

A.2 $(a+b)+c=a+(b+c)$ (덧셈의 결합법칙);

A.3 임의의 정수 a 에 대하여 $a+0=0+a=a$ 인 정수 0 (영, zero)이 존재한다. 이 0 을 덧셈에 관한 항등원(additive identity)이라 한다;

A.4 임의의 정수 a 에 대하여 $a+x=x+a=0$ 인 정수 x 가 단하나 존재한다. 이 x 를 $-a$ 로 나타내고, 이것을 덧셈에 관한 a 의 역원(additive inverse)이라 한다;

M.1 $ab=ba$ (곱셈의 교환법칙);

M.2 $(ab)c=a(bc)$ (곱셈의 결합법칙);

M.3 임의의 정수 a 에 대하여 $a\cdot 1=1\cdot a=a$ 인 정수 1 이 존재한다. 이 1 을 곱셈에 관한 항등원(multiplicative identity) 또는 단위원(unity)이라 한다;

D $a(b+c)=ab+ac$, $(a+b)c=ac+bc$ (분배법칙).

정수집합 $\mathbb{Z}$가 덧셈 및 곱셈에 관하여 성질 A.1-A.4, M.1-M.3, D를 만족한다는 의미에서 $\mathbb{Z}$를 정수환(the ring of integers)이라 한다. 특히 정수환 $\mathbb{Z}$는 다음 조건을 만족한다.

ID $ab=0 \Rightarrow a=0$ 또는 $b=0$.

집합 A 가 성질 A.1-A.4, M.1-M.3, D를 만족할 때 A 를 가환환(commutative ring)이라 부르고, 특히, 가환환 A 가 성질 ID를 만족할 때 A 를 정역(integral domain)이라 부른다. 따라서 $\mathbb{Z}$는 정역이다. 정역에서는 덧셈, 뺄셈, 곱셈은 자유롭다. 그러나 나눗셈은 반드시 가능하다고 말할 수는 없다. 나눗셈이 가능할 때 약수, 배수를 말할 수 있다. 정수 a 의 배수집합 $(a)=\mathbb{Z}a=\{na \mid n\in\mathbb{Z}\}$은 다음 성질을 만족한다.

I.1 $b, c\in(a) \Rightarrow b+c\in(a)$.

I.2 $m\in\mathbb{Z},\ b\in(a) \Rightarrow mb\in(a)$.

> [정의 1.4.2] 가환환 A가 성질 I.1-I.2를 만족할 때 A를 이데알(ideal)이라 부른다. (a)는 $\mathbb{Z}$의 이데알이고, a에 의해 생성된 단항이데알(principal ideal)이라 부른다.

약수, 배수관계를 단항이데알을 사용하여 표현하면 다음과 같다:

m은 a의 배수 $\Leftrightarrow a|m \Leftrightarrow m \in (a) \Leftrightarrow (m) \in (a) \Leftrightarrow a$는 m의 약수.

공배수, 공약수, 최소공배수 그리고 최대공약수의 정의를 이데알을 사용하여 말하면 다음과 같다.

m은 a와 b의 공배수 $\Leftrightarrow a|m,\ b|m \Leftrightarrow m \in (a),$
$m \in (b) \Leftrightarrow m \in (a) \cap (b)$;
l은 a와 b의 최소공배수 $\Leftrightarrow (l) = (a) \cap (b)$;
c는 a와 b의 공약수 $\Leftrightarrow c|a,\ c|b \Leftrightarrow a \in (c),$
$b \in (c) \Leftrightarrow (a,b) \subset (c)$;
d는 a와 b의 최대공약수 $\Leftrightarrow (d) = (a, b)$.

합동식과 잉여류에 관해서는 앞전에 강의가 되었기 때문에 이 부분은 생략한다. 유리수집합 $\mathbb{Q}$는 성질 A.1-A.4, M.1-M.3, D뿐만 아니라 다음 성질을 만족한다.

M.4 임의의 유리수 $a \neq 0$에 대하여 $ay = ya = 1$인 유리수 y가 단 하나 존재한다. 이 y를 a^{-1}로 나타내고, 이것을 곱셈에 관한 a의 역원(multiplicative inverse)이라 한다.

유리수집합 $\mathbb{Q}$가 덧셈 및 곱셈에 관하여 성질 A.1-A.4, M.1-M.4, D를 만족시킨다는 의미에서 $\mathbb{Q}$를 유리수체(rational number field)라 한다. 유리수체 $\mathbb{Q}$에는 대소관계가 존재한다. 서로 다른 두 유리수가 $r_1 < r_2$ 이면 $r_1 < \frac{r_1 + r_2}{2} < r_2$ 이고 $\frac{r_1 + r_2}{2}$ 는 유리수이다. 따라서 서로 다른 두 유리수 사이에는 반드시 유리수가 존재한다. 이 사실로부터 서로 다른 두 유리수 사이에는 무한개의 유리수가 존재함을 알 수 있다.

■■■ 유리수와 유리수 사이에 유리수가 아닌 다른 수는 존재하는가?

존재한다. 그 수는 이미 우주가 창조된 시점에서 만들어진 수이고, 인간이 그 수를 유리수를 이용하여 찾아냈고, 무리수(irrational number)라 불렀다. 그리고 유리수와 무리수를 합하여 실수집합 $\mathbb{R}$이라 하였다. 성질 A.1-A.4, M.1-M.4, D이 $\mathbb{R}$에서도 만족되기 때문에 이 집합을 실수체(real number field)라 한다. 우리가 본질적으로 유리수를 중요시하는 이유는 유리수를 통하여 무리수의 존재를 확인할 수 있기 때문이다. 다시 말하면 유리수는 무리수를 이해하는 방법상의 대상이다.

■■■ 유리수를 가지고 무리수를 어떻게 이해할 것인가?

가장 잘 알려진 두 가지 방법은, 뉴톤방법(Newton's method)과 태일러정리(Taylor's theorem)가 있다:

뉴튼방법 I.4.3 미분 가능한 함수 f 에 대하여,

$$a_{n+1} = a_n - \frac{f(a_n)}{f'(a_n)} \; (n = 1, 2, \cdots) \qquad (1\text{-}4\text{-}1)$$

을 만족하는 수열 $\{a_n\}$ 은 어떤 무리수의 근사값을 준다. 여기서 f'은 f의 미분이고, 수열이란 자연수집합 N을 정의역으로 하는 함수를 말한다.

흔히 제 n 항 a_n을 괄호 { } 안에 써서 $\{a_n\}$ 으로 표시한다. 만약 a_n이 유리수일 때 $\{a_n\}$ 을 유리수열이라 부른다. 예를 들어, 무리수 $\sqrt{2}$ 의 해석은 이차다항식 $f(x) = x^2 - 2$ 에 대하여, (1-4-1) 로부터 수열 $\{a_n\}$ 의 점화식

$$a_{n+1} = \frac{1}{2}\left(a_n + \frac{2}{a_n}\right) (n = 1, 2, \cdots) \qquad (1\text{-}4\text{-}2)$$

을 얻는다. 만일 $a_1 = 1$ 로 시작할 때, 유리수열 $\{a_n\}$

$$a_2 = \frac{3}{2} = 1.5\,,$$

$$a_3 = \frac{17}{12} = 1.416666666667\,,$$

$$a_4 = \frac{577}{408} = 1.414215686275$$

$$a_5 = \frac{665857}{470832} = 1.414213562375\,,$$

$$a_6 = \frac{886731088897}{627013566048} = 1.414213562373\,, \;\cdots$$

을 얻고 a_5, a_6은 소수점 아래 11 자리까지 정확한 근사값 (approximate value)을 제공한다. 식 (1-4-2)로부터 얻은 유리수열 $\{a_n\}$ 은 무리수 $\sqrt{2}$ 에 수렴한다. 즉, n 이 한없이 커질 때 a_n 이 $\sqrt{2}$ 에 한없이 가까워진다는 의미이다. 이 때, $\sqrt{2}$ 를 유리수열 $\{a_n\}$ 의 극한이라 하고, $a_n \to \sqrt{2}\ (n \to \infty)$ 으로 표시한다.

테일러정리 1.4.4 폐구간 $[a, x]$ 에서 연속이고 개구간 (a, x) 에서 $n+1$ 번 미분 가능한 함수 f 에 대하여

$$f(x) = f(a) + f'(a)(x-a) + \cdots + \frac{f^{(n)}(a)}{n!}(x-a)^n + \frac{f^{(n+1)}(c)}{(n+1)!}(x-a)^{n+1} \tag{1-4-3}$$

을 만족하는 c 가 구간 (a, x) 에 적어도 하나 존재한다. 여기서 $f^{(n)}$은 f 의 n 번째 미분이다.

c 는 단순히 존재성만 의미하므로, 우리는 주어진 함수 $f(x)$ 를 (1-4-3)로부터 각 계수가 확실한 근사(n 차)다항식

$$f(a) + f'(a)(x-a) + \frac{f''(a)}{2!}(x-a)^2 + \cdots + \frac{f^{(n)}(a)}{n!}(x-a)^n \tag{1-4-4}$$

을 얻을 수 있다. 결론적으로 주어진 함수 $f(x)$ 를 $x=a$ 근처에서 우리가 잘 이해할 수 있는 유리수계수를 갖는 (n 차)다항식 (1-4-4)으로 보겠다는 것이다. 예를 들면, $f(x) = \sqrt[3]{1+x}$ 에서 $x=0$ 근처에서 $f(x) \approx 1 + \frac{1}{3}x - \frac{2}{9}x^2$ 이다. 따라서

$$\sqrt[3]{0.9} \approx 1 + \frac{1}{3}(-0.1) - \frac{2}{9}(-0.1)^2 \approx 0.9644\ .$$

다른 예를 들면, 지수함수 e^x 는 $x=0$ 근처에서 (1-4-4)로부터 일차 다항식 입장에선 $1+x$ 이고, 이차 다항식 입장에선 $1+x+\frac{x^2}{2}$ 이다. 즉, 무리수인 오일러수 e 란 일차다항식 시각에선 $1+1$, 이차 다항식 시각에선 $1+1+\frac{1}{2}$ 로 표현된다. 본질적으로 테일러정리는 실수(=무리수)를 우리가 잘 알고 있는 유리수들의 합(근사값)으로 이해하겠다는 것이다. $1, 2, \cdots, n$ 차 다항식에서 $1, 2, \cdots, n$ 는 무리수를 유리수의 몇 번의 합으로 이해하는가를 결정한다.

유리수체 $\mathbb{Q}$위에 정의된 노름(norm)와 거리(distance)

실수 x (=무리수)와 그것의 근사값 a (=유리수의 합)와 오차 ϵ 과의 관계는 부등식 $|x-a|<\epsilon$으로 주어진다. 예를 들어, $|\sqrt{2}-1.414213562373|<\frac{1}{10^{11}}$. 여기서 실수(또는, 유리수) x 의 절대값 $|x|$ 의 정의는 다음과 같다.

$$x \geq 0 \text{ 일 때 } |x|=x \text{ ; } x<0 \text{ 일 때 } |x|=-x \text{ .}$$

절대값 $|\cdot|$ 은 실수(또는, 유리수)의 노름(norm)을 의미한다. 즉, 아래의 성질 N.1-N.3을 만족하는 함수
$|\cdot|: \mathbb{R}$ (또는 $\mathbb{Q}$) $\rightarrow \mathbb{R}$, $|\cdot|(x)=|x|$ 이다.

N.1 $|x| \geq 0; |x|=0 \Leftrightarrow x=0$,

N.2 $|xy|=|x||y|$,

N.3 $|x+y| \leq |x|+|y|$ (삼각부등식).

■■■ 실수체 $\mathbb{R}$의 수학적인 정의는 무엇인가?

실수체 $\mathbb{R}$를 절대값(노름) $|\cdot|$를 이용하여 정의해보자. 이를 위하여 동치관계, 동치류 그리고 코시수열에 관한 대단히 중요한 개념들이 필요하다. 집합 $A(\neq\varnothing)$ 위에 정의된 관계(relation) $\sim$ 가 다음 세 조건을 만족시킬 때, 이 관계를 집합 A 위의 동치관계(equivalence relation)라고 한다.

E.1 $a \sim a$ (반사법칙, reflexive law);

E.2 $a \sim b \Rightarrow b \sim a$ (대칭법칙, symmetric law);

E.3 $a \sim b,\ b \sim c \Rightarrow a \sim c$ (추이법칙, transitive law);

집합 A 위에 동치관계 $\sim$가 정의되어 있는 경우에, 두 원소 $a, b \in A$ 에 대하여 $a \sim b$ 일 때, a 와 b 는 서로 동치(equivalent)인 원소라고 한다. 그리고 각 원소 a 와 동치인 A 의 원소 전체의 집합을 a 에 의하여 결정된 동치류(equivalence class)라 하고 $[a]$로 나타내며 동치류 $[a]$ 의 집합을 $A/\sim$ 로 나타낸다. 즉,

$$A/\sim = \{[a] \mid a \in A\},\ \text{여기서}\ [a] = \{x \in A \mid x \sim a\} = \{x \in A \mid a \sim x\}.$$

예를 들면, 어느 한 반 학생 전체의 집합 A 위에 "$a \sim b \Leftrightarrow a$와 b가 성(性)이 같다"로 정의된 관계 $\sim$ 는 동치관계이고 a 가 남학생인 경우에 $\bar{a}$ 는 남학생 전체의 집합이고 a 가 여학생인 경우에 $\bar{a}$ 는 여학생 전체의 집합이다. 그리고 동치류의 집합은 다음과 같다.

$$A/\sim = \{\text{남학생 전체}\} \bigcup \{\text{여학생 전체}\}.$$

코시수열의 정의를 내리기 위해서, 앞에서 살펴본 $\sqrt{2}$ 를 해석

한 예를 다시 살펴보면, 첨자 5 이상인 자연수 n, m 에 대하여 a_n 와 a_m 과의 차의 크기 $|a_n - a_m|$ 는 충분히 작다는 사실을 알 수 있다. 예를 들어, $|a_6 - a_5| = \dfrac{2}{10^{12}}$ 이다. 이와 같이, 임의의 양수 ϵ (충분히 작은 수)에 대하여 ϵ 에 종속된 자연수 $N(\epsilon)$ 가 존재하여 $n, m \geq N(\epsilon) \Rightarrow |a_n - a_m| \leq \epsilon$을 만족하는 수열 $\{a_n\}$ 을 코시수열이라 부른다. 유리수체 $\mathbb{Q}$의 원소들로 이루어진 코시수열 $s_j = \{a_k^j\}$ 의 집합을 S라 하고, S의 두 원소 $s_i = \{a_k^i\}$와 $s_j = \{a_k^j\}$ 의 동치관계 ~를 다음과 같이 정의하자.

$$s_i \sim s_j \Leftrightarrow |a_k^i - a_k^j| \to 0 \ (k \to \infty)\,. \tag{1-4-5}$$

우리는 동치류의 집합 $S/\sim = \{[s_i] \mid s_i \in S\}$ 을 실수체 $\mathbb{R}$로 정의한다.

실수체 $\mathbb{R}$은 어떻게 생겼나?

실수 α 에 수렴하는 코시유리수열이 반드시 존재함을 보이고 이것으로부터 실수 α 의 10진법 표현을 얻을 수 있음을 보이자: n을 자연수라 하자. 유리수

$$\cdots, \frac{-3}{10^n}, \frac{-2}{10^n}, \frac{-1}{10^n}, 0, \frac{1}{10^n}, \frac{2}{10^n}, \frac{3}{10^n}, \cdots$$

중에서 부등식

$$\frac{a_n}{10^n} \leq \alpha < \frac{a_n + 1}{10^n} \tag{1-4-6}$$

을 만족시키는 정수 a_n을 잡을 수 있다.

따라서 $0 \le \alpha - \frac{a_n}{10^n} < \frac{1}{10^n}$ 이고, 결국 n 이 한없이 커질 때 유리수열 $\left\{\frac{a_n}{10^n}\right\}$ 은 실수 α 에 수렴한다. 한편, a_n 에 관한 부등식 (1-4-6)에 의하여 부등식 $10a_{n-1} \le a_n < 10a_{n-1} + 10\ (n=1,2,\cdots)$ 을 얻고, 이 부등식에 의하여 $\left|\frac{a_{n+1}}{10^{n+1}} - \frac{a_n}{10^n}\right| \le \frac{1}{10^n}$ 이다. 이것은 수열 $\left\{\frac{a_n}{10^n}\right\}$ 이 코시수열임을 말한다.

다른 한편, $a_n = 10\,a_{n-1} + c_n$, $(0 \le c_n \le 9)$ 으로 놓으면, $\frac{a_n}{10^n} = \frac{a_{n-1}}{10^{n-1}} + \frac{c_n}{10^n}$ 이다. 즉,

$$\frac{a_n}{10^n} = a_0 + \frac{c_1}{10} + \frac{c_2}{10^2} + \cdots + \frac{c_n}{10^n}\ (a_0 \in \mathbb{Z}).$$

따라서 n 을 한없이 크게 하면 실수 α 의 10진법 표현

$$\alpha = a_0 + \frac{c_1}{10} + \frac{c_2}{10^2} + \cdots + \frac{c_n}{10^n} + \cdots \quad (a_0 \in \mathbb{Z}) \qquad (1\text{-}4\text{-}7)$$

을 얻는다. 보다 일반적으로, 모든 양의 실수 α 의 10진법 표현은 다음과 같다:

$$\alpha = \sum_{n=k}^{\infty} c_n 10^{-n} \quad (c_n = 0, 1, \cdots, 9,\ k \in \mathbb{Z}). \qquad (1\text{-}4\text{-}8)$$

■■■ 유리수 체 $\mathbb{Q}$ 위에 다른 노름을 정의할 수 있는가?

조건 N.1-N.3을 만족하는 $\mathbb{Q}$에서 $\mathbb{R}$로의 새로운 함수(노름)를 만들어보자: 소수 p를 한 개 고정시키고 0 이 아닌 정수 a에 대하여, a를 소인수분해 했을 때 p의 최고 멱을 $\mathrm{ord}_p\, a$라 쓰자. 예를 들면,

$$\mathrm{ord}_5\, 35 = 1,\ \ \mathrm{ord}_5\, 250 = 3,\ \ \mathrm{ord}_2\, 96 = 5,\ \ \mathrm{ord}_2\, 97 = 0\,.$$

만약 $a = 0$ 이면, $\mathrm{ord}r_p\, 0 = \infty$ (무한대) 로 정의한다. 그러면 간단한 예를 통하여

$$\mathrm{ord}_p\,(ab) = \mathrm{ord}_p\, a + \mathrm{ord}_p\, b$$

임을 확인할 수 있다. 이번엔 유리수 $x = \dfrac{a}{b}$ 에 대하여, $\mathrm{ord}_p\, x$ 를 다음과 같이 정의하자.

$$\mathrm{ord}_p\, x = \mathrm{ord}_p\, \frac{a}{b} = \mathrm{ord}_p\, a - \mathrm{ord}_p\, b\,.$$

이 정의는 x에만 종속하고, x를 표현하는 a, b와는 무관함을 보일 수 있다.

잘 알려진 연습문제를 풀이 없이 소개만 하기로 한다.

[연습문제 1.4.5] $\mathrm{ord}_7(-700/197)$, $\mathrm{ord}_3(10^9)$, $\mathrm{ord}_{13}(-26/169)$를 계산하여라.

[연습문제 1.4.6] $\mathrm{ord}_p((p^N)!)=1+p+\cdots+p^{N-1}$ 임을 보여라.

우리는 새로운 함수 $|\cdot|_p : \mathbb{Q} \to \mathbb{R}$ 를

$$|x|_p = p^{-\mathrm{ord}_p x}\,(0 \neq x \in \mathbb{Q}), \quad |0|_p = 0 \qquad (1\text{-}4\text{-}9)$$

와 같이 정의하면 $|\cdot|_p$ 는 조건 N.1-N.3을 만족한다. $|x|_p$ 을 x 의 p -진 절대값(p -adic absolute value of x)이라 부른다. 예를 들면,

$$|6|_3 = |15|_3 = \frac{1}{3}, \ \left|\frac{1}{4}\right|_2 = \left|\frac{3}{4}\right|_2 = 4, \ |137|_2 = 1.$$

크기 $|x|_p$ 가 취하는 값은 $\{p^r \mid r \in \mathbb{Z}\} \cup \{0\}$ 임에 주의하자. 예를 들어, 방정식 $x^2-p=0$ 의 근이 어디에 존재하는가를 생각하게 한다. 실제, $|\cdot|_p$ 에 대하여 조건 N.1과 N.2는 자명하다. 조건 N.3를 증명하여보자. 모든 0이 아닌 유리수 x 는

$$x = p^{\mathrm{ord}_p x}\frac{b}{a}\,(a,\, b \in Z,\ a \neq 0,\ (p,\, a)=(p,\, b)=1)$$

로 표현할 수 있다. $y = p^{\mathrm{ord}_p y}\dfrac{b'}{a'}$ 이라 하면, 다음 표현을 얻는다:

$$x+y = p^{\mathrm{ord}_p x}\left(\frac{a'b + p^{\mathrm{ord}_p y - \mathrm{ord}_p x} b'a}{aa'}\right). \qquad (1\text{-}4\text{-}10)$$

(경우 1) $\mathrm{ord}_p y \geq \mathrm{ord}_p x$: $(p, aa')=1$ 이나 $a'b + p^{\mathrm{ord}_p y - \mathrm{ord}_p x} b'a$ 는 p 로 나누어질 수 있다.

따라서 $\mathrm{ord}_p(x+y) \geq \mathrm{ord}_p x = \min(\mathrm{ord}_p x, \mathrm{ord}_p y)$ 이기

때문에 삼각부등식보다 더 강력한 부등식 $|x+y|_p \le \max\{|x|_p, |y|_p\}$ 을 얻는다.

(경우 2) $\mathrm{ord}_p y > \mathrm{ord}_p x : (p, a'b + p^{\mathrm{ord}_p y - \mathrm{ord}_p x} b'a) = 1$ 이기 때문에

$$\mathrm{ord}_p (x+y) = \mathrm{ord}_p x$$

이고 등식 $|x+y|_p = \max\{|x|_p, |y|_p)\}$을 얻는다.

(경우 3) $p=2$ 이고 $\mathrm{ord}_2 x = \mathrm{ord}_2 y$: 정수 a, a', b, b' 가 모두 홀수이므로 $a'b + b'a$ 은 짝수이고 aa' 은 홀수이다. 따라서

$$\mathrm{ord}_2 (x+y) \ge \mathrm{ord}_2 x + 1$$

이기 때문에 $|x+y|_2 \le \frac{1}{2}|x|_2$ 를 얻는다. 어떤 경우든지 조건 N.3를 만족한다.

[정리 1.4.7] p −진 절대값의 성질들

(1) $|1|_p = 1$; $|x|_p = |-x|_p$; $|x^{-1}|_p = |x|_p^{-1}$

(2) 임의의 자연수 $g \ge 2$ 에 대하여 $|xy|_g \le |x|_g |y|_g$, 예를 들면,

$$|2|_4 = 1 \text{ 그러나 } |2 \times 2|_4 = \frac{1}{4} < |2|_4 \times |2|_4 = 1 ;$$

$$|2|_6 = |3|_6 = 1 \text{ 그러나 } |2 \times 3|_6 = \frac{1}{6} < |2|_6 \times |3|_6 = 1 .$$

(3) $|x_1 + \cdots + x_n|_p \le \max\{|x_1|_p, \cdots, |x_n|_p\}$.

(4) $|n|_p \le 1$ ($n \in \mathrm{N}$) $\Leftrightarrow$

$|x+y|_p \le \max\{|x|_p, |y|_p\} \Leftrightarrow [|x|_p \le 1 \Rightarrow |1+x|_p \le 1]$.

(5) 절대값 $|\cdot|$을 $|\cdot|_\infty$로 나타내자. 0이 아닌 유리수 x에 대하여, $\prod_{2 \le p \le \infty} |x|_p = 1$.

만약 어떤 노름 $\|\cdot\|$가 부등식 $\|x+y\| \le \max\{\|x\|,\|y\|\}$을 만족할 때 노름 $\|\cdot\|$를 비아르키메디언이라 부른다. 대표적인 예를 들면, 노름 $\|x\| = 1$ $(x \neq 0)$, $\|0\| = 0$와 p-진 절대값 $|\cdot|_p$은 모두 비 아르키메디언이다. 반면에 절대값 $|\cdot|$은 비 아르키메디안이 아니다. 반대로 아르키메디언이라 부른다.

잘 알려진 연습문제를 증명 없이 소개만 하기로 한다.

[예제 1.4.8] 유한개의 원소를 갖는 체를 유한체(finite field)라 한다. 유한체위에는 항상 자명한 크기만 존재함을 보여라.

[정리 1.4.9] (Ostrowski) 유리수체 $\mathbb{Q}$위에서 정의된 자명하지 않은 노름은 절대값 $|\cdot|$ 또는 적당한 소수 p에 대하여, p-진 절대값 $|\cdot|_p$과 일치한다.

[정리 1.4.10] **(p-진체 $\mathbb{Q}_p$)** 유리수 체 $\mathbb{Q}$에서 실수 체 $\mathbb{R}$를 만드는 과정과 유사하게, 유리수체 $\mathbb{Q}$의 원소들로 이루어진 코시수열 $s_j = \{a_k^j\}$의 집합을 S라 하자. S의 두 원소 $s_i = \{a_k^i\}$와 $s_j = \{a_k^j\}$의 동치관계 ~를 다음과 같이 정의하자.

$$s_i \sim s_j \Leftrightarrow |a_k^i - a_k^j|_p \to 0 \ (k \to \infty) \qquad (1\text{-}4\text{-}11)$$

우리는 동치류의 집합 $S/\sim=\{[s_i]\mid s_i\in S\}$ 을 $\mathbb{Q}_p$ 로 표시한다.

집합 $\mathbb{Q}_p$ 는 어떻게 생겼나?

먼저 n 이 한없이 커질 때 $|p^n|_p=p^{-n}\to 0$ 이므로, 무한등비급수의 합공식인 $1/(1-p)=\sum_{n=0}^{\infty}p^n=1+p+\cdots+p^n+\cdots$ 를 사용할 수 있다. 보다 일반적으로, 0 이 아닌 유리수는 p-진 전개 $\sum_{n=k}^{\infty}a_np^n$ $(k\in\mathbb{Z},\ 0\le a_n\le p-1)$ 되어진다. 예를 들면, 정수가 아닌 양의 유리수 $x=b/a$, $((p,a)=(p,b)=1)$인 경우, $(p,a)=1$ 에 의해 $p\in(\mathbb{Z}/a\mathbb{Z})^\times$ 이다. 따라서 만약 $\#\{(\mathbb{Z}/a\mathbb{Z})^\times\}=n$이라 놓으면, $p^n\equiv 1 \pmod a$ 이다. 따라서 $p^n-1=aa'$ 이 되는 $a'\in\mathbb{Z}$ 이 존재한다. 그리고

$$ba'=c(1-p^n)+d,\ \ 0<d<p^n$$

이 되도록 $c, d\in\mathbb{Z}$를 잡으면 $d=d_0+d_1p+\cdots+d_{n-1}p^{n-1}$ $(0\le d_j\le p-1)$로 전개되고,

$$x=\frac{b}{a}=\frac{ba'}{aa'}=\frac{c(1-p^n)+d}{(1-p^n)}=c+d\sum_{m=0}^{\infty}(p^n)^m$$

이 된다. $x, d>0$ 이고 $1-p^n<0$ 이므로 $c\ge 0$, $c\in\mathbb{Z}$ 이다. 따라서

$$c=c_0+c_1p+\cdots+c_l\,p^l$$

로 표현될 수 있어, 결국

$$x = c_0 + c_1 p + \cdots + c_l p^l + (d_0 + d_1 p + \cdots + d_{n-1} p^{n-1}) \sum_{m=0}^{\infty} (p^n)^m$$

으로 전개되고, 어떤 항 이후부터는 계수가 계속 같은 것으로 반복됨을 알 수 있다. 예를 들면, $p=5$, $x=2/3$ 이라면

$$\frac{2}{3} = 1 + \frac{8}{1-5^2} = 1 + (3+5) \sum_{m=0}^{\infty} 5^{2m}$$
$$= 4 + 5 + 3 \cdot 5^2 + 5^3 + 3 \cdot 5^4 + \cdots$$

로 전개된다. $x = b/a < 0$ 일 때에도 자연수 l 과 n 에 대하여

$$x = \left(p^l + \frac{b}{a}\right) + p^l \sum_{m=0}^{\infty} (p^n - 1)(p^n)^m$$

인 것을 이용하여 위와 같은 모양으로 p -진 전개할 수 있고, 역시 어떤 항 이후부터는 계수가 같은 것으로 반복된다. 따라서 유리수체 $\mathbb{Q}$에 p -진절대값을 사용하면

$$\mathbb{Q} = \left\{ \sum_{n=k}^{\infty} a_n p^n \mid k \in \mathbb{Z},\ 0 \le a_k \le p-1,\ a_k \text{는 어떤 항 이후부터 반복됨} \right\}$$

이 된다. 만약 $\{a_k\}$가 어떤 항 이후부터 반복되지 않는다고 하자. $x_m = \sum_{n=k}^{m} a_n p^n \in \mathbb{Q}$ 이지만, m 이 한없이 커지면

$$\sum_{n=k}^{\infty} a_n p^n = a_k p^k + a_{k+1} p^{k+1} \cdots \notin \mathbb{Q}$$

이다. 따라서 유리수체 $\mathbb{Q}$보다 더 크고, $\sum_{n=k}^{\infty} a_n p^n = a_k p^k + a_{k+1} p^{k+1} \cdots$을 포함하는 집합이

필요하다. 그러한 집합이 바로 $\mathbb{Q}_p$ 이다. 즉,

$$\mathbb{Q}_p = \left\{ \sum_{n=k}^{\infty} a_n p^n \mid k \in \mathbb{Z},\ 0 \le a_n \le p-1 \right\}.$$

다른 예를 들자.

모든 정수 $n \ge 1$ 에 대하여 $\dfrac{p^n - 1}{p-1} = 1 + p + p^2 + \cdots + p^{n-1}$ 이기 때문에

$$-1 = (p-1) + (p-1)p + \cdots + (p-1)p^{n-1} + p^n \times (-1)$$

이다. 따라서 $-1 = (p-1)\sum_{n=0}^{\infty} p^n$ 을 얻는다.

잘 알려진 연습문제를 풀이 없이 소개만 하기로 한다.

[연습문제 1.4.11] $\dfrac{22}{7}$ 의 7-진전개, $\dfrac{355}{113}$ 의 11-진전개를 구하여라.

집합 $\mathbb{Q}_p$ 가 성질 A.1-A.4, M.1-M.4, D를 만족하기 때문에 이 집합을 p-진 체(p-adic field)라 부른다. $x = \sum_{n=k}^{\infty} a_n p^n \in \mathbb{Q}_p$ $(0 \le a_n \le p-1,\ a_k \ne 0)$에 대하여 $|x|_p = p^{-k}$ 라 하면 p-진절대값은 $\mathbb{Q}_p$ 로 자연스럽게 확장될 수 있다. 집합 $\mathbb{Q}_p$ 의 가장 중요한 부분집합은

$$\mathbb{Z}_p = \left\{ \sum_{n=0}^{\infty} a_n p^n \mid 0 \le a_n \le p-1 \right\} = \{ x \in \mathbb{Q}_p \mid |x|_p \le 1 \}$$

이다. 이것은 성질 A.1-A.4, M.1-M.3, D를 만족하기 때문에 가환환이고, p-진 정수환(the ring of p-adic integers)이라 부른다.

실수체 $\mathbb{R}$과 p-진체 $\mathbb{Q}_p$의 차이점은 무엇인가?

실수체와 p-진 체는 대부분 같은 성질을 갖지만, 삼각부등식보다 더 강력한 부등식 $|x+y|_p \le \max\{|x|_p, |y|_p\}$ 의 성질 때문에 많은 부분이 다르다. 그 예로서 두 가지만 설명하면,

· 모든 삼각형은 이등변 삼각형이다

세 점 $0, x, y \in \mathbb{Q}_p$ 을 꼭지점으로 갖는 삼각형을 생각하자. 변 x 와 y 가 다른 길이, 즉, $|x|_p < |y|_p$ 를 갖는다고 가정하면 세 번째 변 $x-y$ 의 길이는

$$|x-y|_p \le \max\{|x|_p, |y|_p\} = |y|_p$$

이다. 그러나

$$|y|_p = |x-(x-y)|_p \le \max\{|x|_p, |x-y|_p\} \le |y|_p$$

이기 때문에 $|x-y|_p = |y|_p$ 을 얻는다.

· 원 안의 모든 점은 그 원의 중심이 된다.

중심이 $a \in \mathbb{Q}_p$ 이고 반지름이 $r \in \mathbb{R}$, $r \ge 0$ 인 (개)원을 $D(a, r^-) = \{x \in \mathbb{Q}_p \mid |x-a|_p < r\}$이라 하자. b 를 $D(a, r^-)$ 의 한 원소라 하면, 다음 식을 얻는다.

$$x \in D(a, r^-) \Rightarrow |x-a|_p < r$$
$$\Rightarrow |x-b|_p = |(x-a)+(a-b)|_p \le \max\{|x-a|_p, |a-b|_p\} \le r$$
$$\Rightarrow x \in D(b, r^-).$$

따라서 $D(a, r^-) \subset D(b, r^-)$. 정확히 마찬가지 방법으로 $D(b, r^-) \subset D(a, r^-)$ 을 얻는다. 즉, $D(a, r^-) = D(b, r^-)$ 이다.

2 비 아르키메디언 불변적분

2.1 비 아르키메디언 노름

실수 a의 절대값 $|a|$은

$$|a| = \begin{cases} a, & a \geq 0 \\ -a, & a < 0 \end{cases}$$

로 정의된다. 그러면 $|\cdot|$는 다음 성질을 만족한다.

(i) $|a| \geq 0$이고 $|a| = 0$일 필요충분조건은 $a = 0$,

(ii) (삼각부등식) $|a \pm b| \leq |a| + |b|$,

(iii) $|ab| = |a||b|$,

(iv) $n = 0, 1, 2, \cdots$에 대해 $|na| = n|a|$.

이러한 의미에서 $|\cdot|$는 아르키메디언 노름(Archimedean norm)이다. 이 절에서는 비 아르키메디언 노름(Non-Archimedean norm)을 고려한다. 앞으로 $\mathbb{N}, \mathbb{Z}, \mathbb{Q}, \mathbb{R}, \mathbb{C}$를 각각 자연수, 정수, 유리수, 실수, 복소수의 집합으로 표기하자.

> **[정의 2.1.1]** p를 소수라 하자. 이 때 p-진 노름(p-adic norm)이란 함수
>
> $$|\cdot|_p : \mathbb{Q} \rightarrow \mathbb{R}^+ = [0, \infty), \quad |x|_p = \begin{cases} p^{-r}, & x = p^r \dfrac{m}{n} \\ 0, & x = 0 \end{cases}$$
>
> 을 말한다. 단 $(p, m) = (p, n) = 1$이고 $m, n, r \in \mathbb{Z}$이다.

정의로부터 다음이 성립함을 보일 수 있다.

(i) $|x \pm y|_p \leq \max\{|x|_p, |y|_p\}$,

(ii) $|xy|_p \leq |x|_p |y|_p$.

(i)의 성질은 $|\cdot|_p$가 비 아르키메디언 노름임을 의미한다. $|\cdot|_p$에 관한 $\mathbb{Q}$의 완비화를 $\mathbb{Q}_p$로 나타내고 이를 p-진 유리수체(the field of p-adic rational numbers)라고 한다. 또한 $\mathbb{Q}_p$의 대수적 닫힘의 완비화는 $\mathbb{C}_p$로 표기하고

$$\mathbb{Z}_p = \{x \in \mathbb{Q}_p \mid |x|_p \leq 1\}$$

는 p-진 정수환(the ring of p-adic integers)이라 한다.

[예제 2.1.2] $|3|_5 = |2|_5 = 1$이고 $|5|_5 = \frac{1}{5}$이므로

$$|3+2|_5 = \frac{1}{5} < 1 = max\ \{\,|3|_5, |2|_6\,\}$$

이다.

[정의 2.1.3] K를 항등원(단위원) 1을 가진 가환환이라 하자. 함수 $v : K \to \mathbb{R}^+$가 의부치(pseudo-valuation)란 모든 $a, b \in K$에 대해

(i) $v(a) = \begin{cases} 0, & a = 0 \\ > 0, & a \neq 0 \end{cases}$

(ii) $v(a \pm b) \leq v(a) + v(b)$

(iii) $v(ab) \leq v(a)v(b)$

을 만족할 때이다. 특히, (ii)보다 강한 조건

(ii)′ $v(a \pm b) \leq \max\{v(a), v(b)\}$

을 만족하는 의부치는 비 아르키메디언이라 한다. 그렇지 않으면 아르키메디언이라 한다. 더욱이 (iii)보다 강한 성질

(iii)′ $v(ab) = v(a)v(b)$

을 만족하는 v는 부치(valuation)라고 한다.

[정의 2.1.4] v가 K 위의 의부치라 하자. 수열 $\{a_n\} \subseteq K$가 v-유계(v-bounded)란 모든 n에 대해 $v(a_n) \leq C$인 상수 $C > 0$가 존재할 때이다. 또한

$$\lim_{m, n \to \infty} v(a_m - a_n) = 0.$$

을 만족할 때 그러한 $\{a_n\}$는 기본수열(fundamental sequence)이라 하고 v-수렴한다(v-convergent)고 한다. 특히 $\lim_{n\to\infty} v(a_n)=0$이면 영수열(null sequence)이라 하고 v-극한이 0이라고도 한다.

실수의 극한의 정의로부터 다음은 명백하다. $\{a_n\}$이 영수열일 필요충분조건은 임의의 $\epsilon > 0$에 대해 ϵ에만 의존하는 자연수 $p(\epsilon)$가 존재하여 모든 $n \geq p(\epsilon)$에 대해 $v(a_n) < \epsilon$을 만족할 때이다. 보다 일반으로, $\{a_n\}$이 기본수열일 필요충분조건은 임의의 $\epsilon > 0$에 대해 ϵ에만 의존하는 자연수 $q(\epsilon)$가 존재하여 모든 $m,n \geq q(\epsilon)$에 대해 $v(a_m - a_n) < \epsilon$을 만족할 때이다. 이제 모든 기본수열 $\{a_n\}$, $a_n \in K$의 집합을 $\{K\}_v$로 표기하자.

[정의 2.1.5] 임의의 두 수열 $\{a_n\}, \{b_n\} \in \{K\}_v$의 합, 차와 곱을 각각

$$\{a_n\} \pm \{b_n\} = \{a_n \pm b_n\}, \quad \{a_n\}\{b_n\} = \{a_n b_n\}$$

으로 정의한다.

다음은 명백하다.

[정리 2.1.6]
(i) 모든 기본수열은 v-유계이다,
(ii) 모든 영수열은 기본수열이다,
(iii) $\{a_n\}$, $\{b_n\}$이 기본수열이면 $\{a_n\} \pm \{b_n\}$, $\{a_n\}\{b_n\}$도 기본수열이다.

정리 2.1.6 (iii)으로부터 $\{K\}_v$는 가환환이 된다. 또한 덧셈과 곱셈의 항등원은 각각

$$\{0\} = \{0,0,0,\cdots\}, \quad \{1\} = \{1,1,1,\cdots\}$$

이다. $\{1,0,0,\cdots\}\{1,1,1,\cdots\} = \{0\}$이다. 즉, 영의 약수인 예를 가지기 때문에 일반적으로 $\{K\}_v$는 체가 아니다. 임의의 $a \in K$에 대해 $\{a\} = \{a,a,a,\cdots\}$는 기본수열이다. 따라서 $\{K\}_v$는 부분환으로서 K와 동형인 환을 포함한다. 더욱 중요한 것은 영수열로 구성된 집합을 P라 하면 P는 $\{K\}_v$의 이데알이다.

[정의 2.1.7] 두 수열 $\{a_n\}, \{b_n\} \in \{K\}_v$가 법 P에 관해 합동(congruent module P)이란 $\{a_n\} - \{b_n\} \in \{K\}_v$일 때이다. 이를 $\{a_n\} \equiv \{b_n\} \pmod P$, 또는 간단히 $\{a_n\} \equiv \{b_n\}$로 나타낸다.

$\equiv$는 $\{K\}_v$에서 동치관계임은 쉽게 보일 수 있다. 따라서 상집합

$$K_v = \{K\}_v/P$$

을 고려할 수 있다.

[정의 2.1.8] $A, B \in K_v$라 하자. $\{a_n\}, \{b_n\}$이 각각 A, B의 기본수열이라 하면 합과 곱 $A \pm B$와 AB는 각각 $\{a_n\} \pm \{b_n\}$와 $\{a_n\}\{b_n\}$을 포함하는 잉여류로 정의한다.

$A \pm B$와 AB는 잘 정의된다. 따라서 K_v는 가환환을 이룬다. 만약 $\{a_n\}$의 잉여류를 $(a) \in K_v$로 표기하면

$$(a) \pm (b) = (a \pm b), \quad (a)(b) = (ab)$$

로 표현된다. 따라서 K_v는 K와 동형인 부분환을 포함한다. 다음 사실이 성립한다.

[정리 2.1.9] K가 체이고 v가 부치이면 K_v는 체이다.

실수체 $\mathbb{R}$의 사칙연산은 소수에 의해 표현된다. 마찬가지로 $\mathbb{Q}_p$에 대해서도 표준(canonic) 급수에 의해 핸젤(Hansel) 형태로 나타낼 수 있다. 즉 모든 p-진 수 A, $|A|_p = p^f$는

$$\begin{aligned} A &= a_{-f}p^{-f} + a_{-f+1}p^{-f+1} + \cdots + a_0 + a_1p + a_2p^2 + \cdots \\ &= a_{-f}a_{-f+1} \cdots a_0, a_1a_2 \cdots \quad (p) \end{aligned}$$

여기서 계수 a_n은 숫자 $0, 1, \cdots, p-1$이고 $a_{-f} \neq 0$이다. 특히,

A가 p-진 정수이면 p의 음의 멱의 항은 없기 때문에

$$A = a_0 + a_1 p + a_2 p^2 + \cdots = a_0 a_1 a_2 \cdots \ (p)$$

가 된다. $|A|_p < 1$에 대해 $a_0, a_1, a_2, \cdots$중에는 0인 것도 있다.

A, B가 p-진 수로서 $|A|_p = p^f$, $|A|_p \geq |B|_p$라고 하자. 이들의 표준 급수를

$$A = \sum_{n=-f}^{\infty} a_n p^n \ (p), \quad B = \sum_{n=-f}^{\infty} b_n p^n \ (p)$$

(a_n, b_n은 숫자 $0, 1, \cdots, p-1$)이라 하자. 여기서 $a_{-f} \neq 0$이지만 $a_{-f+1}, a_{-f+2}, \cdots$중 하나 이상이 0일 수 있다. 또한

$$A \pm B = \sum_{n=-f}^{\infty} (a_n \pm b_n) p^n \ (p)$$

은 수렴한다. 일반적으로 이것은 표준이 아니다. 하지만 축소과정에 의해 표준 급수로 변형할 수 있다. 곱셈에 관해서도 거의 같은 방법으로 전개할 수 있다. 표준 형태의 두 p-진 수

$$A = \sum_{n=-f}^{\infty} a_n p^n \ (p), \quad B = \sum_{n=-\beta}^{\infty} b_n p^n \ (p)$$

($|A|_p = p^f$, $|B|_p = p^\beta$)를 고려하자. 항별로 곱하고 이를 정리하면

$$AB = \sum_{n=-f-\beta}^{\infty} u_n p^n \ (p)$$

의 형태로 나타낼 수 있다. 이 때

$$u_{-f-\beta} = a_{-f}\, b_{-\beta},$$
$$u_{-f-g+1} = a_{-f+1}b_{-g} + a_{-f}b_{-g+1},$$
$$u_{-f-g+2} = a_{-f+2}b_{-g} + a_{-f+1}b_{-g+1} + a_{-f}b_{-g+2}.$$

이다. 일반으로 AB는 표준이 아니지만 표준 축소가 가능하다. $A = a_0, a_1a_2 \cdots\ (p)$가 p-진 수로서 $|A|_p = 1$, 즉 $a_0 \neq 0$이라 하자. 그러면 A의 역 A^{-1}이 존재할 것인지의 문제가 발생한다. 사실, p가 소수이고 $a_0 \neq 0, (a_0, p) = 1$이기 때문에 $A \neq 0$는 역수(reciprocal)를 가진다. 다시 $A = a_0, a_1a_2 \cdots\ (p)$, $B = b_0, b_1b_2 \cdots\ (p)$가 표준 형태로 표시된 p-진 정수라고 하자. A/B가 존재할 것인가에 관한 문제가 발생한다. BB^{-1}인 B^{-1}가 존재하므로 $A/B = AB^{-1}$로 주어진다.

실해석학에서와 같이, K_v의 원소를 기본수열의 극한이 아니라 무한급수의 합

$$A_1 + A_2 + A_3 + \cdots = \sum_{n \geq 1} A_n$$

으로 표현하는 것이 종종 편리하다. 여기서 A_n은 K 또는 보다 일반으로 K_v의 원소이다. 그러한 급수가 v-합 S로 v-수렴(v-convergent with the v-sum)이란 수열

$$\{S_n\},\ \text{여기서}\ S_n = \sum_{k=1}^{n} A_k$$

이 v에 관해 v-극한 $S = v - \lim_{n \to \infty} S_n$을 가진 기본수열일 때이다.

이 때

$$S = v - \sum_{n=1}^{\infty} A_n$$

으로 표기한다. 이 수렴성은

$$\lim_{m,n\to\infty} v(S_m - S_n) = 0$$

과 동치이다. $v(S_m - S_n) = v(S_n - S_m)$이므로 $m > n$으로 두어도 일반성을 잃지 않는다. 그러면

$$S_m - S_n = \sum_{k=n+1}^{m} A_k$$

이 되어 다음의 수렴판정법을 얻는다. 즉 급수 $\sum_{n \geq 1} A_n$가 v-수렴일 필요충분조건은

$$\lim_{m,n\to\infty} v(A_{n+1} + \cdots + A_n) = 0$$

실수체에서는 이것은 소위 수렴성에 대한 코시판정법이다. $\mathbb{Q}_p$에서 $\sum_{n \geq 1} A_n$의 합을 $\sum_{n \geq 1} A_n\,(p)$로 나타내자. 그러면 모든 원소 $A \in \mathbb{Q}_p$는 $|\cdot|_p$에 관해 적당한 기본수열 $\{a_n\} \subseteq \mathbb{Q}$의 극한

$$A = \lim_{n\to\infty} a_n$$

으로 정의할 수 있다. 이 때 $|A|_p = \lim_{n\to\infty} |a_n|_p$이 성립한다.

2.2 p-진 함수

앞 절에서는 p-진 수와 그들의 연산에 대해 살펴보았다. 이 절에서는 p-진 수의 함수들에 대해 논의한다. 주로 $\mathbb{Z}_p$나 $\widetilde{\mathbb{N}} = \{0, 1, 2, 3, \cdots\}$ 위의 1변수 p-진 함수를 다룬다.

[정의 2.2.1] d가 집합 S 위의 거리(metric)이란 함수 $d : S \times S \to \mathbb{R}$로서 다음 성질을 만족할 때이다. 임의의 $a, b, c \in S$에 대해

(i) $d(a,b) = d(b,a)$,

(ii) $d(a,c) \leq d(a,b) + d(b,c)$,

(iii) $d(a,b) \geq 0$이고 $d(a,b) = 0$일 필요충분조건은 $a = b$.

이 때 (S,d)는 거리 공간(metric space)이라 한다. 만약 $E \subseteq S$이면 d는 E위에 유도된 거리 d_E를 자연스럽게 정의한다. 그러한 (E, d_E)는 (S,d)의 거리 부분공간(metric subspace)이라 한다.

만약 v가 환 K위의 의부치이면

$$d(a,b) = v(a-b),\ a,b \in K$$

에 의해 (K,d)는 거리공간이 된다. 또한

$$d(A,B) = v(A-B),\ \ A,B \in K_v$$

로 정의하면 (K_v, d)도 거리공간이다.

[정의 2.2.2] $f : K \to K$가 함수라 하고 $E \subseteq K$라 하자.

(1) f가 E위에서 유계(bounded)란 모든 $x \in E$에 대해 $v(f(x)) \leq C$인 상수 $C > 0$가 존재할 때이다.

(2) 함수 f가 $x_0 \in K$에서 연속(continuous at x_0)이란 임의의 실수 $\epsilon > 0$에 대해 ϵ과 x_0에만 의존하는 실수 $\delta = \delta(\epsilon, x_0) > 0$가 존재하여

$$v(x - x_0) < \delta \text{이면 } v(f(x) - f(x_0)) < \epsilon$$

를 만족할 때이다.

(3) f가 E위에서 연속(continuous on E)이란 f가 모든 $x_0 \in E$에 대해 연속일 때이다.

(4) 연속이 아닌 함수를 불연속(discontinuous)이라 한다.

(5) f가 E위에서 평등연속(uniformly continuous)이란 임의의 실수 $\epsilon > 0$에 대해 ϵ에만 의존하는 실수 $\delta = \delta(\epsilon)$가 존재하여

$$x, x_0 \in E \text{이고 } v(x - x_0) < \delta \text{이면}$$
$$v(f(x) - f(x_0)) < \epsilon \tag{2.2.1}$$

를 만족할 때이다.

[정리 2.2.3] $E \subseteq K$가 콤팩트(compact)라 하고 함수 $f : E \to K$가 E위에서 연속이라 하자. 그러면 f는 E위에서 평등연속이고 유계이다.

증명 f가 E 위에서 평등연속이 아니라고 하자. 그러면 실수 $\epsilon > 0$가 존재하여 임의의 실수 $\delta > 0$에 대해 (2.2.1)이 성립하지 않는다. 이것을 $S=\frac{1}{n}$, $n \in \mathbb{N}$에 계속해서 적용하면

$$v(f(x_n)-f(x_n')) \geq \epsilon \text{이고 } v(x_n - x_n') < \frac{1}{n} \tag{2.2.2}$$

을 만족하는 수열 $\{x_n\},\{x_n'\} \subseteq E$이 존재한다. E가 콤팩트이기 때문에 $v-\lim_{n\to\infty} x_{r_n}'=x'$인 $\{x_n'\}$의 부분수열 $\{x_{r_i}\} \subseteq E$을 택할 수 있다. $\{x_n - x_n'\}$이 영수열이므로 $v-\lim_{n\to\infty} x_{r_n}=x'$이다. 그러면 f가 x'에서 연속이므로

$$v-\lim_{n\to\infty} f(x_{r_n})=v-\lim_{n\to\infty} f(x_{r_n}')=f(x')$$

을 얻는다. 이로부터

$$\lim_{n\to\infty} v(f(x_{r_n})-f(x_{r_n}'))=v(f(x_0)-f(x'))=0$$

가 되어 (2.2.2)에 모순이다. 이제 f가 E 위에서 유계가 아니라고 하자. 그러면

$$\lim_{n\to\infty} v(f(x_n))=\infty \tag{2.2.3}$$

을 만족하는 수열 $\{x_n\} \subseteq E$이 존재한다. E가 콤팩트이므로

$$v-\lim_{n\to\infty} x_{r_n}=x'$$

인 $\{x_n\}$의 부분수열 $\{x_{r_n}\}$을 찾을 수 있다. 다시 f의 연속성을 적용하면

$$v-\lim_{n\to\infty} f(x_{r_n}) = f(x')$$

가 되어 (2.2.3)에 모순이다. ▨

[정리 2.2.4] $I=[a,b]\subseteq\mathbb{R}$가 구간이라 하고 $f: I\to\mathbb{R}$가 함수라고 하자.

(1) f가 I에서 연속이고 $f(a)\neq f(b)$이면 $f(a)$와 $f(b)$ 사이의 임의의 수 c에 대해 $f(x_0)=c$가 되는 해 $x_0\in I$가 적어도 하나 존재한다.

(2) f가 I에서 연속이면 f는 I에서 최대값과 최소값을 갖는다. 즉 모든 $x\in I$에 대해 $f(c)\leq f(x)\leq f(d)$인 $c,d\in I$가 존재한다.

(3) (Rolle정리) f가 I에서 연속이고 I의 내부에서 미분가능이라 하자. $f(a)=f(b)$이면 $f'(x_0)=0$인 $x_0\in(a,b)$가 적어도 하나 존재한다.

(4) (평균값정리) f가 I에서 연속이고 I의 내부에서 미분가능이면

$$f(b)-f(a)=f'(x_0)(b-a)$$

인 $x_0\in(a,b)$가 적어도 하나 존재한다.

(5) f가 I에서 연속이고 I의 모든 내부점 x에 대해 $f'(x)=0$이면 f는 I에서 상수이다.

정리 2.2.4의 증명에는 $\mathbb{R}$이 전순서라는 사실을 본질적으로 사용한다. 한편, p-진 체 $\mathbb{Q}_p$는 전순서가 아니다. 따라서 p-진 함수에

대해 정리 2.2.4와 유사한 결과를 직접 얻을 수는 없다. 하지만 p-진 연속함수의 경우에도 유사하게 성립하는 연속함수의 한 가지 중요한 성질이 있다. 그것은 연속함수의 다항식 근사에 관한 바이어슈트라스 정리(Weierstrass Theorem)이다.

> [정리 2.2.5] f가 I에서 연속이고 $\delta > 0$이 임의의 실수이면 모든 $x \in I$에 대해 $|f(x) - p(x)| < \delta$인 실계수 다항식 $p(x)$가 존재한다.

때때로 실 연속함수를 콤팩트 구간 $I = [a, b]$이 아니라 I에서 조밀한 콤팩트 부분집합 $E \subseteq I$ 위에서 고려할 필요가 있다. 가령 $E = I \cap \mathbb{Q}$를 I 위의 모든 유리수의 집합이라 하자. 그러면 E위에서 연속인 함수 $f : E \to \mathbb{R}$가 반드시 유계이거나 평등연속이지는 않다. 예를 들어, $f(x) = \dfrac{1}{x - \sqrt{2}}$을 고려하면 된다.

p-진 함수의 경우에도 마찬가지 어려움이 일어난다. $\widetilde{\mathbb{N}} = \{0, 1, 2, \cdots\}$은 $\mathbb{Z}_p$에서 조밀하지만 폐집합도 아니며 콤팩트하지도 않다. 그러므로 $\widetilde{\mathbb{N}}$ 위에서 유계도 아니며 평등연속도 아닌 연속함수가 존재한다. 그러나 만약 $f : \widetilde{\mathbb{N}} \to \mathbb{Q}_p$가 일양연속이면 f는 연속함수 $F : \mathbb{Z}_p \to \mathbb{Q}_p$로 확장할 수 있다(이 경우 정리 1.2.3에 의해 F는 $\mathbb{Z}_p$위에서 평등연속이다). $\mathbb{Z}_p$의 모든 점이 $\widetilde{\mathbb{N}}$의 원소의 기본수열의 p-진 극한이므로 평등연속성으로부터 F는 $\widetilde{\mathbb{N}}$의 값에 의해 유일하게 결정된다.

[정의 2.2.6] $\{f_n(x)\}$을 함수 $f_n : E \subseteq K \to K$의 무한수열이라 하자.

(1) 모든 $x \in E$에 대해 $\{f_n(x)\}$의 극한이

$$v-\lim_{n\to\infty} f_n(x) = s(x) \tag{2.2.4}$$

존재할 필요충분조건은 임의의 실수 $\epsilon > 0$에 대해 ϵ과 x에만 의존하는 자연수 $N = N(\epsilon, x)$가 존재하여 모든 자연수 $n \geq N$에 대해 $v(f_n(x) - s(x)) < \epsilon$을 만족할 때이다.

(2) 특히, 자연수 N이 모든 $x \in E$에 무관하면 극한 (2.2.4)는 E에서 평등수렴한다고 정의한다.

이 정의는 실해석학에서의 함수열의 수렴이나 평등수렴의 개념과 본질적으로 다르지 않다. 이제 $a_k : E \to K$가 함수일 때

$$f_n(x) = \sum_{k=1}^{n} a_k(x)$$

형태의 수열 $\{f_n(x)\}$을 고려하자. $\{f_n(x)\}$이 E에서 평등수렴이란 무한급수

$$s(x) = v- \sum_{n=1}^{\infty} a_n(x)$$

가 E에서 평등수렴할 때이다. 동치로는 임의의 실수 $\epsilon > 0$에 대해 x에 무관한 자연수 $N = N(\epsilon)$가 존재하여 모든 $n \geq N$와

$x \in E$에 대해

$$v(f_n(x) - s(x)) < \epsilon$$

을 만족할 때이다.

[정리 2.2.7] 급수 $C = \sum_{n=1}^{\infty} c_n$, $c_n > 0$이 수렴하고, $\{a_n(x)\}$이

$$v(a_n(x)) \le c_n, \quad x \in E,\ n \in \mathbb{N}$$

을 만족하는 함수 $a_n : E \to K$로 이루어진 수열이라 하자. 그러면 $v - \sum_{n=1}^{\infty} a_n(x)$는 E에서 평등수렴한다.

증명 C가 수렴하기 때문에 임의의 실수 $\epsilon > 0$에 대해 자연수 $N = N(\epsilon)$이 존재하여 모든 $n \ge \mathbb{N}$에 대해 $\sum_{k=n+1}^{\infty} c_k < \epsilon$이다. 따라서 모든 $n \ge \mathbb{N}$와 $x \in E$에 대해

$$\begin{aligned} v(s(x) - \sum_{k=1}^{n} a_k(x)) &= v(\sum_{k=n+1}^{\infty} a_k(x)) \\ &\le \sum_{k=n+1}^{\infty} v(a_k(x)) \le \sum_{k=n+1}^{\infty} c_k < \epsilon \end{aligned}$$

이 된다. ▢

[정의 2.2.8] $E \subseteq \mathbb{Z}_p$라 하고 $f : E \to \mathbb{Q}_p$가 함수라 하자. 이때 f가 $x_0 \in E$에서 연속이란 임의의 자연수 t에 대해 x_0에 무관한 자연수 $s = s(t)$가 존재하여

$x \in E$이고 $|x - x_0|_p \le p^{-s}$이면 $|f(x) - f(x_0)|_p \le p^{-t}$ (2.2.5)

를 만족할 때이다.

[정리 2.2.9] 함수 $f : E \subseteq \mathbb{Z}_p \to \mathbb{Q}_p$가 x_0에서 연속일 필요충분조건은 $\lim_{n\to\infty} x_n = x_0$을 만족하는 모든 수열 $\{x_n\} \subseteq E$에 대해

$$\lim_{n\to\infty} f(x_n) = f(x_0) \tag{2.2.6}$$

일 때이다.

증명 f가 x_0에서 연속이라 하고 $\{x_n\} \subseteq E$을 극한 x_0를 갖는 임의의 수열이라 하자. 그러면 충분히 큰 n에 대해 $|x_n - x_0|_p \le p^{-s}$이다. 따라서 (2.2.5)에 의해

$$|f(x_n) - f(x_0)|_p \le p^{-t}$$

이 된다. 이것은 $\{f(x_n)\}$이 극한 $f(x_0)$를 갖는다는 것을 의미한다.

역으로, f가 x_0에서 불연속이라 하자. 그러면 자연수 t와 수열 $\{x_n\} \subseteq E$이 존재하여

$$\lim_{n\to\infty} x_n = x_0, \quad |f(x_n) - f(x_0)_p > p^{-t} \quad (n = 1, 2, 3, \cdots)$$

을 만족한다. 이것은 (2.2.6)에 모순이다. ■

이제 $x_0 \in E$에서 연속인 두 함수 $f, f^* : E \subseteq \mathbb{Z}_p \to \mathbb{Q}_p$를 고려하자. 그러면 (2.2.6)에 의해 $\lim_{n\to\infty} x_n = x_0$이면

$$\lim_{n\to\infty} f(x_n) = f(x_0), \quad \lim_{n\to\infty} f^*(x_n) = f^*(x_0)$$

다. v-극한의 성질로부터

$$\lim_{n\to\infty}(f(x_n) \circ f^*(x_n)) = f(x_0) \circ f^*(x_0)$$

을 얻는다. 여기서 기호 $\circ$는 연산 $+, -, \times$을 상징한다. 이로부터 다음이 성립한다.

> [정리 2.2.10]
> (1) 함수 $f, f^* : E \subseteq \mathbb{Z}_p \to \mathbb{Q}_p$가 x_0에서 연속이면 $f \pm f^*$, ff^*도 x_0에서 연속이다.
> (2) $f^*(x_0) \neq 0$일 때에는 f/f^*도 x_0에서 연속이다. 특히 모든 $x \in E$에 대해 $f^*(x) \neq 0$일 때에는 f/f^*는 E에서 연속이다.

> [정의 2.2.11] 함수 $f : E \subseteq \mathbb{Z}_p \to \mathbb{Q}_p$가 E에서 평등연속이란 임의의 실수 $\epsilon > 0$에 대해 x나 x_0에 무관한 실수 $\delta = \delta(\epsilon)$가 존재하여
>
> $x,\ x_0 \in E$이고 $|x - x_0|_p < \delta$이면 $|f(x) - f(x_0)|_p < \epsilon$
>
> 을 만족할 때이다.

사실 정의에서 $\epsilon = p^{1-t}$, $\delta = p^{1-s}$ $(s, t \in \mathbb{N})$를 택하면 충분하다. 이러한 관찰로부터 다음의 동치를 얻는다. f가 E에서 평등연속일 필요충분조건은 모든 자연수 t에 대해 x나 x_0에 무관한 자연수 $s = s(t)$가 존재하여

$$x,\ x_0 \in E \text{ 이고 } |x - x_0|_p < p^{-s} \text{ 이면 } |f(x) - f(x_0)|_p \le p^{-t}$$

을 만족할 때이다.

[정리 2.2.12] $\mathbb{Z}_p$에서 연속인 함수 $f: \mathbb{Z}_p \to \mathbb{Q}_p$는 평등연속이고 유계이다.

증명 $\mathbb{Z}_p$는 $d(a, b) = |a - b|_p$에 의해 주어진 계량 d에 관해 콤팩트임을 주의하면 된다. 그러면 결과는 정리 1.2.3으로부터 나온다. ▨

[정리 2.2.13] $f, f^*: E \subseteq \mathbb{Z}_p \to \mathbb{Q}_p$가 평등연속이라 하자. 그러면 $f \pm f^*, ff^*$도 E에서 평등연속이다.

증명 f와 f^*가 E에서 평등연속이므로 임의의 자연수 t에 대해 x나 x_0에 무관한 자연수 $s = s(t)$와 $s^* = s^*(t)$가 존재하여

$$x, x_0 \in E \text{이고 } |x - x_0|_p \le p^{-s} \text{이면} \tag{2.2.7}$$

$$|f(x) - f(x_0)|_p \le p^{-t}$$

$$x, x_0 \in E \text{이고 } |x - x_0|_p \le p^{-s^*} \text{이면} \tag{2.2.8}$$

$$|f^*(x) - f^*(x_0)|_p \le p^{-t}$$

을 만족한다. $S = \max\{s, s^*\}$라 두면 (2.2.7)과 (2.2.8)은

$$x,\ x_0 \in E\text{이고 } |x - x_0|_p \le p^{-S}\text{이면} \tag{2.2.9}$$
$$\max\{|f(x) - f(x_0)|_p, |f^*(x) - f^*(x_0)|_p\} \le p^{-t}$$

로 나타낼 수 있다. 또한 정리 2.2.12에 의해 f와 f^*는 $\mathbb{Z}$에서 유계이므로 자연수 u가 존재하여

$$x \in E\text{이면 } |f(x)|_p \le p^u,\ |f^*(x)|_p \le p^u \tag{2.2.10}$$

를 만족한다.

이제 $x, x_0 \in E$이고 $|x - x_0|_p \le p^{-S}$라 하자. 그러면 (2.2.9), (2.2.10)에 의해

$$|(f(x)' \pm f^*(x)) - (f(x_0) \pm f^*(x_0))|_p \le p^{-t},$$
$$|f(x)f^*(x) - f(x_0)f^*(x_0)|_p$$
$$= |f(x)(f^*(x) - f^*(x_0)) + (f(x) - f(x_0))f^*(x_0)|_p$$
$$\le \max\{|f(x)|_p|f^*(x) - f^*(x_0)|_p, |f(x) - f(x_0)|_p|f^*(x_0)_p\}$$
$$\le p^{-t+u}$$

를 얻는다. 따라서 $f \pm f^*, ff^*$는 E에서 평등연속이다. ▨

[정의 2.2.14] 함수 $f : E \subseteq \mathbb{Z}_p \to \mathbb{Q}_p$가 E에서 국소적 상수(locally constant)란 모든 $x_0 \in E$에 대해 자연수 $s = s(x_0)$가 존재하여

$$x \in E\text{이고 } |x - x_0|_p \le p^{-s}\text{이면 } f(x) = f(x_0)$$

를 만족할 때이다.

정의로부터 E 에서 국소적 상수인 함수는 연속임을 쉽게 알 수 있다.

> **[정의 2.2.15]** 함수 $f: E \subseteq \mathbb{Z}_p \to \mathbb{Q}_p$가 계단함수(step function)란 x나 x_0에 무관한 자연수 s가 존재하여
>
> $$x, x_0 \in E \text{이고 } |x - x_0|_p \le p^{-s} \text{이면 } f(x) = f(x_0)$$
>
> 를 만족할 때이다. 이러한 성질을 만족하는 최소의 자연수 s를 f의 위수(order)라고 한다.

분명 E 에서 계단함수는 평등연속이고 국소적 상수이다. 역으로 E 가 콤팩트일 때 f가 E 에서 국소적 상수이면 f는 E 에서 계단함수이다.

p-진 함수의 이론은 보간함수 $\sum_{n=0}^{\infty} a_n \binom{x}{n}$에 의해 전개된다. 여기서 이항계수 $\binom{x}{n}$은

$$\binom{x}{n} = \frac{x(x-1)\cdots(x-n+1)}{n!}, \quad x, n \in \widetilde{\mathbb{N}}$$

으로 정의된다.

> **[정리 2.2.16]** $n \in \widetilde{\mathbb{N}}$이고 $x \in \mathbb{Z}_p$이면 $\left|\binom{x}{n}\right|_p \le 1$이다.

증명 $\mathbb{Q}$의 계수를 가진, 따라서 $\mathbb{Q}_p$의 계수를 가진 x의 다항식으로서 이항계수 $\binom{x}{n}$은 $\mathbb{Z}_p$에서 평등연속이다 (정리 2.2.13). $\{x_r\} \subset \widetilde{\mathbb{N}}$를

$\lim_{r\to\infty} x_r = x$인 수열이라고 하자. 그러면

$$\lim_{r\to\infty}\binom{x_r}{n} = \binom{x}{n}$$

이다. 이미 언급한 바와 같이 $\left\|\binom{x_r}{n}\right\|_p \leq 1$이므로

$$\left\|\binom{x}{n}\right\|_p = \lim_{r\to\infty}\left\|\binom{x_r}{n}\right\|_p \leq 1$$

을 얻는다. □

[정의 1.2.17] $f : \widetilde{\mathbb{N}} \to \mathbb{Q}_p$를 p-진 함수라 하자. 이 때

$$a_n = \sum_{k=0}^{n}(-1)^k\binom{n}{k}f(n-k) = \sum_{k=0}^{n}(-1)^{n-k}\binom{n}{k}f(k), \quad (2.2.11)$$

를 f의 계수(coefficient)라 한다.

함수 f의 계수의 의존성을 강조할 때에는 a_n 대신 $a_n(f)$으로 표기하기도 한다. 차분해석학에서는 f의 계수 a_n은 $x=0$에서의 $f(x)$의 연속된 차분

$$a_n = \Delta^n f(0)$$

이다. 여기서 $\triangle f(x) = f(x+1) - f(x)$이다. x에서의 f의 n차 차분은

$$\Delta^n f(x) = \sum_{k=0}^{n}(-1)^{n-k}\binom{n}{k} f(k+x), \quad (2.2.12)$$

으로 정의한다. 여기서 $\triangle_h^n = (1+\triangle)^h \triangle^n$이다. 변수가 임의의 p-진 수 h이면

$$\Delta_h^n f(x) = \sum_{k=0}^{n} (-1)^{n-k} \binom{n}{k} f(x+hk). \tag{2.2.13}$$

로 정의한다.

f에 보간함수

$$f^*(x) = \sum_{n=0}^{\infty} a_n \binom{x}{n}, \quad x \in \widetilde{\mathbb{N}}$$

를 대응시키자. 그러면 $n > x$에서 $\binom{x}{n} = 0$이므로 f^*는 유한 합

$$f^*(x) = \sum_{n=0}^{x} a_n \binom{x}{n}, \quad x \in \widetilde{\mathbb{N}}$$

으로 축소된다. 이것은 전체 $\widetilde{\mathbb{N}}$ 위에서 정의될 수 있다. 그 명확한 값은 다음과 같이 구할 수 있다. (2.2.11)에 의해

$$f^*(x) = \sum_{n=0}^{x} \left(\sum_{k=0}^{n} (-1)^k \binom{n}{k} f(n-k) \right) \binom{x}{n}.$$

이다. 여기에 $j = n-k$를 대입하면

$$f^*(x) = \sum_{j=0}^{x} f(j) \sum_{k=0}^{x-j} (-1)^k \binom{j+k}{j} \binom{x}{j+k},$$

를 얻는다. 여기서

$$\begin{aligned}\binom{j+k}{k}\binom{x}{j+k} &= \frac{(j+k)!}{j!k!}\frac{x!}{(j+k)!(x-j-k)!} \\ &= \frac{x!}{j!k!(x-j-k)!} \\ &= \frac{x!}{(x-j)!j!}\frac{(x-j)!}{k!(x-j-k)!} \\ &= \binom{x}{j}\binom{x-j}{k}.\end{aligned}$$

이다. 따라서

$$f^*(x) = \sum_{j=0}^{x} f(j)\binom{x}{j}\sum_{k=0}^{x-j}(-1)^k\binom{x-j}{k}.$$

가 된다. 한편

$$\begin{aligned}\sum_{k=0}^{x-j}(-1)^k\binom{x-j}{k} &= (1-1)^{x-j} \\ &= \begin{cases}1, & j=x \\ 0, & 0<j<x\end{cases}\end{aligned}$$

임을 관찰한다. 이로부터 $x \in \widetilde{\mathbb{N}}$일 때 $f^*(x) = f(x)$를 얻는다. $n > x$일 때 모든 계수는 0이기 때문에

$$f(x) = \sum_{n=0}^{x} a_n\binom{x}{n} = \sum_{n=0}^{\infty} a_n\binom{x}{n}, \quad x \in \widetilde{\mathbb{N}}$$

다음의 중요한 결과를 소개한다.

[정리 2.2.18] 함수 $f:\widetilde{\mathbb{N}}\to\mathbb{Q}_p$와 $F:\mathbb{Z}_p\to\mathbb{Q}_p$가 평등연속이고 같은 계수 a_n를 가진다고 하자. 그러면

(i) $\lim_{n\to\infty} a_n = 0$이고

(ii) f와 F는 다항식 근사에 의해 평등으로 점근될 수 있다.

(i)과 (ii)는 서로 동치임을 주의한다. 따라서 증명은 한쪽만 하면 된다. 더욱이 f는 F의 $\widetilde{\mathbb{N}}$로의 제한이므로 f나 F 어느 쪽을 하더라도 차이가 없다. 하지만 여기서는 증명을 생략한다.

[정의 2.2.19] $E\subseteq\mathbb{Z}_p$의 특성함수(characteristic function)란

$$\chi_E:\mathbb{Z}_p\to\mathbb{Q}_p,\ \chi_E(x)=\chi(x|E)=\begin{cases}1, & x\in E\\ 0, & x\in\mathbb{Z}_p\text{이고 } x\notin E\end{cases}$$

를 말한다.

예를 들면, $E=\bigcup_{k=1}^{n}E_k$가 서로 소인 부분집합들 $\{E_k\}$의 합집합일 때에는

$$\chi(x|E)=\sum_{k=1}^{n}\chi(x|E_k).$$

이 됨을 관찰한다.

이제 t가 자연수이고 $N=0,1,\cdots,p^t-1$라 하자. $E(N)$을 $|x-N|_p\le p^{-t}$인 모든 p-진 수 x의 집합이라 하면 $E(N)\subseteq\mathbb{Z}_p$이다. 사실 이것은 구 $B_t(N)$과 일치한다. $E(N)$의 어떠한 두 집합

도 서로 소이기 때문에

$$\mathbb{Z}_p = \cup_{N=0}^{p^t-1} E(N).$$

가 된다. 이로부터 $x \in \mathbb{Z}_p$이면

$$1 = \sum_{N=0}^{p^t-1} \chi(x|E(N)), \tag{2.2.14}$$

를 얻는다. 이것은 다음과 같이 일반화할 수 있다. $S: \mathbb{Z}_p \to \mathbb{Q}_p$를 위수 t인 계단함수라 하자. 그러면 $x \in E(N)$에 대해 $S(x) = S(N)$이다. 따라서 $x \in \mathbb{Z}_p$이면

$$S(x) = \sum_{N=0}^{p^t-1} S(N)\chi(x|E(N)) \tag{2.2.15}$$

를 얻는다.

2.3 비 아르키메디언 불변적분

$\mathbb{Q}$ 위의 비 아르키메디언 위상

$B_r(a)$를 한 점 $a \in \mathbb{Q}_p$을 중심으로 반경이 p^r인 원반이라고 하고 그 경계(원)를 $S_r(a)$라 하자. 즉

$$B_r(a) = \{x \| x-a|_p \leq p^r\}, \ S_r(a) = \{x \| x-a|_p = p^r\}$$

$B_r(a)$는 가환 덧셈군이며

$$\{x \| x-a|_p < p^r\} = B_{r-1}(a) \subseteq B_r(a),$$
$$S_r(a) = B_r(a) - B_{r-1}(a),\ \ B_r(a) \subseteq B_{r'}(a)\ \ (r < r')$$
$$B_r(a) = \cup_{r' \le r} S_{r'}(a),\ \ \cap_{r \in \mathbb{Z}} B_r(a) = \{a\},$$
$$\cup_{r \in \mathbb{Z}} B_r(a) = \cup_{r \in \mathbb{Z}} S_r(a) = \mathbb{Q}_p$$

이다. $a=0$일 때에는 $B_r(0) = B_r$, $S_r(0) = S_r$로 간단히 표기한다.

> [정리 2.3.1] 만약 $b \in B_r(a)$이면 $B_r(a) = B_r(b)$이다.

증명 $x \in B_r(b)$라 하자. 그러면

$$|x-a|_p = |x-b+b-a|_p \le \max\{|x-b|_p, |b-a|_p\} \le p^r$$

즉, $z \in B_r(a)$이므로 $B_r(b) \subseteq B_r(a)$가 된다.
한편 $a \in B_r(b)$이므로 $B_r(a) \subseteq B_r(b)$이다.
따라서 $B_r(a) = B_r(b)$이다. □

다음 정리들은 쉽게 증명할 수 있다. 개집합인 동시에 폐집합을 개폐집합(clo-open set)이라 하자.

> [정리 2.3.2]
> (1) 원반 $B_r(a)$와 원 $S_r(a)$는 $\mathbb{Q}_p$에서 개폐집합이다.
> (2) 원반 $B_r(a)$의 모든 점은 중심이다.

(3) $\mathbb{Q}_p$의 어떠한 두 원반도 서로 소이거나 한쪽이 다른 쪽에 포함된다.

(4) $\mathbb{Q}_p$의 모든 개집합은 기껏해야 가산개의 서로소인 원반들의 합집합으로 나타낼 수 있다.

[정리 2.3.3] 만약 집합 $M \subseteq \mathbb{Q}_p$가 a, b $(a \neq b)$를 포함하면 M은 $a \in M_1$, $b \in M_2$가 되는 서로 소인 계폐집합 M_1, M_2의 합집합으로 표현될 수 있다.

증명 세 가지 경우로 나누어 고려한다.

(i) $a = 0$, $|b|_p = p^r$인 경우에는

$M_1 = M \cap B_{r-1}$, $M_2 = M \cap (\mathbb{Q}_p - B_{r-1})$로 택한다.

(ii) $|a|_p = p^r$, $|b|_p = p^{r'}$, $r' > r$인 경우에는

$M_1 = M \cap B_{r'}$, $M_2 = M \cap (\mathbb{Q}_p - B_r)$로 택한다.

(iii) $|a|_p = p^r = |b|_p$인 경우를 고려하자. a, b를

$$a = p^{-r}(a_0 + a_1 p + a_2 p^2 + \cdots),\ b = p^{-r}(b_0 + b_1 p + b_2 p^2 + \cdots)$$

로 나타내면

$$a_0 = b_0, \cdots, a_{k-1} = b_{k-1},\ a_k \neq b_k,\ |a - b|_p = p^{r-k}$$

가 된다. 이 때 $M_1 = M \cap B_{r-k-1}(a)$,

$M_2 = M \cap (\mathbb{Q}_p - B_{r-k-1}(a))$로 택한다.

정리 2.3.3은 $\mathbb{Q}_p$에서 단원소집합이 아닌 모든 부분집합은 비연결임을 의미한다. 다시 말하면, 한 원소의 연결성분은 그 자신의

단원소집합이다. 따라서 $\mathbb{Q}_p$는 완전 비연결(totally disconnected)이다. 또한 정리 2.1.3으로부터 $\mathbb{Q}_p$가 하우스도르프(Hausdorff)공간임도 알 수 있다.

> [정리 2.3.4] 집합 $M \subseteq \mathbb{Q}_p$가 콤팩트일 필요충분조건은 K가 폐집합이고 유계일 때이다.

증명 충분조건은 명백하므로 필요조건을 증명한다. K가 폐집합이고 유계라고 하자. $\mathbb{Q}_p$가 완비계량공간이므로 K가 가산 콤팩트(countably compact)임을 보이면 된다. 즉 모든 무한집합 $M \subseteq K$은 극한점을 적어도 하나 가짐을 보인다. $x \in M$에 대해 M이 유계이므로 적당한 상수 $C > 0$에 의해 $|x|_p = p^{-r(x)} \leq C$가 된다. 따라서 $r(x)$는 아래로 유계이다. 그러면 두 가지 경우를 고려할 수 있다.

(i) $r(x)$가 M에서 위로 유계가 아닌 경우에는 $k \to \infty$일 때 $r(x_k) \to \infty$인 수열 $\{x_k\} \subseteq M$이 존재한다. 이것은 $|x_k|_p = p^{-r_k} \to 0$를 의미한다. K가 폐집합이므로 $x_k \to 0 \in K$이다.

(ii) $r(x)$가 M에서 위로 유계인 경우에는 r_o가 존재해서 M은

$$p_0^r(x_o + x_1 p + \cdots), \quad 0 \leq x_j \leq p-1, x_0 \neq 0$$

형태의 무한개의 점을 포함한다. x_0는 $p-1$개의 값을 갖기 때문에 M이 $p_0^r(a_0 + x_1 p + \cdots)$형태의 무한개의 점을 포함하는 정수 a_0, $1 \leq a_0 \leq p-1$가 존재한다. 이 과정을 계속

함으로써 수열 $\{a_j\}$, $0 \le a_j \le p-1$, $a \ne 0$을 얻는다. 그러므로 극한값 $p^{r_0}(a_0 + a_1 p + a_2 p^2 + \cdots) \in K$를 얻는다. □

[예제 2.3.5] 원 S_r은 중심이

$$a = p^{-r}(a_0 + a_1 p + \cdots + a_{r-r'-1} p^{r-r'-1}),\ 0 \le a_j \le p-1,\ a \ne 0 \tag{2.3.1}$$

인 $(p-1)p^{r-r'-1}$개의 서로 소인 원반 $B_{r'}(a)$으로 덮일 수 있다.

풀이 임의의 $x = p^{-r}(x_0 + x_1 p + \cdots) \in S_r$은 $x = a + x'$형태로 유일하게 표현할 수 있다. 여기서 a는 (2.3.1)의 형태이고 $x' \in B_{r'}$이다. 그러므로

$$S_r = \cup_a \{a + B_{r'}\} = \cup_a B_{r'}(a)\ .$$

한편 원반 $B_{r'}(a)$는 그 중심이 $\{a\}$로서 거리가 $p^{r'+1}$인 것들을 서로 제거하면 (2.3.1)에 의해 서로 소가 된다. 또한 중심의 개수는 정확히 $(p-1)p^{r-r'-1}$개이다. □

[예제 2.3.6] 원반 B_r은 중심

$$a = p^{-t}(a_0 + a_1 p + \cdots + a_{t-r'-1} p^{t-r'-1}),$$

$$t = r, r-1, \cdots, r'+1, t \le a_j \le p-1, a_0 \ne 0$$

을 가진 서로 소인 원반 $B_{r'}(a), r' < r$에 의해 덮일 수 있다.

풀이 예제 2.3.5로부터

$$B_r = B_{r'} U$$

이고 집합 $B_{r'}$과 $S_t(t = r' + 1, \cdots, r)$은 서로 소임을 알 수 있다. 또한 원반의 개수는

$$1 + (p-1)\sum_{t=r'+1}^{r} p^{t-r'-1} = 1 + (p-1)\frac{1-p^{r-r'}}{1-p} = p^{r-r'}$$

이다. ▨

예제 2.3.5와 예제 2.3.6의 덮개를 각각 원 S_r과 원반 B_r의 표준덮개(canonical covering)이라 한다. 완비계량공간 X의 차원(dimension)이란 X의 임의의 덮개에 대해 중복도 $n+1$인 세분화된 부분덮개가 존재할 때 그러한 최소의 자연수 n을 말한다. 이 때 $\dim X = n$으로 표기한다. 여기서 덮개의 중복도는 이 덮개에 교집합이 공집합이 아닌 성질(non-empty intersection property)을 가진 m개의 집합이 존재할 때 그 최대의 정수를 말한다. 예를 들어, $\dim \mathbb{R}^n = n$이다.

[정리 2.3.7] $\dim \mathbb{Q}_p = 0$.

증명 $\mathbb{Q}_p$가 완비계량공간임은 이미 밝힌 바 있다. 또한 앞의 두 예제에서 살펴본 바와 같이 $\mathbb{Q}_p$의 임의의 덮개에 대해 항상 서로 소인 원반에 의한 부분덮개를 발견할 수 있다. 따라서 $\dim \mathbb{Q}_p = 0$를 얻는다. ▨

■■■ 해석적 함수

> [정의 2.3.8] 함수 f가 원반 B_r에서 해석적(analytic)이란 f가 B_r에서 수렴하는 멱급수로 표현될 수 있을 때이다.

원반에서의 해석함수는 실해석학에서와 유사한 성질을 가진다. 가령 이들은 덧셈과 곱에 관해 환의 구조를 가진다. 그러나 다른 점도 있다. 예를 들어 해석함수의 중첩(super position)은 일반으로 해석함수가 아니다. 이제 $n = 0, 1, 2, \cdots$에 대해 다음의 급수를 고려하자.

$$f(x) = \sum_{n \le k < \infty} f_k x^k, \quad f_k \in \mathbb{Q}_p, \tag{2.3.2}$$

$$f^{(n)}(x) = \sum_{n \le k < \infty} k(k-1) \cdots (k-n+1) f_k x^{k-n}, \tag{2.3.3}$$

$$f^{(-n)}(x) = \sum_{0 \le k < \infty} \frac{1}{(k+1)(k+2) \cdots (k+n)} f_k x^{k+n}. \tag{2.3.4}$$

이 때 수 $R = R(f)$가 급수 (2.3.2)의 수렴반경(radius of convergence)이란 그것이 모든 $|x|_p \le R$에 대해서는 수렴하고 $|x|_p \le R$에 대해서는 발산할 때이다.

이 경우 급수 (2.3.3)과 (2.3.4)는 각각 ($f(x) = f^{(0)}(x)$으로 하고) 항별 미분과 항별 적분에 의해 (2.3.2)로부터 나온다. 이 함수를 각각 계수 n의 도함수(derivative)와 원시함수(primitive function)라고 한다. 그러면

$$R(f^{-n}) \le R(f) \le R(f^{(n)}) \quad n = 1, 2, 3, \cdots$$

이 성립한다.

[정리 2.3.9] $k \in \mathbb{N}$에 대해 $|k|_p \ge \dfrac{1}{k}$이고

$$\lim_{k\to\infty\,(k\in \mathrm{N})} |k|_p^{\frac{1}{k}} = 1.$$

(증명) $k \in \mathbb{N}$를 $k = p^m k_0$, $|k|_p = p^{-m}$이라 하자. 여기서 $m, k_0 \in \mathbb{Z}$은 $m \ge 0$이고 $1 \le k_0 \le p-1$을 만족한다. 그러면

$$m = \frac{\log k - \log k_0}{\log p} \ge \frac{\log k}{\log p}$$

이므로 직접 계산하면

$$|k|_p = p^{-m} \ge p^{-\frac{\log k}{\log p}} = \frac{1}{k}$$

$$\lim_{k\to\infty,\, k\in \mathrm{N}} |k|_p^{\frac{1}{k}} = \lim_{k\to\infty,\, k\in \mathrm{N}} p^{-\frac{m}{k}}$$

$$= \lim_{k\to\infty,\, k\in \mathrm{N}} p^{-\frac{\log k - \log k_0}{k \log p}} = 1$$

이 나온다. ■

단위원반 B_0에서의 모든 해석함수의 집합을 A로 표기한다. 그러한 함수들은 조건

$$k\to\infty \text{이면 } |f_k|_p \to 0$$

을 만족하는 급수 (2.3.2)로 유일하게 정의되는 것들이다. A는 체 $\mathbb{Q}_p$위에서 선형성을 만족한다. 또한 A위에 노름을

$$\| f \| = \max_{0 \le k < \infty} |f_k|_p, \qquad f \in A \tag{2.3.5}$$

로 정의하자.

[정리 2.3.10] (2.3.5)에 주어진 $\| \ \|$은 비 아르키메디언 노름이다.

증명 $f \in A$가 $\| f \| = 0$을 만족한다고 하자. 즉 $\max |f_k|_p = 0$이다. 그러면 $f_k = 0, k = 0, 1, \cdots$이므로 $f = 0$이 된다. $\alpha \in \mathbb{Q}_p$, $\alpha \neq 0$를 택하자. 그러면

$$\| \alpha f \| = \max |\alpha f_k|_p = |\alpha|_p \max_k |f_k|_p = |\alpha|_p \| f \|$$

이다. 또한 $f, g \in A$에 대해

$$\| f + g \| = \max |f_k + g_k|_p \le \max_k \max \{ |f_k|_p, |g_k|_p \}$$

가 되므로 $\| \ \|$은 비 아르키메디언이다. ▨

[정리 2.3.11] A는 바나하대수이다.

증명 먼저 A의 완비성을 보이자. $\{f^n\} \subseteq A$가 기본수열이라 하자. 그러면

$$\| f^n - f^m \| = \max_{0 \le k < \infty} |f_k^n - f_k^m|_p$$

이므로 $\{f_k^n\}$도 모든 $k = 1, 2, \cdots$에 대해 기본수열이다. 따라

서 $f_k \in \mathbb{Q}_p$에 평등수렴하고

$$\lim_{k\to\infty} f_k = \lim_{k\to\infty}\ \lim_{n\to\infty} f_k^n = \lim_{n\to\infty}\ \lim_{k\to\infty} f_k^n = 0$$

이 된다. 이로부터 $f(x) = \sum_{0\le k<\infty} f_k x^k \in A$이고

$$\lim_{n\to\infty} \| f^n - f \| = \lim_{n\to\infty} \max{}_{0\le k<\infty} \left| f_k^n - f_k \right|_p = 0$$

을 얻는다. 더욱이 $f, g \in A$를 택하고 $h = fg$라 하자. 그러면 $h \in A$이고 $h_k = \sum_{0\le j\le} f_j g_{k-j}$이다. 따라서

$$\begin{aligned} \| h \| &= \max{}_k |h_k|_p = \max{}_k \left| \sum_{0\le j\le k} f_j g_{k-j} \right|_p \\ &\le \max{}_k \max{}_{0\le j\le k} |f_j|_p |g_{k-j}|_p \\ &\le \max{}_j |f_j|_p \max{}_k |g_k|_p = \| f \| \ \| g \| \end{aligned}$$

를 얻는다. ▨

디리클레 지표

이제 디리클레 지표(Dirichlet character)에 대해 고려하자. 디리클레 지표는 기본적으로 승법적인 준동형사상 $\chi : (\mathbb{Z}/n\mathbb{Z})^\times \to \mathbb{C}^\times$이다. 만약 $n|m$ 이면 χ는 자연스러운 사상 $(\mathbb{Z}/m\mathbb{Z})^\times \to (\mathbb{Z}/n\mathbb{Z})^\times$과의 합성에 의해 준동형사상 $(\mathbb{Z}/m\mathbb{Z})^\times \to \mathbb{C}^\times$를 유도한다. 따라서 χ는 $\mathrm{mod}\, m$이나 $\mathrm{mod}\, n$에 관해 정의할 수 있다. 이러한 의미에서 최소의 수를 택하는 것이 편리하다. 이 수를 χ의 도수(conductor)라 하고 f 또는 f_χ로 표기한다.

[예제 2.3.12] (1) $\chi : (\mathbb{Z}/8\mathbb{Z})^{\times} \to \mathbb{C}^{\times}$를

$$\chi(1) = 1, \chi(3) = -1, \chi(5) = 1, \chi(7) = -1$$

로 정의하자. 그러면 $\chi(a+4) = \chi(a)$이므로 χ는

$$\chi(1) = 1, \chi(3) = -1$$

에 의해 mod4에 관해 정의될 수 있다. 이 경우 $f_{\chi} = 4$임은 명백하다.

(2) $\chi : (\mathbb{Z}/6\mathbb{Z})^{\times} \to \mathbb{C}^{\times}$가

$$\chi(1) = 1, \chi(5) = -1$$

로 주어졌다고 하자. 그러면 χ는 사상

$$(\mathbb{Z}/3\mathbb{Z})^{\times} \to \mathbb{C}^{\times} \quad 1 \to 1, 2 \to -1$$

에 의해 유도된다. 따라서 $f_{\chi} = 3$이다.

지표를 다음과 같이 두 가지 유형으로 나누는 것이 편리하다. $\chi(-1) = 1$과 $\chi(-1) = -1$인 지표 χ를 각각 짝수(even)와 홀수(odd)라 한다. 예제 2.1.1의 χ는 모두 홀수 지표이다. $(a, f_{\chi}) \neq 1$일때 $\chi(a) = 0$로 둠으로써 종종 χ를 함수 $\mathbb{Z} \to \mathbb{C}$로 간주할 수 있다. 물론 χ의 정의에서 법의 의미로 고려하는 것이 중요하다. 우리는 항상 χ는 도수를 법으로 하는 것으로 간주한다. 그러한 지표를 원시(primitive)라고 한다. 본질적으로 이러한 선택에 의해 $\chi(a) = 0$는 가능한 한 일어나지 않는다. 말하자면 χ는 주기가 도수 f_{χ}인 주기함수이다. 예제 2.1.1 (2)에서 mod6에서 정의된 χ의 주기가 3이 아닌 것은 6과 관계없는 소수 2가 포함하므로 모든 짝

수 a에 대해서는 $\chi(a)=0$가 된다는 사실에서도 설명할 수 있다.

지표의 곱을 정의하자. 통상 고려하는 모든 지표는 원시적이라고 간주한다. χ와 ψ를 도수 f_χ와 f_ψ를 가진 디리클레 지표라고 하자. 이 때 $\chi\psi$는 준동형사상

$$\gamma : \mathbb{Z}/lcm(f_\chi, f_\psi)\mathbb{Z})^\times \to \mathbb{C}^\times, \quad \gamma(a)=\chi(a)\psi(a)$$

으로 정의한다.

[예제 2.3.13] (1) $\chi \bmod 12$와 $\psi \bmod 3$을 각각

$$\chi(1)=1, \chi(5)=\psi(1)=1, \psi(2)=-1$$

으로 정의하자. 그러면 $(\mathbb{Z}/12\mathbb{Z})^\times$위의 $\chi\psi$는 도수가 4이며,

$$\chi\psi(1)=1, \quad \chi\psi(3)=-1$$

임은 쉽게 알 수 있다. 한편

$$\chi\psi(3)=-1\neq\chi(3)\psi(3)$$

임을 관찰한다.

(2) χ가 도수이고 $\psi=\overline{\chi}$ (공액복소수)라고 하자. 그러면 $(a, f_\chi)=1$이면 $\psi(a)=\chi(a)^{-1}$. 따라서 $\chi\overline{\chi}$는 자명한 지표이다. 즉 모든 a에 대해 $\chi\overline{\chi}(a)=1$이다.

때때로 디리클레 지표를 cyclotomic 체의 갈로아군의 지표로 생각하는 것이 도움이 된다. 만약 $Gal(\mathbb{Q}(\zeta_n)/\mathbb{Q})$과 $(\mathbb{Z}/n\mathbb{Z})^+$을 동일시하면 디리클레 지표 mod$n$은 갈로아 지표이다. 위의 예제

2.3.1의 경우는 다음과 같이 설명된다.

(1) 그 핵은 $1, 5\,(\mathrm{mod}\,8)$이다.

갈로아군에서 이것은 $Gal(\mathbb{Q}(\zeta_8)/\mathbb{Q}(\zeta_4))$이다. 따라서 χ는 $(\mathbb{Z}/8\mathbb{Z})^{\times}$의 이 부분군에 의한 상군의 지표가 된다. 결국 χ는 $Gal(\mathbb{Q}(\zeta_4)/\mathbb{Q}) \simeq (\mathbb{Z}/4\mathbb{Z})^{\times}$의 지표이다.

(2) $\mathbb{Q}(\zeta_6) = \mathbb{Q}(\zeta_3)$인 경우에는 mod3의 지표는 같은 갈로아군의 지표이다.

일반으로 χ가 mod7의 지표라 하자. 그것은 $Gal(\mathbb{Q}(\zeta_n)/\mathbb{Q})$의 지표로 간주할 수 있다. K를 χ의 핵의 체라고 하자. 그러면 $K \subseteq \mathbb{Q}(\zeta_n)$이다. 또한 만약 n이 최소이면 $n = f_\chi$이다. 체 K는 χ에만 의존한다. 이를 χ에 속하는 체라고 한다. 보다 일반으로, X를 디리클레 지표의 유한군이라 하자. n을 X에서 지표의 도수들의 최소공배수라 하자. 그러면 X는 $Gal(\mathbb{Q}(\zeta_n)/\mathbb{Q})$의 지표의 부분군이다. H를 이들 지표들의 핵의 부분군이라 하자. K는 H의 고정된 체라고 하자. 그러면 X는 정확히 준동형사상

$$Gal(K/\mathbb{Q}) \to \mathbb{C}^{\times}$$

이다. 이러한 체 K를 X에 속하는 체라고 한다. 또한 $\deg(K/\mathbb{Q})$는 X의 위수이다. 사실, $X \simeq Gal(K/\mathbb{Q})$이다. 만약 X가 생성자 X에 의한 순환군이면 K는 정확히 위에서 언급한 X에 속하는 체이다.

[예제 2.3.14] X가 $\chi(-1) = 1$을 만족하는 $(\mathbb{Z}/n\mathbb{Z})^{\times}$의 지표의 군이라면 복소공액 $\zeta_n \to \zeta_n^{-1}$은 각 $x \in X$의 핵에 속한다. X에 대

응하는 체는 $\mathbb{Q}(\zeta_n+\zeta_n^{-1})$이며 이것은 $\mathbb{Q}(\zeta_n)$의 최대 실 부분체이다. 마찬가지로 χ가 지표일 때 χ에 속하는 체가 실수체일 필요충분조건은 $\chi(-1)=1$이다.

■■■ 체 $\mathbb{Q}_p$의 가법적 지표

> [정의 2.3.15] χ가 체 $\mathbb{Q}_p$의 가법적 지표(additive character)란 $\mathbb{Q}_p$위에 정의된 연속인 (복소)함수로서 $|\chi(x)|=1$이고
>
> $$\chi(x+y)=\chi(x)\chi(y),\quad (x,y\in\mathbb{Q}_p) \tag{2.3.6}$$
>
> 을 만족할 때이다.

체 $\mathbb{Q}_p$의 모든 가법적 지표는 $\mathbb{Q}_p$의 어떤 부분군의 B_r $(r\in\mathbb{Z})$의 지표이다. 만약 p-진 수 $x(\neq 0)$의 표준 형태가

$$x=p^r(x_0+x_1p+x_2p^2+\cdots),\qquad r=r(x)\in\mathbb{Z}$$

$(0\le x_j\le p-1,\ x_0>0,\ j=0,1,2,\cdots)$라고 할 때 x의 분수부분(fractional part)이란

$$\{x\}_p=\begin{cases}0, & r(x)\ge 0 \text{ 혹은 } x=0\\ p^r(x_0+x_1p+\cdots), & r(x)<0\end{cases}$$

을 말한다. 그러면 $r(x)<0$일 때에는

$$p^r\le\{x\}_p\le 1-p^r$$

이다.

[예제 2.3.16] 임의의 $\xi \in \mathbb{Q}_p$에 대해 함수

$$\chi_p(\xi x) = \exp(2\pi i \{\xi x\}_p) \tag{2.3.7}$$

은 체 $\mathbb{Q}_p$와 군 B_r의 가법적 지표이다.

$\chi(x)$를 가법적 지표라 하자. 그러면 (2.3.7)으로부터

$$\chi(0) = 1,\ \chi(-x) = \bar{\chi}(x) = \chi^{-1}(x), \tag{2.3.8}$$
$$\chi(nx) = \{\chi(x)\}^n,\ n \in \mathbb{Z}$$

임을 쉽게 알 수 있다.

> [정리 2.3.17] $\chi(\neq 1)$가 (2.3.8)을 만족하는 가법적 지표라 하자. 그러면
>
> $$\chi(x) \equiv 1, \quad (x \in B_k) \tag{2.3.9}$$
>
> 를 만족하는 $k \in \mathbb{Z}$가 존재한다.

증명 $\chi(x)$가 B_r 위에서 연속함수이므로 (2.3.8)에 의해 χ가 0에서 연속이고 $\arg\chi(0) = 0$인 함수

$$\log\chi(x) = i\arg\chi(x)$$

의 분기(branch)를 택할 수 있다. 특히 모든 $x \in B_r$에 대해 $|\arg\chi(x)| < 1$인 $k \in \mathbb{Z}$가 존재한다. 모든 $x \in B_r$와 $n \in \mathbb{Z}$에 대해 $nx \in B_k$이므로 (2.3.8)로부터

$$|\arg\chi(x)| = |\frac{1}{n}\arg\chi(nx)| < \frac{1}{n}, \quad n \in \mathbb{N}, x \in B_k$$

가 된다. 따라서 모든 $x \in B_k$에 대해 $\arg\chi(x) = 0$이고 $\chi(x) \equiv 1$을 얻는다. ▨

> **[정리 2.3.18]** (2.3.8)의 원반 B_γ이 $\chi(x) \neq 1$을 만족하는 최대라 하면 $k < \gamma$이라 가정하자. 그러면 임의의 정수 r, $k < r \leq \gamma$에 대해 등식
>
> $$\chi(p^{-r}) = \exp(2\pi i m p^{-r+k}),\ \exists\, m = 1, 2, \cdots p^{r-k} - 1 \quad (2.3.10)$$
>
> 이다. 여기서 m은 r에 무관하다.

증명 $r = \gamma$일 때에는 (2.3.8)과 (2.3.9)에 의해

$$1 = \chi(p^{-k}) = \chi(p^{-r+\gamma-k}) = [\chi(p^{-r})]^{p^{\gamma-k}}$$

이 된다. 또한 $k < r < \gamma$일 때에는

$$\begin{aligned}\chi(p^{-r}) &= \chi(p^{-r+\gamma-\gamma}) = [\chi(p^{-\gamma})]^{\gamma-r} \\ &= [\exp(2\pi i m p^{-r+k})]^{p^{\gamma-r}}\end{aligned}$$

이 되므로 결과가 나온다. ▨

$\xi = p^k m$이라 하자. 그러면 $|\xi|_p = p^{-k}|m|_p > p^{-k}p^{-\gamma+k} = p^{-\gamma}$이고 $|\xi|_p \leq p^{-k}$이다. 따라서 (2.3.7)에 의해 (2.3.10)은

$$\chi_p(p^{-r}) = \chi_p(p^{-r}\xi)$$

이 된다. 더욱이 (2.3.8)로부터 $p^{-k} \geq |\xi|_p > p^{-\gamma}$인 $\xi \in \mathbb{Q}_p$에 대해

$$\chi_p(p^{-r}) = \chi_p(p^{-r}\xi),\ k \leq r \leq \gamma \qquad (2.3.11)$$

을 만족한다. 이로부터 다음이 성립한다.

> [보조정리 2.3.19] $x \in B_r - B_k$ $(k < r)$이라 하자. 그러면
> $$\chi(x) = \chi_p(\xi x)$$
> 을 만족하는 $\xi \in \mathbb{Q}_p$, $|\xi|_p > p^{-r}$이 존재한다.

보조정리 2.3.19는 군 B_r의 임의의 가법적 지표 χ가 (2.3.7)의 형태로서 $\xi = 0$이거나 $|\xi|_p \geq p^{-r+1}$임을 의미한다. 만약 $\chi(\xi) \neq 1$가 체 $\mathbb{Q}_p$의 가법적 지표이면 원반 B_0에서 χ는

$$\chi(x) = \chi_p(\xi^{(0)} x), \quad \xi^{(0)} \in \mathbb{Q}_p, \quad |\xi^{(0)}|_p > 1 \qquad (2.3.12)$$

의 형태로 표현된다. 더욱이 다음이 성립한다. 증명은 독자에게 맡긴다.

> [정리 2.3.20] $\chi(\xi) \neq 1$가 $\mathbb{Q}_p$의 가법적 지표라 하자. 그러면 임의의 $x \in B_1$에 대해
> $$\chi(x) = \chi_p(\xi^{(1)} x), \quad \xi^{(1)} \in \mathbb{Q}_p, \quad \xi^{(1)} = \xi^{(0)} + \xi_0,$$
> $$\exists\, \xi_0 = 0, 1, \cdots p-1. \qquad (2.3.13)$$

마찬가지로 원반 B_2에서는

$$\chi(x) = \chi_p(\xi^{(2)} x), \quad \xi^{(2)} \in \mathbb{Q}_p, \quad \xi^{(2)} = \xi^{(0)} + \xi_0 + \xi_1 p,$$
$$\exists\, \xi_1 = 0, 1, \cdots p-1$$

이 된다. 이 과정을 계속하면 $\mathbb{Q}_p$에서

$$\chi(x) = \chi_p(\xi x), \quad \xi = \xi^{(0)} + \xi_0 + \xi_1 p + \cdots \in \mathbb{Q}_p$$

을 얻는다. 요컨대 $\mathbb{Q}_p$의 임의의 가법적 지표는 적당한 $\xi \in \mathbb{Q}_p$에 의해 위의 형태를 가진다. 다시 말하면 함수 $\xi \rightarrow \chi_p(\xi x)$는 $\mathbb{Q}_p$의 덧셈군에서 가법적 지표의 군으로의 준동형사상이다. 더욱이 이 사상은 단사이다. 따라서 다음이 성립한다.

[정리 2.3.21] $\mathbb{Q}_p$의 임의의 가법적 지표의 군은 덧셈군 $\mathbb{Q}_p$와 동형이고 함수 $\xi \rightarrow \chi_p(\xi x)$는 하나의 동형사상이다.

체 $\mathbb{Q}_p$의 승법적 지표

[정의 2.3.22] π가 체 $\mathbb{Q}_p$의 승법적 지표(multiplicative character)란 $\mathbb{Q}_p^*$ 위에 정의된 연속인 (복소)함수로서

$$\pi(xy) = \pi(x)\pi(y), \quad x \in \mathbb{Q}^*$$

을 만족할 때이다.

[정리 2.3.23] $\mathbb{Q}_p$의 임의의 승법적 지표는

$$\pi(x) = |x|_p^{\alpha-1}\pi_0(|x|_p x), \ |\pi_0(x')|_p = 1, \ x' \in S_0, \ \alpha \in \mathbb{C} \quad (2.3.14)$$

의 형태이다. 여기서 π_0는 군 S_0의 지표이다. 역으로 군 S_0의 임의의 승법적 지표는 (2.3.11)에 의해 $\mathbb{Q}_p$의 승법적 지표로 확장할 수 있다.

증명 π가 $\mathbb{Q}_p$의 승법적 지표라 하자. 그러면 임의의 $x \in \mathbb{Q}_p^*$는

$$x = |x|_p^{-1}x', \quad x' = |x|_p x \in S_0$$

으로 표현되므로 (2.3.11)이 성립한다. 따라서

$$\begin{aligned}\pi(x) &= \pi(|x|_p^{-1}x') = \pi(|x|_p^{-1})\pi(x') = \pi(p^N)\pi_0(x') \\ &= [\pi(p)]^N\pi_0(x') = p^{(1-\alpha)N}\pi_0(x') = |x|_p^{1-\alpha}\pi_0(x')\end{aligned}$$

을 얻는다. 여기서 $|x|_p = p^{-N'}$, $\pi(p) = p^{1-\alpha}$이다. □

한편 (2.3.14)에서 $\pi_0(1) = 1$을 알 수 있다. 더욱이 다음이 성립한다.

[정리 2.3.24] $\pi_0(x) \not\equiv 1$가 군 S_0의 승법적 지표이면

$$\pi_0(x) \equiv 1,\ x \in B_{-k}(1) = \{x \in \mathbb{Q}_p \| x-1|_p \le p^{-k}\} \quad (2.3.15)$$

을 만족하는 $k \in \mathbb{Z}$가 존재한다.

증명 정리 2.3.23에 의해 $\pi_0(1) = 1$, $(\pi_0(x)) = 1$이고 π_0는 S_0위에서 연속이다. 따라서 군 B_r의 가법적 지표의 경우와 유사한 방법에 의해 결과를 얻을 수 있다. □

(2.3.15)를 만족하는 최소값 $k \in \widetilde{\mathbb{N}}$를 지표 $\pi_0(x)$의 계수(rank)라 한다. 계수가 0인 지표는 오직 자명한 지표뿐이다. 즉 $\pi_0(x) = 1$.

[정리 2.3.25] 만약 지표 $\pi_0(x)$의 계수가 양이면

$$\pi_0(x) = \pi_0(x_0 + x_1 p + \cdots + x_{k-1} p^{k-1} \qquad (2.3.16)$$

이고 이것은 $x_0, \cdots, x_{k-1}$에만 의존한다.

증명 사실 $x \in S_0$는

$$x = x_0 + x_1 p + \cdots = (x_0 + x_1 p + \cdots + x_{k-1} p^{k-1})(1 + tp^k)$$

의 형태로 표현된다. 여기서 $|t|_p \leq 1$이다.

그러면 $1 + tp^k \in B_k(1)$이다. 따라서 (2.3.15)에 의해 $\pi_0(1 + tp^x) = 1$이 되어 (2.3.16)이 성립한다. □

[예제 2.3.26] (1) $\pi(x) = |x|_p^{\alpha - 1}$, $\pi_0(x') = 1$

$$\pi(x) = sgn_\epsilon x = \begin{cases} 1, & x \in \mathbb{O}_{p;\epsilon'}^* \\ -1, & x \notin \mathbb{Q}_{p;\epsilon'}^*, p \neq 2 \end{cases} \qquad (2.3.17)$$

여기서 $\epsilon \notin (\mathbb{Q}_p^*)^2$, 즉 ϵ은 어떤 p-진 수의 제곱꼴이 아닌 p-진 수이고

$$\mathbb{Q}_{p;\epsilon}^* = \{x \in \mathbb{Q}_p | x = a^2 - \epsilon b^2,\ a, b \in \mathbb{Q}_p\}$$

이다.

■■■ 체 $\mathbb{Q}_p$ 위의 이동불변측도

체 $\mathbb{Q}_p$는 국소적 콤팩트 가환군이므로 하르(Haar) 측도 dx가 존재한다. 이것은 이동(shift)에 관해 불변인 측도이다. 즉 $d(x+a)=dx$이다. 이 측도를

$$\int_{|x|_p \le 1} dx = 1 \tag{2.3.18}$$

에 의해 정규화하자. 이러한 의미에서 dx는 유일하다. 다음이 성립함을 쉽게 알 수 있다.

> [정리 2.3.27] $a \in \mathbb{Q}_p^*$에 대해
>
> $$d(xa) = |a|_p dx.$$

임의의 콤팩트 집합 $K \subseteq \mathbb{Q}_p$에 대해 측도 dx는 $C(K)$위에

$$\int_K f(x)dx \quad (f \in C(K))$$

에 의해 양의 선형 연속 범함수를 정의한다. $C(K)$위에 노름

$$\| f \|_{C(K)} = \max_{x \in K} |f(x)|$$

을 정의하자. 그러면 다음이 성립한다.

[정의 2.3.28] 함수 f 가 $\mathbb{Q}_p$에서 적분가능(integrable)이란 극한

$$\lim_{N\to\infty}\int_{B_N} f(x)dx = \lim_{N\to\infty}\sum_{-\infty<\gamma\le N}\int_{S_\gamma} f(x)dx \tag{2.3.19}$$

이 존재할 때이다. 이를 $\mathbb{Q}_p$위의 f 의 p-진 적분이라 하고 $\int_{\mathbb{Q}_p} f(x)dx$ 으로 표기한다. 즉

$$\int_{\mathbb{Q}_p} f(x)dx = \sum_{-\infty<\gamma<\infty}\int_{S_\gamma} f(x)dx. \tag{2.3.20}$$

$\mathbb{Q}_p$위의 모든 적분가능 함수의 집합은 L^1_{loc}로 표기한다. 이제 실해석학에서와 유사하게 $\mathbb{Q}_p$위의 이상적분을 정의해보자. $a\in\mathbb{Q}_p$에 관한 $f\in L^1_{loc}(\mathbb{Q}_p-\{a\})$의 이상적분(improper integral)이란

$$\int_{\mathbb{Q}_p} f(x)dx = \lim_{N\to 0,\, M\to\infty}\sum_{M\le\gamma\le N}\int_{S_r(a)} f(x)dx \tag{2.3.21}$$

로 정의한다.

[예제 2.3.29] $f\in L^1_{loc}(\mathbb{Q}_p)$이면

$$\int_{\mathbb{Q}_p} f(x)dx = \int_{\mathbb{Q}_p}\frac{1}{|y|_p^2}f\left(\frac{1}{y}\right)dy. \tag{2.3.22}$$

[예제 2.3.30] $\sum_{0\le\gamma<\infty}|f(p^{-\gamma})|p^{-\gamma}<\infty$이면 $\xi\ne 0$에 대해

$$\int_{\mathbb{Q}_p} f(|x|_p)\chi_p(\xi x)dx$$
$$= (1-\frac{1}{p})|\xi|_p^{-1}\sum_{0\le\gamma<\infty} p^{-\gamma}f(p^{-\gamma}|\xi|_p^{-1}) - |\xi|_p^{-1}f(p|\xi|_p^{-1}). \tag{2.3.23}$$

풀이 $|\xi|_p = p^N$이라 두고 (2.21)을 적용하여 직접 계산한다. 그러면

$$\int_{\mathbb{Q}_p} f(|x|_p)\chi_p(\xi x)dx = \sum_{-\infty<\gamma<\infty} f(p^\gamma)\int_{S_\gamma}\chi_p(\xi x)dx$$
$$= (1-\frac{1}{p})\sum_{-\infty<\gamma<-N} f(p^\gamma)p^\gamma - f(p^{-N+1})p^{-N}$$
$$= (1-\frac{1}{p})p^{-N}\sum_{0\le\gamma<\infty} f(p^{-\gamma-N})p^{-\gamma} - p^{-N}f(p^{-N+1})$$

을 얻는다. □

예제 2.3.30에서 $f=1$을 대입하면 $\xi\neq 0$에 대해

$$\int_{\mathbb{Q}_p}\chi_p(\xi x)dx = 0,\ \xi\neq 0$$

이 된다. 또한 다음을 얻을 수 있다.

[예제 2.3.31] $Re(\alpha)>0$에 대해

$$\int_{\mathbb{Q}_p}|x|_p^{\alpha-1}\chi_p(\xi x)dx = \frac{1-p^{\alpha-1}}{1-p^{-\alpha}}|\xi|_p^{-\alpha}. \tag{2.3.24}$$

풀이 예제 2.3.30에서 $f(x) = |x|_p^{\alpha-1}$을 적용하여 직접 계산하면

$$\int_{\mathbb{Q}_p}|x|_p^{\alpha-1}\chi_p(\xi x)dx$$

$$= (1 - \frac{1}{p})|\xi|_p^{-1} \sum_{0 \leq \gamma < \infty} p^{-\gamma - (\alpha - 1)\gamma} |\xi|_p^{-\alpha + 1} - |\xi|_p^{-1} p^{\alpha - 1} |\xi|_p^{-\alpha + 1}$$

$$= (\frac{1 - p^{-1}}{1 - p^{-\alpha}} - p^{\alpha - 1})|\xi|_p^{-\alpha}$$

를 얻는다. ■

2.4 $\mathbb{Z}_p$ 위에서 김(Kim)의 비 아르키메디언 q-적분

p를 소수라 하고 $d \in \mathbb{N}$가 p와 서로 소라고 하자. 이 때

$$X = X_d = \lim_{\overleftarrow{N}} \mathbb{Z}/dp^N\mathbb{Z}, \ X_1 = \mathbb{Z}_p$$

$$X^* = \bigcup_{\substack{0 < a < dp \\ (a, p) = 1}} a + dp\mathbb{Z}_p$$

$$a + dp^N\mathbb{Z}_p = \{x \in X | x \equiv a \ (\mathrm{mod} dp^N)\}$$

를 정의하자. 여기서 $a \in \mathbb{Z}$는 $0 \leq a < dp^N$이다. $\mathbb{C}_p$에서 p-진 절대값은 $|p|_p = \frac{1}{p}$에 의해 정규화된다. $C(\mathbb{Z}_p, \mathbb{C}_p)$를 모든 연속함수 $f : \mathbb{Z}_p \to \mathbb{C}_p$의 집합이라 하자. $U_1 \subseteq \mathbb{C}_p$을 중심이 1인 단위 개원반이라 하고

$$U_d = \{u \in \mathbb{C}_p | |u^d - 1|_p < 1\} \qquad U^m = U_d \times U_1^{m-1}$$

이라 두자. q-확장을 말할 때에는 q는 복소수나 p-진수를 대상으로 한다. $q \in \mathbb{C}$이면 $|q| < 1$으로, $q \in \mathbb{C}_p$이면 $|q - 1|_p < p^{-\frac{1}{p-1}}$로

가정한다. 그러면 $|x|_p \le 1$에 대해 $q^x = \exp(x\log q)$ 이다.

$$[x] = [x : q] = \frac{1-q^x}{1-q}$$

라고 표기하자. $f \in C^{(1)}(\mathbb{Z}_p)$ ($\mathbb{Z}_p$ 위의 강 미분가능 함수의 집합)에 대해 f의 q-Riemann 합

$$\frac{1}{[p^N]}\sum_{0 \le j < p^N} q^j f(j) = \sum_{0 \le j < p^N} f(j)\mu_q(j + p^N\mathbb{Z}_p)$$

을 고려하자. $\mathbb{Z}_p$ 위에서 f 의 적분이란 그 극한($N \to \infty$)이 존재할 때 이 합의 극한으로 정의한다. 다시 말하면, $f \in C^{(1)}(\mathbb{Z}_p)$의 p-진 q-적분이란

$$\begin{aligned} I_q(f) &= \int_{\mathbb{Z}_p} f(x)d\mu_q(x) \\ &= \lim_{N\to\infty} \frac{1}{[p^N]}\sum_{0 \le j < p^N} f(j)q^j \end{aligned}$$

이다. 그러면

$$\left|\int_{\mathbb{Z}_p} f(x)d\mu_q(x)\right|_p \le p \| f \|_1$$

임은 쉽게 알 수 있다. 여기서

$$\| f \|_1 = sup\left\{|f(0)|_p,\ sup_{x \ne y}\left|\frac{f(x)-f(y)}{x-y}\right|_p\right\}$$

이다. 또한 $C^{(1)}$에서 $f_n \to f$ 이면, 즉 $\| f_n - f \|_1 \to 0$이면

$$\int_{\mathbb{Z}_p} f_n(x)d\mu_q(x) \to \int_{\mathbb{Z}_p} f(x)d\mu_q(x)$$

이다. 더욱이 고정된 각 $d \in \mathbb{N}$에 대해

$$\frac{1}{[p : q^{dp^N}]} \sum_{i=0}^{p-1} q^{idp^N} = 1$$

이 된다. 임의의 $N > 0$에 대해

$$\mu_q(a + dp^N\mathbb{Z}_p) = \frac{q^p}{[dp^N]} = \frac{q^a}{[dp^N : q]}$$

를 정의하자. 이것은 다음과 같이 X 위의 초함수로 확장할 수 있다.

$$\mu_1(a + dp^N\mathbb{Z}_p) = \frac{1}{dp^N}$$

에 의해 정의된 통상의 p-진 초함수 μ_1에 대해

$$\lim_{q \to 1} \mu_q = \mu_1$$

이 성립한다. 뿐만 아니라 μ_q는 X위의 초함수이다. 사실

$$\sum_{i=0}^{p-1} \mu_q(a + idp^N + dp^{N+1}\mathbb{Z}_p) = \mu_q(a + dp^N\mathbb{Z}_p) \tag{2.4.1}$$

을 보이면 된다. (2.4.1)의 좌변은

$$\begin{aligned} &\sum_{i=0}^{p-1} \frac{1}{[dp^{N+1}]} q^{a+idp^N} \\ &= \frac{1}{[dp^{N+1}]} \sum_{i=0}^{p-1} q^{a+idp^N} \\ &= \frac{q^a}{[dp^{N+1}]} \sum_{i=0}^{p-1} q^{idp^N} \end{aligned}$$

이다. 또한

$$[dp^{N+1}] = \frac{1-q^{dp^{N+1}}}{1-q} = [dp^N][p : q^{dp^N}]$$

이므로 이것은 직접 계산에 의해

$$\begin{aligned}\sum_{i=0}^{p-1} \mu_q(a+idp^N+dp^{N+1}\mathbb{Z}_p) &= \frac{q^a}{[dp^{N+1}]}\sum_{i=0}^{p-1} q^{idp^N} \\ &= \frac{q^a}{[dp^N]}\frac{1}{[p : q^{dp^N}]}\sum_{i=0}^{p-1} q^{idp^N} \\ &= \frac{q^a}{[dp^N]} = \mu_q(a+dp^N\mathbb{Z}_p)\end{aligned}$$

이 된다. $UD(\mathbb{Z}_p)$를 모든 일양 미분가능함수 $\mathbb{Z}_p \to \mathbb{C}_p$의 집합이라 하면 $C^{(1)}(\mathbb{Z}_p) \subseteq UD(\mathbb{Z}_p)$이고 $UD(\mathbb{Z}_p)$에서 $f_n \to f$일 때

$$\int_{\mathbb{Z}_p} f_n(x)d\mu_q(x) \to \int_{\mathbb{Z}_p} f(x)d\mu_q(x)$$

이 된다. 더욱이 다음이 성립한다.

[보조정리 2.4.1] $f \in UD(\mathbb{Z}_p)$이면 $I_1(f_1) = I_1(f) + f'(0)$이 된다. 여기서 $f_1(x) = f(x+1)$이다.

[정리 2.4.2] $f \in UD(\mathbb{Z}_p)$에 대해

$$\int_{\mathbb{Z}_p} f(x)d\mu_1(x) = \frac{1}{m}\sum_{j=0}^{m-1} \int_{\mathbb{Z}_p} f(j+mx)\mu_1(x).$$

이 초함수는 $d=1$인 경우에 음이 아닌 정수 m에 대해 적분을 유도한다.

$$\int_{\mathbb{Z}_p}[a^m]d\mu_q(a)=\lim_{N\to\infty}\sum_{a=0}^{p^N-1}[a]^m\frac{q^a}{[p^N]}=I_q([a]^m). \tag{2.4.2}$$

3 베르누이 수와 오일러 수

3.1 베르누이 수

n을 자연수로 하자. 다음은 잘 알려진 합 공식이다.

$$1+2+3+\cdots+n=\frac{1}{2}(n(n+1))$$

$$1^2+2^2+3^2+\cdots+n^2=\frac{n(n+1)(2n+1)}{6}$$

$$1^3+2^3+3^3+\cdots+n^3=\left[\frac{n(n+1)}{2}\right]^2$$

고등학교 수학에서도 이런 주제들은 다루어지고 있다. 그러면 계속해서 다음 결과들을 보자.

$$1^4+2^4+3^4+\cdots+n^4=\frac{n(n+1)(2n+1)(3n^2+3n-1)}{30}$$

$$1^5 + 2^5 + 3^5 + \cdots + n^5 = \frac{n^2(n+1)^2(2n^2+2n-1)}{12}$$

$$1^6 + 2^6 + 3^6 + \cdots + n^6$$
$$= \frac{n(n+1)(2n+1)(3n^4+6n^3-3n+1)}{42}$$

$$1^7 + 2^7 + 3^7 + \cdots + n^7$$
$$= \frac{n^2(n+1)^2(3n^4+6n^3-n^2-4n+2)}{24}$$

$$1^8 + 2^8 + 3^8 + \cdots + n^8$$
$$= \frac{n(n+1)(2n+1)(5n^6+15n^5+5n^4-15n^3-n^2+9n-3)}{90}$$

$$1^9 + 2^9 + 3^9 + \cdots + n^9$$
$$= \frac{n^2(n+1)^2(n^2+n-1)(2n^4+4n^3-n^2-3n+3)}{20}$$

등을 얻는다. 제이콥 베르누이(Jacob Bernoulli)는 ARS Conjectandi (1713)에서 임의의 자연수 k에 대하여 합 $\sum_{r=1}^{n} r^k$에 대한 공식을 찾는 방법을 처음으로 소개했다. 래드매셔(Rademacher)의 저서 해석적 수 이론에 관한 토픽(Topics in analytic number theory, 1969)에서 베르누이 형태 이후에 합을 찾는 방법에 대해 논하였다. 그러나 우리는 오일러에 의한 해석적 방법을 여기서 소개하기로 한다.

3.2 베르누이 다항식

$|t| < 2\pi$인 t에서

$$G(t) = B_0 + \frac{B_1}{1!}t + \frac{B_2}{2!}t^2 + \cdots + \frac{B_n}{n!}t^n + \cdots$$

$t=0$에서 테일러전개를 고려하자. 계수 B_n을 n차 베르누이 수라고 부른다. 쉽게 $G(t)+\frac{1}{2}t$는 기함수임을 알 수 있다. 따라서 홀수 $k>1$에 대하여 $B_k = 0$을 얻을 수 있다. 이러한 수들에 대한 점화식은 다음과 같이 얻을 수 있다.

$\frac{e^t - 1}{t} = \sum_{n=0}^{\infty} \frac{1}{(n+1)!} t^n$ 에서

$$\begin{aligned} 1 = G(t)\frac{e^t-1}{t} &= \sum_{l=0}^{\infty} \frac{B_l}{l!} t^l \sum_{n=0}^{\infty} \frac{1}{(n+1)!} t^n \\ &= \sum_{n=0}^{\infty} \left(\sum_{k=0}^{n} \frac{B_k}{k!} \frac{1}{(n+1)!} \right) t^n \end{aligned}$$

이므로 다음을 얻을 수 있다. $B_0 = 1$이고 임의의 $n>0$에 대하여

$$\sum_{k=0}^{n} \frac{B_k}{k!} \frac{1}{(n+1)!} = 0 \qquad (3.2.1)$$

그러므로 $n!$를 곱하면 다음 점화식을 얻는다.

$$B_n = -\sum_{k=0}^{n-1} \frac{n!}{k!(n-k+1)!} B_k \ (n > 0)$$

이며 이 베르누이 수는 유리수임을 알 수 있다. 이 점화식을 이용하여 다음과 같은 베르누이 수를 찾을 수 있다. 즉,

$$
\begin{aligned}
&B_0 = 1,\ B_1 = -1/2,\ B_2 = 1/6,\ B_4 = -1/30, \\
&B_6 = 1/42,\ B_8 = -1/30,\ B_{10} = 5/66,\ B_{12} = -691/2730, \\
&B_{14} = 7/6,\ B_{16} = -3617/510, \\
&B_{18} = 43867/798,\ B_{20} = -174611/330,\ \cdots
\end{aligned}
$$

x를 다른 변수로 잡고, 다음 함수를 고려하자.

$$F(t,x) = \frac{t}{e^t - 1} e^{xt}.$$

그리고 $F(x,t) = \sum_{n=0}^{\infty} \frac{B_n(x)}{n!} t^n$로 놓자.

$$
\begin{aligned}
F(t,x) = G(t)e^{tx} &= \left(\sum_{n=0}^{\infty} \frac{B_n}{n!} t^n\right)\left(\sum_{n=0}^{\infty} \frac{x^n}{n!} t^n\right) \\
&= \sum_{n=0}^{\infty}\left(n! \sum_{k=0}^{n} \frac{B_k}{k!} \frac{x^{n-k}}{(n-k)!}\right)\frac{t^n}{n!} \\
&= \sum_{n=0}^{\infty}\left(\sum_{k=0}^{n} \binom{n}{k} B_k x^{n-k}\right)\frac{t^n}{n!}
\end{aligned}
$$

이므로 다음을 얻을 수 있다.

$$B_n(x) = \sum_{k=0}^{n} \binom{n}{k} B_k x^{n-k} \tag{3.2.2}$$

$B_n(x)$를 베르누이 다항식이라고 부른다. $B_n(0) = B_n$임이 명백하다. 다음 아래 기호 계산을 소개한다.

$p(t) = \sum_{k=0}^{n} C_n t^n$를 변수 t에 대한 다항식으로 두자. 그 때, $p(B) = \sum_{k=0}^{n} C_n B_k$이다. 예를 들면, $p(t) = (3+t)^2$일 때

$$p(B) = (3+B)^2 = 9 + 6B^1 + B^2 = 9 + 6B^1 + B_2$$

이다. 베르누이 다항식 (3.2.2)는 기호 형태로 다음과 같이 주어질 수 있다.

$$B_n(x) = (x+B)^n$$

(3.2.1)에 양 변에 $(n+1)!$를 곱하면 우리는 다음을 얻는다.

$$\sum_{k=0}^{n} \binom{n+1}{k} B_k = 0 \ (n > 0).$$

이 점화식은 기호 형태로 다시 표현하면

$$(1+B)^{n+1} - B^{n+1} = 0$$

로 쓸 수 있다. $B_0 = 1$이므로 최고차계수가 1인 차수 n인 $B_n(x)$ 다항식은 다음과 같다.

$$B_0(x) = 1,$$
$$B_1(x) = x - \frac{1}{2},$$
$$B_2(x) = x^2 - x + \frac{1}{6}$$
$$B_3(x) = x^3 - \frac{3}{2}x^2 + \frac{1}{2}x$$
$$B_4(x) = x^4 - 2x^3 + x^2 - \frac{1}{30}$$

$$B_5(x) = x^5 - \frac{5}{2}x^4 + \frac{5}{3}x^3 - \frac{1}{6}x$$
$$B_6(x) = x^6 - 3x^5 + \frac{5}{2}x^4 - \frac{1}{2}x^2 + \frac{1}{42}$$
$$B_7(x) = x^7 - \frac{7}{2}x^6 + \frac{7}{2}x^5 - \frac{7}{6}x^3 + \frac{1}{6}x$$
$$B_8(x) = x^8 - 4x^7 + \frac{14}{3}x^6 - \frac{7}{3}x^4 + \frac{2}{3}x^2 - \frac{1}{30}$$
$$B_9(x) = x^9 - \frac{9}{2}x^8 + 6x^7 - \frac{21}{5}x^5 - 2x^3 - \frac{3}{10}x$$
$$B_{10}(x) = x^{10} - 5x^9 + \frac{15}{2}x^8 - 7x^6 + 5x^4 - \frac{3}{2}x^2 + \frac{5}{66}$$

등이다. 두 가지 방법으로 $\frac{e^{nt}-1}{t}\frac{t}{e^t-1}$를 테일러 전개를 하자.

$$\frac{e^{nt}-1}{t}\frac{t}{e^t-1} = \frac{e^{(n+1)t}-1}{e^t-1} = \sum_{r=0}^{n} e^{rt}$$
$$\frac{e^{nt}-1}{t}\frac{t}{e^t-1} = \sum_{r=0}^{n}\sum_{k=0}^{\infty}\frac{r^k t^k}{k!} = \sum_{k=0}^{\infty}\left(\sum_{r=0}^{n}\frac{r^k}{k!}\right)t^k .$$

반면에

$$\frac{e^{nt}-1}{t}\frac{t}{e^t-1} = \frac{1}{t}\left(F(t, n+1) - G(t)\right)$$
$$= \frac{1}{t}\sum_{k=0}^{\infty}\left(\frac{B_k(n+1)}{k!} - \frac{B_k}{k!}\right)t^k$$
$$= \sum_{k=0}^{\infty}\frac{B_{k+1}(n+1) - B_{k+1}}{(k+1)!}t^k$$

이므로 계수들을 비교하면, 다음 베르누이의 공식을 얻는다.

$$\sum_{r=0}^{n} r^k = \frac{1}{k+1}\left(B_{k+1}(n+1) - B_{k+1}(0)\right).$$

예를 들면, $k=2$로 잡으면

$$\begin{aligned}\sum_{r=0}^{n} r^2 &= \frac{1}{3}(B_3(n+1)-B_3(0)) \\ &= \frac{1}{3}\left((n+1)^3-\frac{3}{2}(n+1)^2+\frac{1}{2}(n+1)\right) \\ &= \frac{1}{6}(2n^3+3n^2+n)\end{aligned}$$

을 얻을 수 있다. 같은 방법으로 앞에서 소개한 모든 식을 얻을 수 있다.

3.3 제타함수

리만 제타 함수

먼저 이 절에서 복소함수이론을 필요하다. z를 복소수라 하자. 충분히 작은 $|z|$에 대하여 테일러 전개

$$G(z)=B_0+\frac{B_1}{1!}z+\frac{B_2}{2!}z^2+\cdots+\frac{B_n}{n!}z^n+\cdots$$

를 고려하자. 리만 제타함수를 다음과 같이 정의한다.

$$\zeta(s)=\sum_{n=1}^{\infty}\frac{1}{n^s},\ s\in\mathbb{C}.$$

만약 $Re\zeta(s)>1$이면 이 급수는 절대수렴한다. 짝수인 자연수에

대하여 다음 특별한 값을 가진다.

$$\zeta(2k)=\frac{2^{2k-1}\pi^{2k}|B_k|}{(2k)!},\ k=1,2,\ \cdots$$

또한 두 방법으로 $z\cot z$을 전개하자.

먼저 부분분수로 표현하면

$$z\cot z=1+2\sum_{n=1}^{\infty}\frac{z^2}{z^2-n^2\pi^2}$$

이다. 이 때

$$z\cot z=1+2\sum_{n=1}^{\infty}\frac{z^2}{n^2\pi^2}\left(\frac{1}{1-\dfrac{z^2}{n^2\pi^2}}\right)=1-2\sum_{n=1}^{\infty}\frac{z^2}{n^2\pi^2}\sum_{k=0}^{\infty}\frac{z^{2k}}{n^{2k}\pi^{2k}}$$

$$=1-2\sum_{k=0}^{\infty}\left(\sum_{n=1}^{\infty}\frac{1}{n^{2k+2}}\right)\frac{z^{2k+2}}{\pi^{2k+2}}$$

$$=1-2\sum_{k=1}^{\infty}\left(\frac{1}{\pi^{2k}}\sum_{n=1}^{\infty}\frac{1}{n^{2k}}\right)z^{2k}$$

를 얻는다. 또한 다른 한 방법으로 전개하면

$$z\cot z=z\frac{\cos z}{\sin z}=z\frac{\dfrac{e^{iz}+e^{-iz}}{2}}{\dfrac{e^{iz}-e^{-iz}}{2i}}=iz\frac{e^{iz}+e^{-iz}}{e^{iz}-e^{-iz}}=iz\frac{e^{2iz}+1}{e^{2iz}-1}$$

$$=iz\left(\frac{2}{e^{2iz}-1}+1\right)=\frac{2iz}{e^{2iz}-1}+iz$$

$$=G(2iz)+iz$$

$$=1+\sum_{k=1}^{\infty}\frac{(-1)^k2^{2k}B_{2k}}{(2k)!}z^{2k}$$

를 얻는다. 위 두 식에서 계수를 비교하면 다음을 얻을 수 있다.

$$\sum_{n=1}^{\infty}\frac{1}{n^{2k}}=\frac{(-1)^{k+1}2^{2k-1}\pi^{2k}B_{2k}}{(2k)!}.$$

임의의 $k\in\mathbb{N}$에 대하여 $\zeta(2k)>0$이므로 오일러 공식을 얻는다. 또한 $(-1)^{k+1}B_{2k}>0$임을 보일 수 있다.

■■■ 데데킨트 제타 함수

먼저 K를 대수체라 하자. N을 $\mathbb{Q}$상에서 노름으로 나타낸다. 데데킨트 제타함수를 다음과 같이 정의한다.

$$\zeta_K(s)=\sum_{\eta}N(\eta)^{-s}.$$

K상에서 모든 정수 이데알 집합 η에서 합을 한다. 베르누이 수는 리만제타함수의 특별한 값을 얻는데 유용하다. 또한 Dedekind 제타함수의 값을 얻는데도 유용하다. K를 실 이차체(real quadratic)라 하자. D_k를 K의 판별식이라 하고 $\left(\frac{D_k}{l}\right)$를 크로네크(Kronecker) 기호이다. 이 때

$$\zeta_K(2k)=\frac{2^{4k-2}\pi^{4k}B_{2k}}{(2k)!^2\sqrt{D_k}}\sum_{l=1}^{D_k}\left(\frac{D_k}{l}\right)B_{2k}\frac{l}{D_k},\ k=1,2,\cdots$$

를 얻는다. 예를 들면 $K=\mathbb{Q}(\sqrt{79})$로 잡고 $k=1$이면 $D_k=316$이고

$$\zeta_K(2) = \frac{2^2\pi^4(1/6)}{2^2\sqrt{316}}\sum_{l=1}^{316}\left(\frac{316}{l}\right)B_2\frac{l}{316}$$
$$= \frac{\pi^4}{12\sqrt{79}}\sum_{l=1}^{316}\left(\frac{316}{l}\right)\left(\frac{l}{316}-\frac{1}{2}\right)= \frac{14\pi^4}{79\sqrt{79}}$$

를 얻는다.

3.4 오일러 수

$\frac{\sin z}{z} = \prod_{n=1}^{\infty}\left(1-\frac{z^2}{n^2\pi^2}\right)$은 잘 알려진 사실이다. 따라서

$$\log\sin z - \log z = \sum_{n=1}^{\infty}\log\left(1-\frac{z^2}{n^2\pi^2}\right)$$
$$\Rightarrow \frac{\cos z}{\sin z} - \frac{1}{z} = -\sum_{n=1}^{\infty}\frac{2z}{n^2\pi^2-z^2}$$

$$\Rightarrow 1 - z\cot z = 2\sum_{n=1}^{\infty}\frac{z^2}{n^2\pi^2-z^2} = 2\sum_{n=1}^{\infty}\frac{z^2}{1-(z/n\pi)^2}$$
$$= 2\sum_{n=1}^{\infty}\left(\frac{z}{n\pi}\right)^2\sum_{m=0}^{\infty}\left(\frac{z}{n\pi}\right)^{2m} = 2\sum_{m=1}^{\infty}\frac{1}{\pi^{2m}}\left(\sum_{n=1}^{\infty}\frac{1}{n^{2m}}\right)z^{2m}$$
$$= 2\sum_{m=1}^{\infty}\frac{\zeta(2m)}{\pi^{2m}}z^{2m}.$$

"짝수 번째"에 대한 베르누이 수 B_{2n}을 생성함수로 다음과 같이

정의함에 주의하자.

$$\frac{x}{e^x-1}-\frac{1}{2}x=\sum_{n=0}^{\infty}\frac{B_{2n}}{(2n)!}x^{2n}.$$

또한 "홀수 번째"에 대한 오일러 수 E_{2n+1}을 생성함수로 다음과 같이 정의한다.

$$x\sec x=\sum_{n=0}^{\infty}\frac{E_{2n+1}}{(2n+1)!}x^{2n+1}.$$

이때 짝수 번째에 대한 베르누이 수에 대하여 다음을 얻는다. 임의의 $m\geq 1$,

$$\frac{4^m-1}{4^m}\zeta(2m)=\sum_{n=0}^{\infty}\frac{1}{(2n+1)^{2m}}=(-1)^{m-1}\frac{4^m(4^m-1)}{2(2m)!}B_{2m}\left(\frac{\pi}{2}\right)^{2m}. \tag{3.4.1}$$

또한 (3.4.1)과 탄젠트함수와 함께 다음을 얻는다.

$$\frac{x}{2}\tan x=\sum_{m=1}^{\infty}(-1)^{m-1}\frac{4^m(4m-1)}{2(2m)!}B_{2m}x^{2m}.$$

유사하게 홀수 번째에 대한 오일러 수에 대하여 다음을 얻는다. 임의의 $m\geq 0$,

$$\sum_{n=0}^{\infty}\frac{(-1)^n}{(2n+1)^{2m+1}}=\frac{E_{2m+1}}{2(2m+1)!}\left(\frac{\pi}{2}\right)^{2m+1}$$

를 얻는다. 또한

$$\sum_{n=0}^{\infty}\frac{1}{(4n+1)^{2m+1}}=\frac{E_{2m+1}}{4(2m+1)!}\left(\frac{\pi}{2}\right)^{2m+1}+\frac{2^{2m+1}-1}{2^{2m+2}}\zeta(2m+1)$$

을 얻는다. 그리고 다음 결과들에 주의하자.

$$\binom{k+1}{1}B_k+\binom{k+1}{2}B_{k-1}+\cdots+\binom{k+1}{k}B_1+B_0=0 \qquad (3.4.2)$$

여기서 $B_0=1,\ B_1=-1/2,\ B_{2n+1}=0,\ n>0$이다.

$$\begin{aligned}(-1)^m\binom{2m+1}{1}E_1+(-1)^{m-1}\binom{2m+1}{3}E_3+\cdots\\ -\binom{2m+1}{2m-1}E_{m-1}+E_{2m+1}=0\end{aligned} \qquad (3.4.3)$$

여기서 $E_1=1,\ E_{2n}=0,\ n\geq 0$이다. (3.4.2)와 (3.4.3)로부터 B_{2n}은 유리수이고 $\frac{E_{2n+1}}{2n+1}$은 양의 정수임을 보일 수 있다. 또한 아래 관계식을 보일 수 있다.

$$\sum_{j=1}^{\infty}(-1)^{j-1}4^j(4^j-1)\binom{2n+1}{2j}B_{2j}E_{2n-2j+1}=2nE_{2n+1}.$$

3.5 오일러 다항식

$|t|<\pi$인 t에서 다음 생성함수로 오일러 수를 정의한다.

$$G(t)=\frac{2}{e^t+1}=e^{Et}=\sum_{n=0}^{\infty}E_n\frac{t^n}{n!} \qquad (3.5.1)$$

여기서 $n \geq 0$에 대하여 기호로 E^n 을 E_n으로 표기한다. x를 변수로 잡고

$$F(t,x) = \frac{2}{e^t+1}e^{xt}$$

를 고려하자. $G(t)$와 마찬가지로

$$F(t,x) = \sum_{n=0}^{\infty} E_n(x)\frac{t^n}{n!}$$

로 놓으면 다음 결과에 주의하자.

$$F(x,t) = G(t)e^{xt} = \sum_{n=0}^{\infty}\left(\sum_{k=0}^{n}\binom{n}{k}E_k x^{n-k}\right)\frac{t^n}{n!}. \qquad (3.5.2)$$

따라서 오일러 다항식

$$E_n(x) = \sum_{k=0}^{n}\binom{n}{k}E_k x^{n-k}$$

을 얻는다. 또한 $E_n(0) = E_n$이다. 위의 오일러 수는 다음과 같이 다시 쓸 수 있다.

$$(E+1)^n + E_n = \begin{cases} 2, & n=0 \\ 0, & n \neq 0 \end{cases} \qquad (3.5.3)$$

여기서 $n \geq 0$에 대하여 기호로 E^n을 E_n으로 표기한다. (3.5.3)으로부터, 다음을 이끌어낼 수 있다.

$2 = (E+1)^0 + E_0$이므로 $E_0 = 1$이다.

$0 = (E+1)^1 + E_1 = \sum_{k=0}^{1}\binom{1}{k}E_k + E_1 = 2E_1 + E_0$이므로 $E_1 = -\frac{1}{2}$이다.

$0=(E+1)^2+E_2=E_2+2E_1+1+E_2=2E_2$이므로 $E_2=0$이다. $E_{2k}=0$임에 주의하여 위와 같은 방법으로 오일러 수를 구할 수 있다.

$$0=(E+1)^3+E_3=E_3+3E_2+3E_1+1+E_3=2E_3+3\left(-\frac{1}{2}\right)+1$$

이므로 $E_3=\dfrac{1}{4}$이다.

임의의 양의 정수 n에 대하여

$$-2\sum_{l=0}^{\infty}(-1)^{l+n}e^{(l+n)t}+2\sum_{l=0}^{\infty}(-1)^{l}e^{lt}=2\sum_{l=0}^{n-1}(-1)^{l}e^{lt} \tag{3.5.4}$$

를 쉽게 보일 수 있다. (3.5.4)식은 다음과 같다.

$$\frac{2}{e^t+1}-(-1)^n e^{nt}\frac{2}{e^t+1}=2\sum_{l=0}^{\infty}(-1)^{l}e^{lt}. \tag{3.5.5}$$

(3.5.1), (3.5.2), (3.5.5)에 의하여, 다음을 쉽게 증명할 수 있다.

$$\sum_{m=0}^{\infty}\left(E_m+(-1)^{n+1}E_m(n)\right)\frac{t^n}{n!}=\sum_{m=0}^{\infty}\left(2\sum_{l=0}^{n-1}(-1)^{l}l^m\right)\frac{t^m}{m!}.$$

따라서 다음 정리를 얻을 수 있다.

[정리 3.5.1] 임의의 $m,n\in\mathbb{N}$에 대하여

$$2\sum_{l=0}^{n-1}(-1)^{l}l^m=\frac{1}{2}\left((-1)^{n+1}E_m(n)+E_m\right)$$

를 얻는다.

예를 들면,

$$\begin{aligned}
&-1+2-3+4-5+\cdots+(-1)^{n-1}(n-1)\\
&=\frac{1}{2}((-1)^{n+1}E_1(n)+E_1)\\
&=\frac{1}{2}((-1)^{n+1}+\frac{n}{2}-\frac{1}{2})\\
&=\frac{1}{4}((-1)^{n}(n-1)-1)
\end{aligned}$$

이다. $\Gamma(s)$를 감마 함수로 할 때 다음을 얻는다.

$$\begin{aligned}
\frac{1}{\Gamma(s)}\int_0^{\infty}t^{s-1}F(-t,x)dt &=\frac{1}{\Gamma(s)}\int_0^{\infty}t^{s-1}\frac{1}{1+e^{-t}}e^{-xt}dt\\
&=\sum_{n=0}^{\infty}\frac{(-1)^n 2}{\Gamma(s)}\int_0^{\infty}t^{s-1}e^{-(n+x)t}dt\\
&=2\sum_{n=0}^{\infty}\frac{(-1)^n}{(n+x)^s},\ s\in\mathbb{C}.
\end{aligned}$$

그러므로 우리는 오일러-제타 함수를 다음과 같이 정의할 수 있다.

> [정의 3.5.2] 임의의 $s\in\mathbb{C}, x\in\mathbb{R}\,(0<x<1)$에 대하여 오일러-제타 함수를
>
> $$\zeta_E(s,x)=2\sum_{n=0}^{\infty}\frac{(-1)^n}{(n+x)^s}$$
>
> 로 정의한다. $x=1$인 특별한 경우
>
> $$\zeta_E(s)=\zeta_E(s,1)=2\sum_{n=0}^{\infty}\frac{(-1)^{n-1}}{n^s}$$
>
> 로 정의한다.

[보조정리 3.5.3] 임의의 $s \in \mathbb{C}$에 대하여 다음을 얻는다.

$$\zeta_E(s,x) = \frac{2}{\Gamma(s)} \int_0^\infty t^{s-1} \frac{1}{1+e^{-t}} e^{-xt} dt.$$

(3.5.2)와 보조정리 3.5.3으로부터 다음 정리를 얻는다.

[정리 3.5.4] 임의의 $n \in \mathbb{N}$에 대하여 다음을 얻는다.

$$\zeta_E(-n,x) = E_n(x).$$

특히, $x=1$인 경우 다음을 얻는다.

$$\zeta_E(-n) = \zeta_E(-n,1) = E_n(1).$$

[예제 3.5.5]

(1) $\zeta_E(s) = \zeta_E(s,1) = 2\sum_{n=0}^{\infty} \frac{(-1)^n}{(n+1)^s} \rightarrow \zeta_E(0) = 2\sum_{n=0}^{\infty}(-1)^n$

$$= 2(1-1+1-1+1-1+\cdots)$$

$E_0(1)=1$이므로, $1-1+1-1+\cdots = \frac{1}{2}$을 얻는다.

(2) $E_1(1) = \zeta_E(-1) = 2\sum_{n=0}^{\infty}(n+1)(-1)^n = 2(1-2+3-4+\cdots)$

이고 $E_1(1) = \frac{1}{2}$이므로, $1-2+3-4+\cdots = \frac{1}{4}$을 얻는다.

(3) $E_2(1) = \zeta_E(-2) = 2\sum_{n=0}^{\infty}(n+1)^2(-1)^n$

$$= 2(1^2-2^2+3^2-4^2+\cdots)$$

이고 $E_2(1)=0$이므로, $1^2-2^2+3^2-4^2+\cdots = 0$이다.

(4) $E_3(1) = \zeta_E(-3)$

$$= 2\sum_{n=0}^{\infty}(n+1)^3(-1)^n$$

$$= 2(1^3 - 2^3 + 3^3 - 4^3 + \cdots)$$

이고 $E_3(1) = -\frac{1}{4}$ 이므로, $1^3 - 2^3 + 3^3 - 4^3 + \cdots = -\frac{1}{8}$ 이다.

[예제 3.5.6]

(1) $\zeta(s,x) = \sum_{n=0}^{\infty}\frac{1}{(n+x)^s} \rightarrow \zeta(s,1) = \zeta(s)$.

(2) $\zeta(1-n,x) = -\frac{B_n(x)}{n}$ 이므로,

$\zeta(1-n,1) = -\frac{B_n(1)}{n} = -\frac{(B+1)^n}{n}$ 이다.

(3) $\zeta(0) = \sum_{n=0}^{\infty}1 = 1+1+1+\cdots$ 이고 $\zeta(0) = -\frac{1}{2}$ 이므로,

$1+1+1+\cdots = -\frac{1}{2}$ 이다.

(4) $\zeta(-1) = \sum_{n=0}^{\infty}(n+1) = 1+2+3+4+\cdots$ 이고

$\zeta(-1) = -\frac{1}{12}$ 이므로, $1+2+3+4+\cdots = -\frac{1}{12}$ 임을 알 수 있다.

4 매스매티카 활용과 컴퓨터 알고리즘 소개

4.1 매스매티카를 이용한 자연수의 마이너스 제곱합

4.1.1 무한다편(無限多片)한 퍼즐게임

자연수의 플러스 제곱의 합을 먼저 이야기하고 그 마이너스제곱의 합의 상황을 살펴보기로 하자. 전자는 발산급수이기 때문에 여기서 말하는 합은 부분 합이다. 아래와 같은 공식은 잘 알려져 있다.

$$1^n+2^n+3^n+\,+(k-1)=\frac{1}{n+1}\sum_{i=0}^{n}\binom{n+1}{i}B_i k^{n+1-i},$$

여기서 B_i는 베르누이수

$(B_0 = 1, B_1 = -1/2, B_2 = 1/6, B_3 = B_5 = \cdots = 0,$

$B_4 = -1/30, B_6 = 1/42, B_8 = -1/30, B_{10} = 5/66, B_{12} = -691/2730,$

$B_{14} = 7/6, B_{16} = -3617/510, B_{18} = 43867/798, B_{20} = -174611/330).$

미적분을 배워본 사람은 p급수가 수렴되는 전제조건이 $p > 1$이라는 것을 잘 알고 있다.

$$\sum_{n=1}^{\infty} \frac{1}{n^p}\text{는 수렴된다} \Leftrightarrow p > 1.$$

그리하여 우리는 이 무한급수를 가지고 한 구간 (1, ∞) 안의 함수를 정의할 수 있고, 이 정의역을 복소평면 중 실수부가 1 이상인 평면까지 확장할 수 있다. 이것을 우리는 리만 제타 함수라고 부른다. 전통적으로 부호 $\zeta(s)$로 무한급수의 합을 나타낸다.

$$\zeta(s) = \sum_{n=1}^{\infty} \frac{1}{n^3},\ s \in C, Re(s) > 1.$$

해석적 확장을 거친 후, 이 함수는 유리형 함수(meromorphic function)가 된다.

우선 이 s를 1보다 큰 정수라 하고 이 급수의 값이 얼마인지 알아보자. 일반적으로 합을 구할 때 먼저 할 일은 그 부분의 합 $\zeta_N(s) = \sum_{n=1}^{N} \frac{1}{n^3}$의 공식을 구하는 것이다. 그 후에 이 공식을 가지고 그 극한치 $\lim_{N \to \infty} \zeta_N(s)$, 즉 $\zeta(s)$을 구한다. s가 짝수 $2m$일 때, 매스매티카가 우리에게 $\zeta(2m)$이 π^{2m}이 되는 유리수배를 알려줄 것이다. 그럼 어떻게 하면 개별적인 함수치 $\zeta(2m)$과 $m \in N$을 통해 원래의 전체공식을 만들 수 있는가? 우리는 이 문제를 무한한 조각을 가지고 진행하는 퍼즐게임에 비추어 볼 수 있다. 모든 각각의 함수치 $\zeta(2m)$, $m \in N$들은 전체 퍼즐의 한 조각으로 볼 수 있고, 이 무한한 퍼즐조각이 한 폭의 그림으로 맞춰지는 것은 $\zeta(2m)$의 공식을 찾아내는 것에 비유할 수 있다. 이러한 과정은 끊임없이 샘솟는 영감과 왕성하게 넘쳐흐르는 연상능력, 그리고 풍부한 상상력을 요구한다. 수학연산의 대가 매스매티카의 도움 아래, 우리는 당신이 개별의 함수치$\zeta(2m)$, $m \in N$을 통해 전체 공식을 도출해 내도록 안내할 것이다. 단, s가 홀수일 경우에 매스매티카는 어떠한 기능도 하지 않을 것이다. 사실상, 아주 간단한 $\zeta(3)$마저도 현재까지 $\zeta(2m)$와 비슷한 어떠한 공식도 가지고 있지 않다. 그래서 우리는 당신의 지속적인 노력과 정성어린 탐구를 기대해 본다. 당신이 새로운 영역을 개척하기를 바란다. 무한한 기회가 바로 당신 앞에 펼쳐져있다.

리만(Bernhard Riemann, 1826～1866) 독일의 수학자.19세기 수학의 중요인물. 여러 방면에서 볼 때, 그는 가우스(Carl Friedrich Gauss, 1777～1855) 학문의 계승자이기도 하다. 그의 이름을 딴 정리와 정의로는 리만방정식, 리만곡면, 리만기하학, 리만미분방정식, 리만적분, 리만제타함수, 리만가설이 있다. 이는 그가 수학계에 남긴 주요한 업적들이다. 그가 1845년에 강연한 것으로 유명한 "기하학의 기초론"[12]에는 그의 기하학에 관한 기본이념이 담겨 있다. 이것을 발전시킨 것이 바로 "비유클리드기하학"이다. 더 나아가 이는 후의 아인슈타인(Albert Einstein, 1879～1955)에 의해 우주를 묘사하는 데 이용되었으며 20세기의 다양체론으로 발전했다.

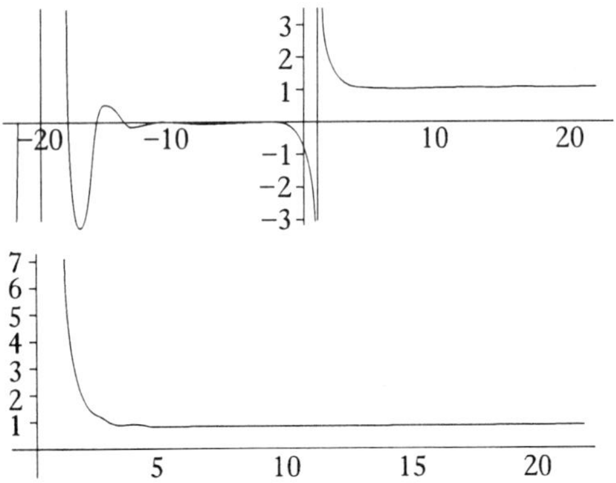

〈그림 4.1.1〉 구간[-22,22]와 구간[1,22]에서의 함수ζ(s)가 나타내는 그래프

4.1.2 $\zeta(s)$값 살펴보기-매스매티카는 유용한가?

매스매티카는 당신에게 될 수 있는 한 가장 정확한 값을 찾아줄 것이다. 아래의 예 중에서 당신이 함수값 $\zeta(3)$을 연산하라는 명령어인 Zeta[3]을 입력하면 아웃풋에 나오는 결과 역시 $\zeta(3)$일 것이다; 왜냐하면 $\zeta(3)$은 프로그램 내부에 내장되어 있는 함수이고 $\zeta(3)$은 또 다른 표기법이 없기 때문이다. 그래서 매스매티카는 $\zeta(3)$만이 출력할 수 있는 정확한 값이라고 판단하게 된다. 만약 연산 값을 얻고 싶다면 *N*[Zeta[3],30]을 입력해야만 결과를 얻을 수 있다.

(a)$\zeta(s)$, $s=2,3,\cdots,20$의 정확한 값과 근사값을 동시에 열거한다.

```
In [1] : = m = {Table [Zeta [s], {s, 2, 20}], N [ Table [ Zeta [s ],
        { s, 2, 20 } ], 30 ] } ; Transpose [m] / / MatrixForm
```

〈표 4.1.2〉

(b) 무엇을 발견했는가? 일반적인 ζ(s)의 공식이 보이는가? 무슨 문제가 있는가?

(c) 그래프는 어떠한가? 일반적인 $\zeta(s)$의 공식이 보이는가? 무슨 문제가 있는가?

```
In [2] : = picl = Plot [ Zeta [ s ], { s, -22, 22 }, Plotstyle ->
        RGBColor [1, 0, 0] ] ; pic2 = Plot [ Zeta [ s ], { s, 1, 22 },
        PlotStyle -> RGBColor [ 0, 0, 1 ] ] ;
        Show [ GraphicsArray [ { { pic1 }, { pic2 } } ] ]
```

〈표 4.1.3〉

(d) 그래프를 한 순간에 파악하기는 아주 힘들다. 그래서 당신은 (a) 부분의 리스트를 집중해서 보아야 한다. 행렬형식으로 다음과 같이 쓰여 있을 것이다.

$$
\begin{pmatrix}
\frac{\pi^2}{6} & 1.64493406684822643647241516665 \\
\text{Zeta}[3] & 1.20205690315959428539973816151 \\
\frac{\pi^4}{90} & 1.08232323371113819151600369654 \\
\text{Zeta}[5] & 1.03692775514336992633136548646 \\
\frac{\pi^6}{945} & 1.01734306198444913971451792979 \\
\text{Zeta}[7] & 1.00834927738192282683979754985 \\
\frac{\pi^8}{9450} & 1.00407735619794433937868523851 \\
\text{Zeta}[9] & 1.00200839282608221441785276923 \\
\frac{\pi^{10}}{93555} & 1.00099457512781808533714595890 \\
\text{Zeta}[11] & 1.00049418860411946455870228253 \\
\frac{691\pi^{12}}{638512875} & 1.00024608655330804829863799805 \\
\text{Zeta}[13] & 1.00012271334757848914675183653 \\
\frac{2\pi^{14}}{18243225} & 1.00006124813505870482925854511 \\
\text{Zeta}[15] & 1.00003058823630702049355172851 \\
\frac{3617\pi^{16}}{325641566250} & 1.00001528225940865187173257149 \\
\text{Zeta}[17] & 1.00000763719763789976227360029 \\
\frac{43867\pi^{18}}{38979295480125} & 1.00000381729326499983985646164 \\
\text{Zeta}[19] & 1.00000190821271655393892565696 \\
\frac{174611\pi^{20}}{1531329465290625} & 1.00000095396203387279611315204
\end{pmatrix}
$$

〈표 4.1.4〉

한눈에 다음과 같은 결론을 이끌어 낼 수 있다.

· ζ(s)는 그 값이 점차 줄어드는 함수이며 그 함수값은 항상 1보다 크다.

· s가 홀수일 때 매스매티카는 어떠한 반응도 없을 것이다.

· s가 짝수일 때는 흥미로운 결과가 나타난다. $s=2m$라는 명령어를 입력하면 $\zeta(2m)=r_m\pi^{2m}$가 나오고 이때 r_m은 유리수이다. 곧, $\zeta(2m)$과 π^{2m} 사이의 비율도 유리수가 된다.

수열 $\{r_m\}$의 공식을 잠시 알아보자.

```
In [ 3 ] : = r [m_] : = Zeta [ 2m ] / Pi^ (2m) ;
Table { Print ["r [ ", m, " ] = ", r [ m ] ], { m, 15 } ] ;
```

〈표 4.1.5〉

(e) 당신은 더 많은 항을 늘어놓고 관찰할 수 있다. 예를 들면 1부터 30까지. 어떠한 결과들이 귀납되는지 살펴보자.

4.1.3 보면 볼수록 재미있다. 당신의 그 풍부한 상상력을 전개해 보라.

상술의 (d)가 출력한 결과는 다음과 같다.

$$r[1]=\frac{1}{6}$$

$$r[2]=\frac{1}{90}$$

$$r[3]=\frac{1}{945}$$

$$r[4]=\frac{1}{9450}$$

$$r[5] = \frac{1}{93555}$$
$$r[6] = \frac{691}{638512875}$$
$$r[7] = \frac{2}{18243225}$$
$$r[8] = \frac{3617}{325641566250}$$
$$r[9] = \frac{43867}{38979295480125}$$
$$r[10] = \frac{174611}{1531329465290625}$$
$$r[11] = \frac{155366}{13447856940643125}$$
$$r[12] = \frac{236364091}{201919571963756521875}$$
$$r[13] = \frac{1315862}{11094481976030578125}$$
$$r[14] = \frac{6785560294}{564653660170076273671875}$$
$$r[15] = \frac{6892673020804}{5660878804669082674070015625}$$

〈표 4.1.6〉

만약 당신이 어느 정도의 실마리를 찾았다면 정말 축하할 일이다. 하지만 아직 못 찾았다 해도 실망하지 말 것. 지금이 바로 당신이 그 풍부한 상상력을 발휘할 시간이다. 수열 $\{r_m\}$이 우리에게 주는 첫 번째 인상은 모든 항의 분모가 분자보다 훨씬 크다는 것이다. 그러므로 당신은 주의력을 분자에 두어야 한다. 분자만 열거해 보면 다음과 같다.

$$1, 1, 1, 1, 1, 691, 2, 3617, 43867, \cdots .$$

가장 먼저 눈에 들어오는 숫자는 691이다. 익숙하고도 낯선 숫자

691. 그럼 691이 소수인지 보자. 매스매티카가 우리를 도와주기 때문에 이 문제는 아주 간단해진다.

```
In [ 4 ] : = PrimeQ [ 691 ]
Out [ 4 ] = True
```

〈표 4.1.7〉

답은 틀림없다. 물론 691이 큰 수는 아니지만 세 자리 숫자의 소수를 찾는 것은 우리에게 있어 결코 간단한 일만은 아니다. 다시 잘 살펴보면, 원래 이 소수는 머리말에서 베르누이 수의 분자 $B_{12}=-\dfrac{691}{2730}$을 열거할 때 이미 제시된 바 있는 것이다. 그 아래를 보면 $B_{16}=-\dfrac{3617}{510}$, $B_{18}=\dfrac{43867}{798}$이 있는데 이는 더욱 흥미롭다. 보면 볼수록 점점 직감적으로, 우리는 다음과 같은 '억측'을 끌어낼 수 있다: r_m이 B_{2m}를 포함하고 있고 이 B_{2m}이 바로 제 $2m$의 베르누이 수라는 것이다. 우리는 아래의 실험을 통해 이 '억측'을 재확인할 수 있다.

4.1.4 정말 그럴까? 베르누이 수를 다시 보자.

우리는 비교법을 이용해서 위의 문제를 해결할 수 있다.

- 먼저 베르누이 수에 대해 좀 더 이해해야 할 필요가 있다. 베르누이 수열은 매스매티카 프로그램에 내장되어 있는 수열이다. 예를 들어 명령어 Bernoulli $B[n]$가 지칭하는 것은 B_n이다. 그러면 지금 앞부터 100개의 베르누이 수를 세어보고 그 분모와 분자의 크기를 관찰해 보자.

```
In [ 5 ] : = Table [ Print [ "B [ ", m, " ] = ",
        BernoulliB [ m ] ], { m, 2, 100, 2 } ] ;
```

〈표 4.1.8〉

- 상술의 '억측'을 확인하기 위해서는 r_m과 B_{2m}의 분자를 소인수의 승적으로 분해한 후, 각각의 다른 점과 같은 점을 비교해야 한다. 그러면 아래와 같이 일목요연하게 정리된다.

```
In [ 6 ] : = r [ m_ ] : = Zeta [ 2m ] / Pi^ ( 2m ) ;
        Table [ { FactorInteger [Numerator [ r[m ] ] ], 2m,
        FactorInteger [ Numerator [ (-1)^(m+1)
        BernoulliB [ 2m ] ] ] }, { m, 20 } ] // MatrixForm
```

〈표 4.1.9〉

아웃풋에 출력되는 결과는 다음과 같다.

```
{}                                      2   {}
{}                                      4   {}
{}                                      6   {}
{}                                      8   {}
{}                                      10  {{5,1}}
{{691,1}}                               12  {{691,1}}
{{2,1}}                                 14  {{7,1}}
{{3617,1}}                              16  {{3617,1}}
{{43867,1}}                             18  {{43867,1}}
{{283,1},{617,1}}                       20  {{283,1}, {617,1}}
{{2,1}, {131,1}, {593,1}}               22  {{11,1}, {131,1}, {593,1}}
{{103,1}, {2294797,1}}                  24  {{103,1}. {2294797,1}}
{{2,1}, {657931,1}}                     26  {{13,1}, {657931,1}}
{{2,1}, {9349,1}, {362903,1}}           28  {{7,1}, {9349,1}, {362903,1}}
{{2,2}, {1721,1}, {1001259881,1}}       30  {{5,1}, {1721,1}, {1001259881,1}}
{{37,1}, {683,1}, {305065927,1}}        32  {{37,1}, {683,1}, {305065927,1}}
{{151628697551,1}}                      34  {{17,1}, {151628697551,1}}
{{26315271553053477373, 1}}             36  {{26315271553053477373,1}}
{{2,1},{154210205991661, 1}}            38  {{19,1}, {154210205991661,1}}
{{137616929,1}, {1897170067619,1}}      40  {{137616929,1}, {1897170067619,1}}
```

〈표 4.1.10〉

그러므로 우리는 상술의 '억측'을 안심하고 받아들일 수 있다. 물론 증명할 길은 없지만 연산이 우리의 이 '억측'의 진실성을 강력히 뒷받침해준다.

4.1.5 등록망촉과 초기분석

이어서 우리는 r_m에서 B_{2m}을 뺀 후의 유리수를 관찰하고 싶은 충동에 빠지게 된다. 이 유리수는 r_m보다 훨씬 간단할 것이고 그 형식도 r_m보다 더 분명하고 용이할 것이다. 먼저 $s_m = \dfrac{r_m}{B_{2m}}$을 명령하면 다음과 같이 된다.

$$s_m = \frac{\zeta(2m)}{\pi^{2m} B_{2m}}$$

여기서 다시 매스매티카를 이용해 그 유리수열의 앞 16항을 열거하고 그 공식을 연구해 보자.

```
In [ 7 ] : = r [ m_ ] : = Zeta [ 2m ] / Pi ^ ( 2m ) ;
        s [ m_ ] : = Zeta [ 2m ] / ( Pi ^ ( 2m ) *BernoulliB [ 2m ] ) ;
        Table [ Print [ "s [ ", m, " ] = ", s [ m ] ], {m, 1, 16 } ] ;
```

〈표 4.1.11〉

아웃풋에 출력되는 결과는 다음과 같다.

$$s[1] = 1$$
$$s[2] = -\frac{1}{3}$$
$$s[3] = \frac{2}{45}$$
$$s[4] = -\frac{1}{315}$$
$$s[5] = \frac{2}{14175}$$
$$s[6] = -\frac{2}{467775}$$
$$s[7] = \frac{4}{42567525}$$
$$s[8] = -\frac{1}{638512875}$$
$$s[9] = \frac{2}{97692469875}$$
$$s[10] = -\frac{2}{9280784638125}$$
$$s[11] = \frac{4}{2143861251406875}$$
$$s[12] = -\frac{2}{147926426347074375}$$
$$s[13] = \frac{4}{48076088562799171875}$$
$$s[14] = -\frac{4}{9086380738369043484375}$$
$$s[15] = \frac{8}{3952575621190533915703125}$$
$$s[16] = -\frac{1}{1225298442569065513867968 75}$$

〈표 4.1.12〉

여기에 이르러 우리는 실험의 방식을 통해 $\zeta(2m)$의 공식을 추측하는 것은 매우 어려운 일이라는 것을 알게 된다. 공식이 점점 복잡해져서 매스매티카가 그 기능을 발휘할 수 있는 공간도 점점 줄어든다. 바로 이 때문에 우리는 보다 더 풍부한 영감과 상상력을 필요로 하는 것이다. 물론 이렇긴 하지만 위의 자료를 근거로 우리는 아래의 몇 가지 결론을 도출해 낼 수 있다.

· 첫 번째는 그 부호로 플러스와 마이너스가 함께 쓰이는 특징을

가지는 것이다. 그래서 $\zeta(2m)$의 공식 중 $(-1)^{m+1}$이 포함된다.

· 두 번째는 s_m의 분자가 모두 2의 제곱이라는 것, 하지만 특별히 운운할 만한 규칙은 없다.

· 만약 우리가 관찰하고 귀납할 수 있는 데이터가 더 많다면 더 도움이 될까?

· 분자와 분모를 각각 열거해서 관찰하고 소인수의 구조를 분석해서 더 많은 정보를 획득하는 길이 최선의 방법일 것이다.

4.1.6 세부관찰과 분석

이제 위에서 얻은 결론에 근거하여, 유리수 $(-1)^{m+1}s_m$중의 분자와 분모를 분석하고 소인수의 구조를 관찰하여 새로운 실마리를 찾아 더 많은 정보를 획득할 수 있는지를 보자.

(a) 우선 $(-1)^{m+1}s_m$의 분자 중 2의 거듭제곱에 일정한 규칙이 존재하는지 살펴보자.

```
In [ 8 ] : = r [ m_ ] : = Zeta [ 2m ] / Pi ^ ( 2m ) ;
         s [ m_ ] : = Zeta [ 2m ] / ( Pi ^ ( 2m ) *BernoulliB [ 2m ] ) ;
         Table [ { m, FactorInteger [ Numerator [ (-1) ^ (m+1) *s [ m ] ] ] },
         {m, 1, 128 } ] / / ColumnForm
```

〈표 4.1.13〉

Out[8]이 출력하는 결과의 일부를 보면 다음과 같다.

```
{ 1,     { }     }
{ 2,     { }     }
{ 3, { { 2, 1 } } }
{ 4,     { }     }
{ 5, { { 2, 1 } } }
{ 6, { { 2, 1 } } }
{ 7, { { 2, 2 } } }
{ 8,     { }     }
{ 9, { { 2, 1 } } }
{ 10, { { 2, 1 } } }
{ 11, { { 2, 2 } } }
{ 12, { { 2, 1 } } }
{ 13, { { 2, 2 } } }
{ 14, { { 2, 2 } } }
{ 15, { { 2, 3 } } }
{ 16,     { }     }
```

〈표 4.1.14〉

(b) m이 2의 거듭제곱인 반면에 $(-1)^{m+1}s_m$의 분자 중에는 어떠한 2의 거듭제곱도 존재하지 않는다. 더 많은 예를 살펴봄으로써 이 사실을 확인하자.

```
In [ 9 ] ; = r [ m_ ] : = Zeta [ 2m ] / Pi ^ ( 2m ) ;
        s [ m_ ] : Zeta [ 2m ] / ( Pi ^ ( 2m ) *BernoulliB [ 2m ] ) ;
        Table [ { 2 ^ k, FactorInteger [ Numerator [ ( -1 ) ^ ( 2 ^ k+1 ) *s [ 2^k ] ] ] },
        { k, 1, 10 } ] / / ColumnForm
```

〈표 4.1.15〉

Out[9]가 출력하는 결과의 일부는 다음과 같다.

```
{    2, { } }
{    4, { } }
{    8, { } }
{   16, { } }
{   32, { } }
{   64, { } }
{  128, { } }
{  256, { } }
{  512, { } }
{ 1024, { } }
```

〈표 4.1.16〉

우리는 다음과 같은 결론을 내릴 수 있다.

· 분자는 매우 단순해서 시선을 멀리 두고 빈 칸들을 응시해 보면 m에서 2의 거듭제곱들이 나온다는 사실을 발견할 수 있다. 그 원인은 설명하기 힘들다.

· 분자들이 단순해 보이기는 해도 어느 정도의 규칙은 있는 것으로 보인다. 그러나 정확한 규칙성이 무엇인지는 찾기 힘들다. 정말 정리하면 할수록 어지럽고, 평범해 보이지만 기이하고, 쉬워 보이지만 어려운 문제이다.

(c) 다음으로 $(-1)^{m+1}s_m$분모의 소인수가 m 혹은 $2m$과 관계가 있는지 살펴보자.

```
In [ 10 ] : = r [ m_ ] : = Zeta [ 2m ] / Pi ^ ( 2m ) ;
          s [ m_ ] : = Zeta [ 2m ] / ( Pi ^ ( 2m ) *BernoulliB [ 2m ] ) ;
          d [ m_ ] : = Denominator [ ( -1 ) ^ ( m+1 ) *s [ m ] ] ;
          Table [ { m,FactorInteger [ d [ m ] ] }, { m, 1, 18 } ] / / ColumnForm
```

〈표 4.1.17〉

Out[10]이 출력하는 결과는 다음과 같다.

```
{ 1,{ } }
{ 2,{ { 3,  1 } } }
{ 3,{ { 3,  2 },{ 5,1 } } }
{ 4,{ { 3,  2 },{ 5,1 },{ 7,1 } } }
{ 5,{ { 3,  4 },{ 5,2 },{ 7,1 } } }
{ 6,{ { 3,  5 },{ 5,2 },{ 7,1 },{ 11,1 } } }
{ 7,{ { 3,  5 },{ 5,2 },{ 7,2 },{ 11,1 },{ 13,1 } } }
{ 8,{ { 3,  6 },{ 5,3 },{ 7,2 },{ 11,1 },{ 13,1 } } }
{ 9,{ { 3,  8 },{ 5,3 },{ 7,2 },{ 11,1 },{ 13,1 },{ 17,1 } } }
{10,{ { 3,  8 },{ 5,4 },{ 7,2 },{ 11,1 },{ 13,1 },{ 17,1 },{ 19,1 } } }
{11,{ { 3,  9 },{ 5,4 },{ 7,3 },{ 11,2 },{ 13,1 },{ 17,1 },{ 19,1 } }
{12,{ { 3,10 },{ 5,4 },{ 7,3 },{ 11,2 },{ 13,1 },{ 17,1 },{ 19,1 },{ 23,1 } } }
{13,{ { 3,10 },{ 5,6 },{ 7,3 },{ 11,2 },{ 13,2 },{ 17,1 },{ 19,1 },{ 23,1 } } }
{14,{ { 3,13 },{ 5,6 },{ 7,4 },{ 11,2 },{ 13,2 },{ 17,1 },{ 19,1 },{ 23,1 } } }
{15,{ { 3,14 },{ 5,7 },{ 7,4 },{ 11,2 },{ 13,2 },{ 17,1 },{ 19,1 },{ 23,1 },{ 29,1 } }
{16,{ { 3,14 },{ 5,7 },{ 7,4 },{ 11,2 },{ 13,2 },{ 17,1 },{ 19,1 },{ 23,1 },{ 29,1 },{ 31,1 } } }
{17,{ { 3,15 },{ 5,7 },{ 7,4 },{ 11,3 },{ 13,2 },{ 17,2 },{ 19,1 },{ 23,1 },{ 29,1 },{ 31,1 } } }
{18,{ { 3,17 },{ 5,8 },{ 7,5 },{ 11,3 },{ 13,2 },{ 17,2 },{ 19,1 },{ 23,1 },{ 29,1 },{ 31,1 } } }
```

〈표 4.1.18〉

(d) 위와 같은 관찰과 탐구는 유용한가?

위의 결과를 통해 알 수 있듯이 분모는 복잡해 보이긴 해도 일정한 규칙을 갖고 있다. 아래의 분석을 보자.

· 서로 인접해 있는 두 개의 m을 자세히 보면 그 숫자간의 차이가 크지 않다는 것을 알 수 있다.

· 또한 앞의 항이 그 뒤(후)의 항의 분모에 포함된다. 예를 들어, $-s_{18}$의 분모는 s_{17}의 분모보다 $3^2 \times 5 \times 7$ 크다. 이러한 현상이 $35 \times 36 = 2^2 \times 3^2 \times 5 \times 7$에서도 나타난다.

· 그렇기 때문에 급선무는 뒤의 항과 앞의 항 사이의 비율을 관찰하고 특별한 규칙이 존재하는지 살펴보는 것이다. 다음과 같이 말이다.

```
In [ 11 ] : r [m_] : = Zeta [2m] / Pi ^ (2m) ;
        s [m_] : = Zeta [2m] / (Pi ^ (2m)  *BernoulliB [2m] ) ;
        d [m_] : = Denominator [ (-1) ^ (m+1)  *s [m] ] ;
        Table [Print [ "m=", m, ", 2m+1=", 2m+1, ", 2m+2=", 2m+2,
        ", ", FactorInteger [d [m+1] / d [m] ] ] ,
        { m, 1, 28 } ] / / ColumnForm ;
```

〈표 4.1.19〉

출력되는 결과는 다음과 같다.

```
m=1,    2m+1=3,    2m+2=4,    { { 3, 1 } }
m=2,    2m+1=5,    2m+2=6,    { { 3, 1 }, { 5, 1 } }
m=3,    2m+1=7,    2m+2=8,    { { 7, 1 } }
m=4,    2m+1=9,    2m+2=10,   { { 3, 2 }, { 5, 1 } }
m=5,    2m+1=11,   2m+2=12,   { { 3, 1 }, { 11, 1 } }
m=6,    2m+1=13,   2m+2=14,   { { 7, 1 }, { 13, 1 } }
m=7,    2m+1=15,   2m+2=16,   { { 3, 1 }, { 5, 1 } }
m=8,    2m+1=17,   2m+2=18,   { { 3, 2 }, { 17, 1 } }
m=9,    2m+1=19,   2m+2=20,   { { 5, 1 }, { 19, 1 }
m=10,   2m+1=21,   2m+2=22,   { { 3, 1 }, { 7, 1 }, { 11, 1 } }
m=11,   2m+1=23,   2m+2=24,   { { 3, 1 }, { 23, 1 } }
m=12,   2m+1=25,   2m+2=26,   { { 5, 2 }, { 13, 1 } }
m=13,   2m+1=27,   2m+2=28,   { { 3, 3 }, { 7, 1 } }
m=14,   2m+1=29,   2m+2=30,   { { 3, 1 }, { 5, 1 }, { 29, 1} }
```

〈표 4.1.20〉

· 분자에 의해 제거된 것일 가능성이 있는 2의 제곱은 매우 특이하다. 이 때문에 우리가 분자의 규칙을 찾을 때 곤혹스러워 하는 것 같다.

· 드디어 우리는 다음과 같은 사실을 알게 된다. 분모가 $(2m)!$일 가능성이 굉장히 크다. 여기서 우리는 $(2m)!$과 $(-1)^{m+1}s_m$을 곱한 후의 결과를 보고 싶어진다.

4.1.7 진상이 밝혀지다-미묘한 공식의 재현

t_m을 $(2m)!$과 $(-1)^{m+1}s_m$의 곱으로 명령하면 다음과 같다.

$$t_m = (-1)^{m+1}s_m \cdot (2m)! = (-1)^{m+1}\frac{(2m)!\zeta(2m)}{\pi^{2m}B_{2m}}$$

우리의 연산 대가 매스매티카에게 리스트를 요청해 보자.

```
In [ 12 ] : = r [m_] : = Zeta [2m] / Pi ^ (2m) ;
              s [m_] : = Zeta [2m] / (Pi ^ (2m)  *BernoulliB [2m] ) ;
              t [m_] : = (-1) ^ (m+1) *s [m] * (2m) ! ;
              Table [ {m,FactorInteger [ t [m] ] }, {m,22} ] / / ColumnForm
```

〈표 4.1.21〉

그 결과는 다음과 같다:

```
{ 1, { { 2,  1 } } }
{ 2, { { 2,  3 } } }
{ 3, { { 2,  5 } } }
{ 4, { { 2,  7 } } }
{ 5, { { 2,  9 } } }
{ 6, { { 2, 11 } } }
{ 7, { { 2, 13 } } }
{ 8, { { 2, 15 } } }
{ 9, { { 2, 17 } } }
{10, { { 2, 19 } } }
{11, { { 2, 21 } } }
{12, { { 2, 23 } } }
{13, { { 2, 25 } } }
{14, { { 2, 27 } } }
{15, { { 2, 29 } } }
{16, { { 2, 31 } } }
{17, { { 2, 33 } } }
{18, { { 2, 35 } } }
{19, { { 2, 37 } } }
```

{20, { { 2, 39 } } }
{21, { { 2, 41 } } }
{22, { { 2, 43 } } }

〈표 4.1.22〉

몇 초도 안 지나서 $t_m = 2^{2m-1}$와 같은 결과가 나온다. 이에 우리는 흥분을 금치 못한다. 여기서 집고 넘어가야 할 점은 위의 세부 관찰에서의 분모 중 2의 거듭제곱은 온 데 간 데 없이 사라져있다. 그러나 분자 중에는 2의 거듭제곱이 존재하며 일정한 규칙은 없어 보인다. 이제 드디어 그 진상이 밝혀진다. 바로 분자 중 2의 거듭제곱과 분모 중 $(2m)!$의 2의 거듭제곱이 상쇄되기 때문에 앞의 결과가 나타난다는 사실이다. 마지막으로 처음의 $\zeta(2m)$로 돌아가면 다음과 같은 공식이 성립된다.

$$(-1)^{m+1}\frac{(2m)!\zeta(2m)}{\pi^{2m}B_{2m}} = 2^{2m-1}.$$

정리를 해보면 이 미묘한 공식의 본연의 모습이 완전히 드러난다.

$$\zeta(2m) = (-1)^{m+1}\frac{(2\pi)^{2m}B_{2m}}{2(2m)!}.$$

4.1.8 진일보하기 $-\zeta(3)$의 공식은 존재하는가?

무한한 조각을 가지고 진행되는 퍼즐게임을 마친 후 우리는 아직 무언가 부족한 느낌을 받게 된다. 우리는 $\zeta(2m)$과 π^{2m}가 무관하지 않으며 양자 간의 비율이 특별한 유리수라는 사실을 알 뿐 아니라 그 공식도 잘 알고 있다. 사실 이들의 관계는 결코 평범하지 않다. 즉, 이 공식의 좌변은 짝수 제타함수의 값이며 수렴급수의 합이다. 그리고 이에 포함되는 모든 항은 분자를 1로 하는 유리수이다. 반면에 공식의 우변에는 π가 있다. 모두 알다시피 π는 무리수이다. 간단히 말해서, 무한한 유리수를 합하면 무리수가 되는 것이다. 이러한 양적 변화가 질적 변화를 유도하는 현상은 자주 볼 수 있는 것이다. 예를 들면, 교대급수와 조화급수 $1-\frac{1}{2}+\frac{1}{3}-\frac{1}{4}+-\cdots$는 log2로 수렴된다. 실제로 π는 무리수이자 초월수이다. π는 원래 원주길이를 구하는데서 탄생했다. 이렇듯 원과 제타함수는 아주 깊은 관계를 가지고 있어서 이 공식이 내포하고 있는 개념은 한 마디 말로는 다 설명하기 힘들다. 또한 우리는 홀수 제타함수의 값도 $\zeta(2m)$과 같이 일정한 공식이 존재할 것이라고 기대하지만 매스매티카는 이에 대해서 어떠한 답도 반응도 보이지 않을 것이다. 이는 매우 곤란한 문제이다. 가장 간단하다는 $\zeta(3)$도 현재까지 $\zeta(2m)$과 견줄 수 있는 어떠한 공식도 가지고 있지 않다. 우선 이런 기이한 현상에 대해 연구해 보자.

(a) 당신은 이 기이한 현상의 발생 원인이 무엇이라 생각하는가?

(b) 어떤 방식으로 $\zeta(2m+1)$을 연구해야 그 결론을 얻을 수 있을까?

(c) B_{2m+1}는 매스매티카 영역 밖에 있으므로 우리는 이를 연구할 길이 없다.

(d) π와 여전히 유관할까, 혹은 기타의 상수와 유관할까? 사실상, 수많은 수학자들이 이미 다음과 같은 질문을 가졌었다:

$\zeta(2m+1)$과 π^{2m+1} 사이의 비율은 유리수인가?

(e) $\zeta(3)$를 가지고 실험을 해보자, 이번에는 그래프나 아래의 수식

이 당신에게 영감을 가져다 줄 지도 모른다.

$$\zeta(3) = \int_0^1 \int_0^1 \int_0^1 \frac{1}{1-xyz} dzdydx.$$

(f) 1978년 프랑스의 수학자 로저 아페리(Roger Apery)가 증명한 $\zeta(3)$이 무리수라는 결론만이 현재 우리가 숙지하고 있는 유일한 사실이다. 그가 이러한 결론을 유추할 수 있었던 것은 새로운 급수 표기법을 고안해냈기 때문이다.

$$\zeta(3) = \frac{5}{2} \sum_{n=1}^{\infty} \frac{(-1)^{n+1}}{n^3 \binom{2n}{n}}.$$

이 급수의 수렴속도는 원래의 급수 $\sum_{n=0}^{\infty} \frac{1}{n^3}$ 보다 훨씬 빠르다.

이 급수를 통해 $\zeta(3)$의 결과를 연구해 보자.

4.1.9 우리 모두는 부단히 노력해야 한다!

$\zeta(2m)$의 공식은 리만에 의해 발견되기 100년 전 이미 오일러에 의해 발견된 바 있다. 그러나 $\zeta(2m+1)$공식은 오일러에게 또 우리 모두에게 여전히 미해결의 문제로 남아있다. $\zeta(5)$가 유리수인지의 여부를 아직도 모르는 상황이다. 일부 보수적인 추측에 따르면 $\zeta(2m+1)$는 π^{2m+1}과 같이 초월수라고 한다. 그러나 양자 간의 비율은 결코 유리수가 아니다.

4.2 연속된 정수의 합을 구하는 DC알고리즘

이 절에서는 컴퓨터로 연속된 정수의 멱의 합을 구하거나, 베르누이 수를 구할 수 있는 간단하면서 실행 시간 복잡도가 우수한 DCA(DaeheeChanghee Algorithm)를 소개한다. 이 알고리즘의 시간 복잡도(time complexity: 어떤 데이터나 수식이 처리되는데 프로그램상에서 얼마나 시간이 걸리는가를 나타냄)는 O(k*k)이다.

4.2.1 DCA의 개요

베르누이 수는 다음과 같이 정의된다.

$$B_k = -\frac{1}{k+1}\sum_{i=0}^{k-1}\binom{k+1}{i} B_k,\ B_0 = 1, k > 0. \qquad (1)$$

1713년 베르누이는 일반적인 자연수 k에 대한 $S(n,k) = 1^k + 2^k + \cdots + n^k$의 합 공식을 만들었다. 이때 멱승의 합은 아래 식에 의해 계산된다.

$$S(n,k) = \frac{1}{k+1}\sum_{j=0}^{k}\binom{k+1}{j} B_j n^{k+1-j}. \qquad (2)$$

이제 DCA에 대하여 알아보자. 먼저 $S(n, k-1)$의 다항식은 알려져 있다고 가정할 때, $S(n, k)$을 계산하는 다항식은 다음 단계로 얻을 수 있다.

단계 1. $S(n, k-1)$ 다항식을 전개한다.
단계 2. $S(n, k-1)$ 다항식에 k를 곱한다.

단계 3. 단계 2의 다항식을 적분한다.

단계 4. 단계 3의 모든 적분계수의 합이 1이 되도록 상수 C를 정한다.

단계 5. 단계 4의 다항식에 계수가 C인 1차 항을 더한다. 이 다항식이 $S(n, k)$를 구하는 다항식이 된다.

예를 들면, $S(n,1)=\dfrac{n(n+1)}{2}$이 알려져 있다고 가정하자. $S(n,2)$의 얻는 과정은 다음과 같다;

단계 1. 다항식 $S(n,1)$을 전개하면, $S(n,1)=\frac{1}{2}n^2+\frac{1}{2}n$이 된다.

단계 2. 다항식 $S(n, 1)$에 2를 곱하면, $2S(n,1)=n^2+n$이 된다.

단계 3. 다항식 $2*S(n, 1)$을 적분하면,

$$\int 2S(n,1)dn=\frac{1}{3}n^3+\frac{1}{2}n^2+C$$ 이 된다.

단계 4. 단계 3에서 계수들의 합을 1로 하면, $\frac{1}{3}+\frac{1}{2}+C=1$이 되고 $C=\frac{1}{6}$이 된다.

단계 5. 단계 3의 C를 $C\cdot n$으로 대체하면

$$\int 2S(n,1)dn=\frac{1}{3}n^3+\frac{1}{2}n^2+\frac{1}{6}C$$ 이 된다.

이로써 $S(n,2)$의 다항식을 얻는다.

또한 다항식 $S(n, 3)$을 구하고자 한다면, $S(n, 2)$의 다항식으로부터 DCA의 단계를 따르면 원하는 다항식을 얻을 수 있다. 이와 같이 DCA의 과정을 반복하면 원하는 차수의 다항식 $S(n, k)$을 얻을 수 있다. 한편, step 4에서 얻은 상수 C는 k번째 베르누이수이다.

4.2.2 임플러먼테이션 전략

본 절은 DCA를 구현하기 위한 방법을 설명한다. 현재 $k=1$이라고 가정하고, $S(n, 2)$의 다항식을 유도한다고 하자. 다항식 $S(n,1)=\frac{1}{2}n^2+\frac{1}{2}n$이므로, 각 항의 계수를 저장하여야 한다. 본 연구는 각 항의 계수를 분모와 분자로 분리하여 저장하는 방법을 사용한다. 따라서 분모와 분자를 저장하기 위한 2차원 배열(array)을 설정한다. 2차원 배열의 첫째 행은 분자를 저장하고, 두 번째 행은 분모를 저장한다. 그러나 각 항의 차수는 별도로 저장하지 않는다. 대신 각 항의 차수를 알기 위해 maxK 변수를 사용하여 배열에서 마지막으로 저장된 항의 다음 index를 저장한다. 그러면 각 항의 차수는 배열의 index에 따라 maxK-index 가 된다. (그림 4.2.1)에서 보는 바와 같이 다항식의 최고차항부터 순서대로 계수의 분자는 배열 1행, 분모는 2행에 저장한다. 배열에서 마지막 항의 다음 index 2는 maxK 변수에 저장한다. 이 때 maxK는 항상 현재 다항식의 최대 차수와 동일하다. 또한 $\text{index}=0$의 항은 차수가 $\text{maxK}-\text{index}=2-0=2$이며, $\text{index}=1$의 항은 차수가 $\text{maxK}-\text{index}=2-1=1$이다. 여기까지의 과정은 step 1이다.

[그림 4.2.1] 단계 1

이제 $k=2$의 다항식을 유도하여야 하므로 각 항의 분자, 즉 배열의 첫 번째 행에 2를 곱한다(그림 2 a). 곱한 후 수식을 간단하게 하기 위하여 분모, 분자를 약분한다(그림 4.2.2 b). 이로써 2단계가 끝난다.

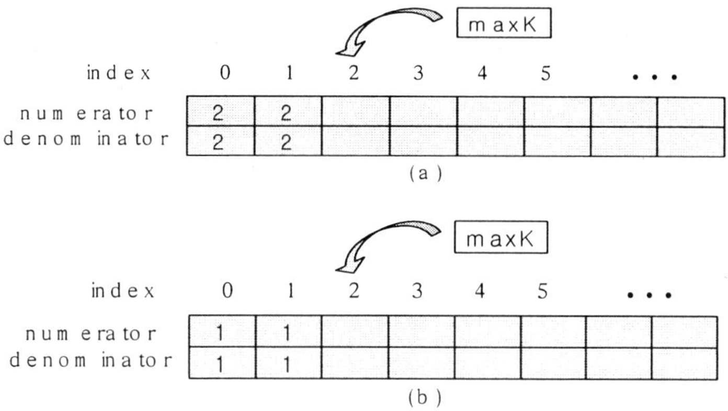

[그림 4.2.2] 단계 2

단계 3은 적분하는 단계이다. 각 항에 1/(차수+1)을 곱하여야 하므로, 각 항의 분모에 maxK-index+1를 곱한다(그림 4.2.3). 마찬가지로 분모, 분자를 약분한다. 약분 후 다항식 $S(n,2)=\frac{1}{3}n^3+\frac{1}{2}n^2+C$ 이다. 이제 C의 값을 구하여야 한다.

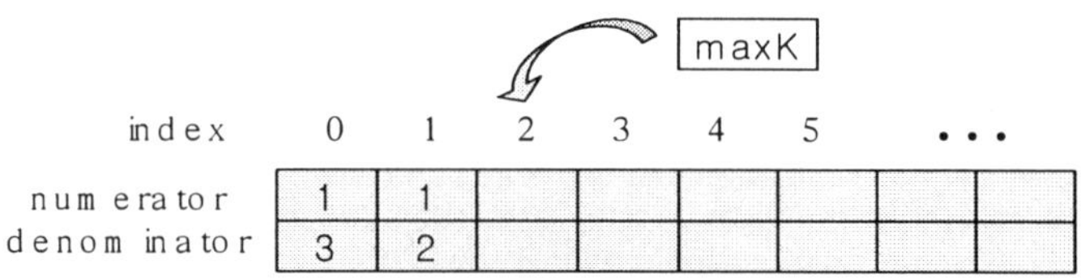

[그림 4.2.3] 단계 3

C의 값은 $\frac{1}{3}+\frac{1}{2}+C=1$을 만족하여야 하므로 $C=\frac{1}{6}$이다. maxK에 $\frac{1}{6}$의 분자 1을 1행에 저장하고, 분모 6을 2행에 저장한다. 저장 후 maxK를 1 증가한다. (그림 4.2.4)는 단계 5가 종료된 후의 모습이다.

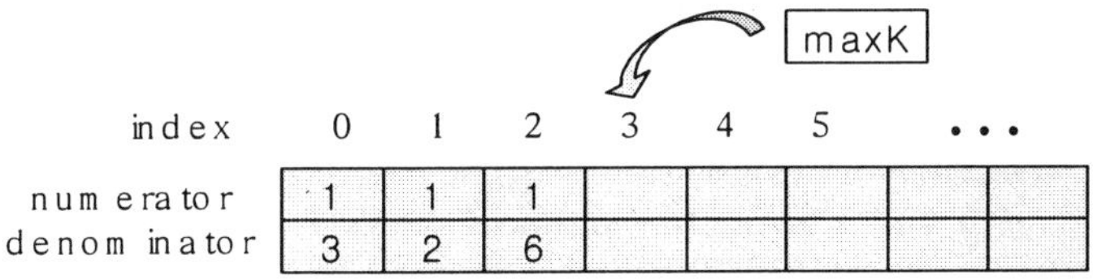

[그림 4.2.4] 단계 5

위의 그림은 $S(n,2)=\frac{1}{3}n^3+\frac{1}{2}n^2+\frac{1}{6}n$을 의미한다. 이제 $S(n, 2)$를 구하였으므로 같은 단계를 되풀이하면 $S(n, 3)$의 다항식을 구할 수 있다. 이와 같은 과정을 반복하면서 k를 차례로 증가시키면 원하는 차수의 다항식을 얻을 수 있다.

4.2.3 연속된 정수의 멱승의 합 계산

본 절은 DCA를 이용하여 연속된 정수의 멱의 합을 구하는 프로그램과, 알고리즘의 성능에 대하여 논의한다. 성능은 $S(n,k)=1^k+2^k+\cdots+n^k$을 컴퓨터로 계산하는 시간과 DCA에 의하여 $S(n, k)$ 다항식을 유도한 후 계산하는 시간을 비교한다. 이 때 k는 임의로 주어진다고 가정한다.

먼저 $S(n,k)=1^k+2^k+\cdots+n^k$를 계산하는 프로그램은 다

음과 같이 작성할 수 있다. (표 4.2.5)에서 powerSeries() 함수는 각 항의 합을 계산하는 부분이고, power() 함수는 하나의 항을 계산한다.

```
double powerSeries(long n, long k)
{       double sum=0;               long i;
        for(i=1; i<=n; i++) sum += power(i,k);
        return sum;
}

double power(long i, long k)
{       double product=1; long j;
        for(j=1; j<=k; j++) product *= i;
        return product;
}
```

[표 4.2.5] 계산프로그램 : $1^k + 2^k + \cdots + n^k$

이 프로그램의 시간 복잡도를 계산하면, power() 함수는 O(k) 시간이 소요되나 알고리즘을 개선할 경우 O(log k) 시간에 계산할 수 있다. powerSeries() 함수는 O(n) 시간이 소요되므로 전체 프로그램은 O(n*log k) 시간이 소요된다. 본 연구에서는 power()의 계산에 C의 라이브러리 함수 pow()를 사용하였다.

다음으로 DCA를 이용하여 계산하는 프로그램은 (표 4.2.6)과 같이 작성할 수 있다. DCpowerSeries()는 $S(n, k)$의 다항식을 구하는 함수이고, computePowSeries()는 다항식을 구한 후 결과 값을 계산하는 함수이다. DCpowerSeries() 함수의 인자로 전달되는 maxN은 $S(n, k)$의 n값이고, ord$K$는 k 값이다.

```
double DCpowerSeries(long maxN, long ordK)
{       long a[2][N] = { {1,1}, {2,2} };      // a[0][i]:numerator,
a[1][i]:denominator
        long k, i, maxK=2;                    // maxK : getting current
degree

        if(ordK==1) { return maxN*(maxN+1)/2.; }
        for(k=2; k<=ordK; k++)
        {
                for(i=0; i<maxK; i++)         //after  a[0][i]
multiply k, reduce.
                for(i=0; i<maxK; i++)         //after  a[1][i]
multiply (degree+1), reduce.
                for(i=0; i<maxK; i++)
//1-a[0][i]/a[1][i], consequently.
        //This result saves numerator to a[0][maxK] and
denominator to a[1][maxK].
                maxK++;
        }
        return computePowSeries(a, maxN, ordK+1);
}

double computePowSeries(long arr[][N], long n, long k)
{       double sum=0;     long i;
        for(i=0;      i<k;       i++)       sum       +=
(double)arr[0][i]/arr[1][i]*power(n,k-i);
        return sum;
}
```

[표 4.2.6] DCA를 이용한 멱승의 합 계산프로그램

computePowSeries() 함수는 power() 함수의 알고리즘을 개선할 경우 O($k*\log k$) 시간이 소요된다. 본 연구에서는 C의 라이브러리 함수 pow()를 사용하였다. DCpowerSeries() 함수는 O($k*k$) 시간이 소요된다. 따라서 DCA의 time complexity는 O($k*k$)이다. 이론적으로는 $n>k$인 경우 DCpowerSeries() 함수가 더 나은 성능을 가지며, $n<k$인 경우 powerSeries() 함수가 더 우

수하다. 그러나 DCpowerSeries() 함수를 사용하면 $S(n, k)$의 다항식을 저장할 수 있으므로 동일한 차수의 멱급수 합을 계산하는 부분이 여러 번 반복된다면 훨씬 더 빠른 계산결과를 보일 것이다.

[그림 4.2.7]은 두 알고리즘의 실행시간을 그래프로 나타내어 비교한 것이다. 가로축은 n, 세로축은 실행시간(초)이다. $k=2$의 경우 DCA가 훨씬 빠르게 실행되었으며, $k=10$인 경우 n이 약 400을 초과하면 DCA가 우수하였다. 반면, $k=17$의 경우 DCA의 실행 시간이 더 길었다. 이 경우에도 n의 값이 크게 증가할 경우 DCA의 실행시간이 더 적을 것임을 예측할 수 있다. 결론적으로 powerSeries() 함수는 n의 증가에 따라 실행시간이 증가하고 k의 변화에는 큰 영향이 없었으나, DCpowerSeries() 함수는 k의 증가에 따라 실행시간이 증가하고 n의 변화에는 거의 영향이 없었다.

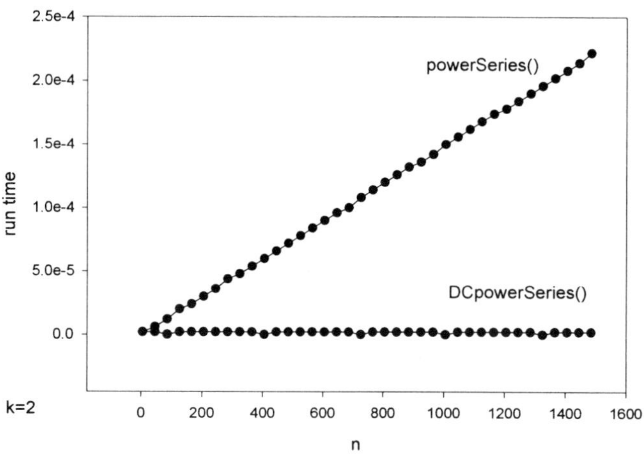

(a) k=2

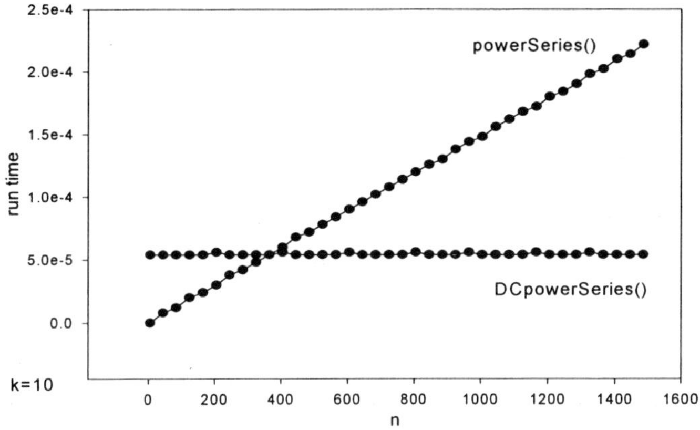

(b) k=10

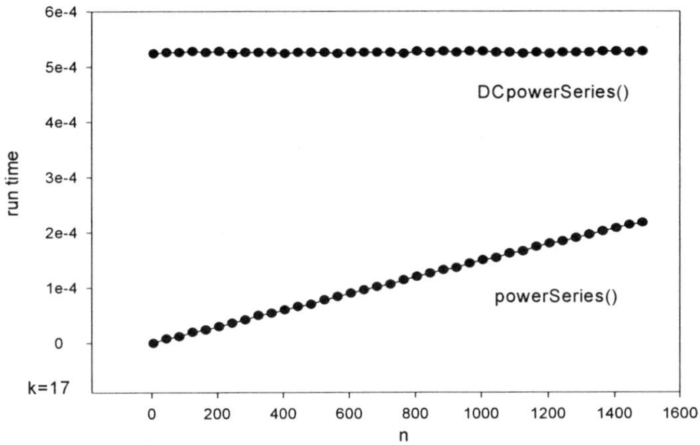

(c) k=17

[그림 4.2.7] compare run time powerSeries() with DC Algorithm

위 그림의 실행 시간은 Windows XP 환경의 PC Intel Pentium 3,396Mhz CPU에서 500,000회 반복 계산 후 평균한 것이다.

4.2.4 베르누이 수 계산(Computing Bernoulli Numbers)

본 절은 DCA를 이용하여 베르누이 수를 구하는 방법과 기존 방법과의 성능을 비교한다. 비교의 대상은 (1)이다.

DCA의 단계 4에서 구한 상수 C는 곧 베르누이 수이다. 따라서 DCA를 그대로 실행함으로써 베르누이 수를 차례로 구할 수 있다. (그림 4.2.6)의 DCpowerSeries() 함수는 computePowSeries() 함수를 실행하지 않으며, 단지 분모와 분자를 계산할 뿐이다. 우리는 DCpowerSeries() 함수를 DCBernoulli() 함수로 약간 수정하였다. 이 함수의 시간복잡도는 앞에서 논의한 바와 같이 $O(k*k)$이다.
(1)의 방법으로 Bernoulli Number를 구하기 위해 우리는 Bernoulli() 함수를 작성하였다. 이 함수는 임의의 m에 대해 Bm을 계산한다. 함수의 인자로 전달되는 nu는 Bm의 분자, de는 분모 값이다. (그림 4.2.8)은 Bernoulli() 함수이다.

```
double Bernoulli(long m, long *nu, long *de)   // compute Bm
{        long bern[2][50]={{1, -1}, {1, 2}};
         long k, i;
         long  sumNumerator,  sumDenominator,  numerator,
denominator;
         long a, b;                        // for saving
         if(m==1) { *nu = -1;                       *de = 2;
return -1/2.; }
         for(k=2; k<=m; k++)
         {           sumNumerator = bern[0][0];
                     sumDenominator = bern[1][0];
                     for(i=1; i<k; i++)
                     {          a = sumNumerator;
                                b = sumDenominator;
                                if(bern[0][i]==0) continue;
                                numerator  =  permutation(k+1,  i);
// Combination(k+1, i)
                                denominator = factorial(i);
```

```
                              reduce(&numerator,
&denominator);
                              numerator *= bern[0][i];        //
Combination(k+1, i) * B(i)
                              denominator *= bern[1][i];
                              reduce(&numerator,
&denominator);
                              sumNumerator = a * denominator
+ b * numerator;
                              sumDenominator      =     b     *
denominator;
                              reduce(&sumNumerator,
&sumDenominator);
                        }
                        sumNumerator *= -1;
                        sumDenominator *= k+1;
                        reduce(&sumNumerator, &sumDenominator);
                        bern[0][k] = sumNumerator;
                        if(sumNumerator==0) bern[1][k] = 1;
                        else bern[1][k] = sumDenominator;

        }
        *nu = bern[0][m];
        *de = bern[1][m];
        return (double)(*nu) / (*de);
}
```

〈표 4.2.8〉 Bernoulli() function

이 알고리즘은 첫 번째 for loop에서 O(k) 시간이 소요되고, 두 번째 for loop에서 역시 O(k) 시간이 소요되므로 O($k*k$)시간이 소요된다. 또한 두 번째 for loop 안의 permutation() 함수가 O(k) 시간이 소요되므로 전체적으로 O($k*k*k$) 시간이 소요된다. 우리는 Bernoulli() 함수의 성능 개선 여부에 대해서는 논의하지 않을 것이다.

우리는 4.2.4절에서와 마찬가지로 DCBernoulli() 함수와 Bernoulli()를 동일한 컴퓨터 환경에서 실행시간을 측정하고 이를 그래프로그렸다. 그림 4.2.9에서 보는 바와 같이 $k<14$인 경우 Bernoulli() 함수의 실행시간이 빨랐으나, $k>14$인 경우 DCBernoulli() 함수가 더 빠르게 실행되었다.

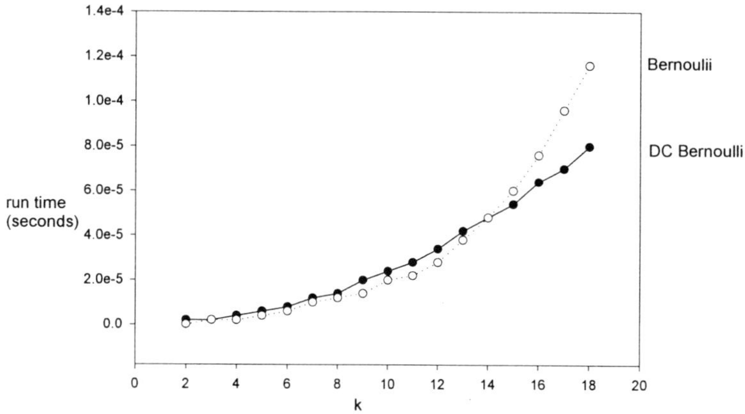

[그림 4.2.9) compare to run time the DCBernoulli() and the Bernoulli()

4.2.5 결론(Conclusion)

수학분야에서 연속된 정수의 멱의 합을 구하는 문제나 베르누이 수에 대한 탐구는 매우 흥미 있는 문제이다. 연속된 정수의 멱의 합을 구하는 다항식은 항상 존재함이 이미 알려져 있으며, 이를 구하는 여러 가지 방법이 있다. 본 논문은 이러한 다항식을 구하는 매우 간단하며 성능이 우수한 DaeheeChanghee Algorithm(DCA)을 소개하였으며 DCA의 성능을 시험하였다. 연속된 정수의 멱의 합을 구하는 문제에서 $S(n,k)=1^k+2^k+\cdots+n^k$을 계산하는 프로그램은 time complexity $O(n*\log k)$이며, DCA은 $O(k*k)$

의 성능을 보인다. 실제 실행 시간 계산에서는 k가 크지 않은 경우 DCA이 더 빠른 시간에 실행되었다.

기존의 방법으로 베르누이 수를 계산하는 프로그램은 시간복잡도 $O(k*k*k)$이나, DCA를 이용하면 $O(k*k)$ 시간이 소요된다. 실제 실행시간에서 $k>14$인 경우 DCA를 이용한 프로그램이 더 빠르게 실행되었다. 본 절에서는 DCA의 시간복잡도를 개선하는 문제나, 비교 대상 알고리즘의 시간복잡도를 개선하는 문제는 논의하지 않았다. 이에 대한 문제도 추후 논의되어야 할 것이다.

5 특수함수의 $q-$ 아날로그

5.1 삼각함수의 q-확장과 관련된 공식

5.1.1 소개

우리가 q-확장(extension)을 이야기할 때 q를 복소수 또는 p-진 복소수 등으로 다양하게 취급한다. q-베이직은

$$[n]_q = \frac{1-q^n}{1-q} = 1+q+q^2+\cdots+q^{n-1} \text{ (단, } n\text{은 자연수)}$$

이라고 정의하고 q-계승은 $[n]_q! = [n]_q[n-1]_q\cdots[1]_q$로 정의한다. 뉴턴의 이항공식은

$$(x+y)^n = \sum_{k=0}^{n}\binom{n}{k}y^{n-k}x^k, \quad n\text{은 양의 정수} \tag{5.1.1}$$

이고, 여기에서 이항계수는 다음과 같다.

$$\binom{n}{k} = \frac{n(n-1)\cdots(n-k+1)}{k!} = \frac{n!}{k!(n-k)!}. \tag{5.1.2}$$

이 논문에서는 q는 크기가 1보다 작은 복소수라고 가정한다. 우리는 다음과 같이 정의되는 q-변형된 이항계수(또는 가우스의 이항계수)를 이용하는데 이 때, q-이동 계승은 다음과 같다.

$$\binom{n}{k}_q = \frac{(q:q)_n}{(q:q)_k(q:q)_{n-k}} = \frac{[n]_q!}{[n-k]_q![k]_q!}. \tag{5.1.3}$$

아래의 반복관계는 q-이항계수가 q에 대한 다항식임을 보여준다.

$$\binom{x}{k}_q = q^k\binom{x-1}{k}_q + \binom{x-1}{k-1}_q .$$

q가 1에 아주 근접하면 $[n]_{q=1}$은 고전적 수 n이 되고 고전적 이항계수를 갖는다.

$$\binom{n}{k}_{q=1} = \binom{n}{k}$$

다음은 네이피어 상수(Napier constant)(또는 오일러 상수)로 잘 알려져 있다.

$$\lim_{x\to\infty}\left(1+\frac{1}{x}\right)^x = \lim_{x\to 0}(1+x)^{\frac{1}{x}} = e. \tag{5.1.4}$$

i를 $\sqrt{-1} = (-1)^{\frac{1}{2}}$이라 정의된 복소수라고 하면, 오일러 공식은

$$e^{ix} = \cos x + i\sin x \tag{5.1.5}$$

이다. (5.1.5)에서 우리는 다음 식을 도출할 수 있다.

$$\cos x = \frac{1}{2}(e^{ix} + e^{-ix}), \text{ and } \sin x = \frac{1}{2i}(e^{ix} - e^{-ix}). \tag{5.1.6}$$

테일러 전개를 이용하여 다음을 쉽게 알 수 있다.

$$\sin x = \sum_{n=0}^{\infty} \frac{(-1)^n}{(2n+1)!} x^{2n+1}, \text{ and } \cos x = \sum_{n=0}^{\infty} \frac{(-1)^n}{(2n)!} x^{2n}. \tag{5.1.7}$$

쇼오크(M.Schork)는 최근에 한 논문에 워드(Word)의 "수열의 계산"을 연구하였고 q-덧셈 $x \otimes_q y$를 다음과 같이 소개하였다.

$$(x \otimes_q y)^n = \sum_{k=0}^{n} \binom{n}{k}_q x^k y^{n-k}. \tag{5.1.8}$$

이 q-덧셈은 잭슨에 의해 이미 알려졌고, 나중에 워드와 살람(AI-Salam)에 의해 일반화되었다. 두 q-지수들은 다음과 같이 정의되었다.

$$e_q(z) = \sum_{n=0}^{\infty} \frac{z^n}{[n]_q!} = \sum_{n=0}^{\infty} \frac{((1-q)z)^n}{(q:q)_n} = \frac{1}{(z(1-q):q)_\infty}, \tag{5.1.11}$$

$$E_q(z) = \sum_{n=0}^{\infty} \frac{q^{\binom{n}{2}} z^n}{[n]_q!} = \sum_{n=0}^{\infty} \frac{((1-q)z)^n q^{\binom{n}{2}}}{(q:q)_n} = (-z(1-q):q)_\infty \tag{5.1.10}$$

여기서 $(a:q)_\infty = \lim_{k \to \infty}(a:q)_k = \prod_{i=1}^{\infty}(1-aq^{i-1})$이다. (5.1.9)와 (5.1.10)으로부터 우리는 $e_q(z) \cdot E_q(-z) = 1$ for $|z| < 1$를 알 수 있다.

이 장의 목적은 sine과 cosine의 q-확장으로부터 sine과 cosine 함수의 q-확장과 대회 공식에 관련된 흥미로운 공식들은 이끌어낼 것이다.

5.1.2 오일러 공식과 삼각함수의 q-확장(extension)

다음과 같이 정의된 잭슨의 q-미분을 생각해보자.

$$D_q f(x) = \frac{f(x) - f(qx)}{(1-q)x} \tag{5.1.11}$$

잭슨의 q-미분에서 $D_q x^n = [n]_q x^{n-1}$이 되고, q가 1로 아주 접근하면 일반적인 미분이 된다. q-지수함수의 정의로부터

$$D_q(e_q(\lambda x)) = \lambda e_q(\lambda x)$$

이 도출되는데 이는

$$D_q\left(\sum_{n=0}^{\infty} \frac{\lambda^n x^n}{[n]_q!}\right) = \sum_{n=1}^{\infty} \frac{\lambda^n x^{n-1}}{[n-1]_q!} = \sum_{n=0}^{\infty} \frac{\lambda^{n+1} x^n}{[n]_q!} = \lambda e_q(\lambda x)$$

때문이다. q-적분은 다음과 같이 정의된다.

$$\int_0^x f(t) d_q t = (1-q) \sum_{k=0}^{\infty} f(q^k x) q^k x \tag{5.1.12}$$

여기서 x는 실수이고, 오른쪽 항은 절대 수렴한다. 특히, 우리가 $f(x) = x^n$이라고 가정하면, 우리는

$$\int_0^x t^n d_q t = (1-q) \sum_{k=0}^{\infty} q^{(n+1)k} x^{n+1} = \frac{x^{n+1}}{[n+1]_q}$$

을 얻게 된다. (5.1.11)과 (5.1.12)에서 다음을 얻을 수 있다.

$$\int_0^x D_q f(t) d_q t = \sum_{k=0}^{\infty} (f(q^k x) - f(q^{k+1} x)) = f(x).$$

따라서 우리는 다음의 보조정리를 얻게 된다.

[보조정리 5.1.3]
만약 f가 q-적분함수라 하면, $\int_0^x D_q f(t) d_q t = f(x)$이다.

q-적분의 정의에 의해 다음 식들을 쉽게 알 수 있다.

$$D_q(f(x)g(x)) = f(x)D_q g(x) + g(qx)D_q f(x),$$
$$\int_0^x f(t)D_q(g(t))d_q t = f(x)g(x) - \int_0^x g(qt)D_q(f(t))d_q t.$$

대희 상수라 불리는 네이피어 상수(또는 오일러 수)의 q-확장을 생각해보자.

$$\begin{aligned}\lim_{x\to\infty}\left(1\otimes_q \frac{1}{[x]_q}\right)^x &= \lim_{x\to\infty}\sum_{k=0}^{\infty}\binom{x}{k}_q\left(\frac{1}{[x]_q}\right)^k \\ &= \sum_{k=0}^{\infty}\lim_{x\to\infty}\frac{(1-q^x)\cdots(1-q^{x-k+1})}{[k]_q!(1-q^x)^k} \\ &= \sum_{k=0}^{\infty}\frac{1}{[k]_q!} = e_q.\end{aligned} \tag{5.1.13}$$

[정리 5.1.4] (대희상수)

$$e_q = \lim_{x\to\infty}\left(1\otimes_q \frac{1}{[x]_q}\right)^x.$$

$e_q(x)$의 정의에서 우리는 다음을 생각해 볼 수 있다.

$$e_q(ix)=\sum_{n=0}^{\infty}\frac{(ix)^n}{[n]_q!}=\sum_{n=0}^{\infty}\frac{(-1)^n x^{2n}}{[2n]_q!}+i\sum_{n=0}^{\infty}\frac{(-1)^n x^{2n+1}}{[2n+1]_q!} \quad (5.1.14)$$

(5.1.7)로부터 우리는 sine과 cosine의 q-확장을 다음과 같이 정의한다.

$$\sin_q x=\sum_{n=0}^{\infty}\frac{(-1)^n x^{2n+1}}{[2n+1]_q!},\ \cos_q x=\sum_{n=0}^{\infty}\frac{(-1)^n x^{2n}}{[2n]_q!} \quad (5.1.15)$$

(5.1.14)와 (5.1.15)에서 오일러 공식의 q-확장인 대회 공식을 유도할 수 있다.

$$e_q(ix)=\cos_q x+isin_q x.$$

여기서 우리는

$$\lim_{q\to 1} e_q(ix)=\cos x+isinx.$$

을 알 수 있다. 그래서 우리는 다음 정리를 얻게 된다.

[정리 5.1.5] (대회공식)

$$e_q(ix)=\cos_q x+isin_q x.$$

q-덧셈의 정의에서 우리는 다음 식을 쉽게 알 수 있다.

$$\begin{aligned} e_q(x)e_q(y) &= \left(\sum_{k=0}^{\infty}\frac{x^k}{[k]_q!}\right)\left(\sum_{l=0}^{\infty}\frac{y^l}{[l]_q!}\right) \\ &= \sum_{n=0}^{\infty}\left(\sum_{k=0}^{n}\frac{x^k y^{n-l}}{[k]_q![n-k]_q!}\right) = \sum_{n=0}^{\infty}\left(\sum_{k=0}^{n}\frac{[n]_q!}{[k]_q![n-k]_q!}x^k y^{n-l}\right)\frac{1}{[n]_q!} \\ &= \sum_{n=0}^{\infty}\left(\sum_{k=0}^{n}\binom{n}{k}_q x^k y^{n-l}\right)\frac{1}{[n]_q!} = \sum_{k=0}^{\infty}\frac{(x\otimes_q y)^n}{[n]_q!} = e_q(x\otimes_q y). \end{aligned}$$

그러므로 다음 보조정리를 가진다.

> [보조정리 5.1.6] 실수 x,y에 대해서
>
> $$e_q(x)e_q(y) = e_q(x\otimes_q y).$$

보조정리 5.1.6에서 다음 식이 유도된다.

$$e_q(ix)e_q(iy) = e_q(i(x\otimes_q y)).$$

대회공식을 이용하여 우리는

$$(\cos_q x + isin_q x)(\cos_q y + isin_q y) = \cos_q(x\otimes_q y) + isin_q(x\otimes_q y)$$

을 알 수 있고, 또한

$$\begin{aligned} &(\cos_q x cos_q y - \sin_q x sin_q y) + i(\sin_q x cos_q y + \cos_q x sin_q y) \\ &= \cos_q(x\otimes_q y) + isin_q(x\otimes_q y) \end{aligned}$$

을 얻게 된다. 양변의 계수 비교를 통하여 다음 정리를 갖게 된다.

[정리 5.1.7] 실수 x, y와 크기가 1보다 작은 복소수 q에 대하여

$$\cos_q(x \otimes_q y) = \cos_q x \cos_q y - \sin_q x \sin_q y,$$
$$\sin_q(x \otimes_q y) = \sin_q x \cos_q y + \cos_q x \sin_q y.$$

(5.1.8)을 얻게 된 원리와 마찬가지로 다음 식을 정의할 수 있다.

$$(x \ominus_q y)^n = \sum_{k=0}^{n} \binom{n}{k}_q (-1)^{n-k} x^k y^{n-k}. \tag{5.1.16}$$

(5.1.15)에 의해 우리는

$$\sin_q(-x) = -\sin_q(x) \text{ and } \cos_q(-x) = \cos_q(x) \tag{5.1.17}$$

을 쉽게 알 수 있다. 정리 5.1.7과 (5.1.16)과 (5.1.17)로부터 다음 식들을 알게 된다.

$$\begin{aligned} \cos_q^2 x + \sin_q^2 x &= \cos_q(x(1 \ominus_q 1)), \\ \cos_q(x(1 \oplus_q 1)) &= \cos_q^2 x - \sin_q^2 x, \\ \sin_q(x(1 \oplus_q 1)) &= 2\sin_q x \cos_q x. \end{aligned}$$

그리고 다음 따름 정리를 가진다.

[따름정리 5.1.8] 실수 x, y에 대하여

$$\begin{aligned} \cos_q^2 x + \sin_q^2 x &= \cos_q(x(1 \ominus_q 1)), \\ \cos_q^2 x - \sin_q^2 x &= \cos_q((1 \oplus_q 1)x), \\ 2\sin_q x \cos_q x &= \sin_q(x(1 \oplus_q 1)). \end{aligned}$$

대회공식을 이용하면

$$e_q(ix) = \cos_q x + i\sin_q x,$$
$$e_q(-ix) = \cos_q x - i\sin_q x$$

를 알 수 있고, 다음의 따름정리를 얻게 된다.

> [따름정리 5.1.9] 실수 x, y에 대하여,
>
> $$\cos_q x = \frac{e_q(ix) + e_q(-ix)}{2}, \quad \sin_q x = \frac{e_q(ix) - e_q(-ix)}{2i}.$$

이 성립한다. 이제 tangent, secant, cotangent 그리고 cosecant의 q-extension을 정의하여 보자.

$$\tan_q x = \frac{\sin_q x}{\cos_q x}, \quad \sec_q x = \frac{1}{\cos_q x}, \quad \csc_q x = \frac{1}{\sin_q x}, \quad \cot_q x = \frac{\cos_q x}{\sin_q x}.$$

그러면

$$1 + \tan_q^2 x = \frac{\sin_q^2 x + \cos_q^2 x}{\cos_q^2 x} = \cos_q(x(1 \ominus_q 1))\sec_q^2 x$$
$$1 + \cot_q^2 x = \frac{\cos_q^2 x + \sin_q^2 x}{\sin_q^2 x} = \cos_q(x(1 \ominus_q 1))\csc_q^2 x. \quad (5.1.18)$$

식 (5.1.11)에서 우리는

$$D_q\left(\frac{f(x)}{g(x)}\right) = \frac{1}{g(x)g(qx)}[D_q(f)g(qx) - f(qx)D_q(g)] \quad (5.1.19)$$

을 유도할 수 있다. (5.1.11), (5.1.15)와 (5.1.19)에서

$$D_q(\sin_q x) = \cos_q x, \quad D_q(\cos_q x) = -\sin_q x$$

을 쉽게 알 수 있으며, 또한

$$D_q(\tan_q x) = 1 + \tan_q x \tan_q(qx).$$

그래서 다음 정리를 얻는다.

[정리 5.1.10] 실수 x에 대하여

$$D_q(\sin_q x) = \cos_q x, \quad D_q(\cos_q x) = -\sin_q x$$

이고, 또한

$$D_q(\tan_q x) = 1 + \tan_q x \tan_q(qx).$$

보조정리 5.1.6과 정리 5.1.10에 의해 다음 따름정리를 갖는다.

[따름정리 5.1.11] 실수 x에 대하여

$$\int_0^x \sin_q t \, d_q t = -\cos_q x, \quad \int_0^x \cos_q t \, d_q t = -\sin_q x$$

를 갖게 되고

$$\int_0^x (1 + \tan_q t \tan_q(qt)) \, d_q t = \tan_q x$$

을 알 수 있다.

5.2 q-제타함수와 q-L-함수 I

모든 $z \in C$에 대하여, 다음 두 식을 정의한다.

[정의 5.2.1] 모든 $z \in C$에 대하여,

$$F(x,t) = \frac{te^{zt}}{e^t - 1} = \sum_{n=0}^{\infty} B_n(z) \frac{t^n}{n!} \quad (|t| < 2\pi). \tag{5.2.1}$$

$$G(t) = f(0,t) = \frac{t}{e^t - 1} = \sum_{n=0}^{\infty} B_n \frac{t^n}{n!}. \tag{5.2.2}$$

여기서 $B_n(z)$, B_n는 잘 알려진 베르누이 다항식 및 베르누이 수이다. 참고로 $B_n(0) = B_n$이 된다.

1948년, 카리츠(Carlits)는 위의 $B_n(z)$와 B_n의 q-확장을 생각하였고, 이와 유사한 결과들을 확립하였다. 최근에 코브리츠(Koblits)는 q-베르누이 다항식에 대하여 분포관계라고 부르는, 위의 카리츠의 결과를 이용하여 다음 두 사실을 보였다.

(1) p-진 측도에서 q-베르누이 다항식의 대응구성

(2) p-진 디리클레 L-급수 또한 q -확장의 정의

우리가 q-확장을 말할 때, q는 여러 가지 의미로 생각할 수 있다. 복소수 q, p-진 수로써 q, 즉 $q \in C$ 또는 $q \in C_p$. 여기에서 C_p는 Q_p의 대수적 폐포의 p-진 완비화된 공간을 의미한다. 모든

$q\in \boldsymbol{C}$이면 $|q|<1$을 가정하고, $q\in \boldsymbol{C}_p$이면 $|q-1|_p<p^{-1/(p-1)}$을 생각하여 $|x|_p\leqq 1$에 대하여 $q^x=\exp(x\log q)$가 성립하도록 한다. 다음 기호를 약속한다.

$$[x]=[x:q]=(1-q^x)/(1-q).$$

$x\in \boldsymbol{C}$인 경우에 또는 $x\in \boldsymbol{C}_p,\ |x|_p\leqq 1$이면 $\lim_{q\to 1}[x:q]=x$이다.

카리츠의 q-베르누이 수 $\beta_n=\beta_n(q)$는 귀납적으로 다음과 같이 정의된다.

$$\beta(0)=1,\ q(q\beta+1)^n-\beta_n=\begin{cases}1 & (n=1)\\ 0 & (n>1)\end{cases}$$

여기서 β^n은 β_n으로 편리하게 쓰도록 약속한다. q-베르누이 다항식 $\beta_n(x:q)$는 다음과 간이 주어진다.

$$(q^x\beta+[x])^n,\quad \beta_n(x:q)=\sum_{k=0}^{n}\binom{n}{k}\beta_k\, q^{kx}\,[x]^{n-k}.$$

$q\to 1$일 때, $\beta_n(q)\to B_n,\ \beta_n(x,q)\to B_n(x)$이다.

χ을 도수가 $f\in \boldsymbol{Z}^+$인 디리클레 지표라 하자. 일반화된 베르누이 수 $B_{n,\chi}$는 다음과 같이 정의된다.

$$F_\chi(t)=\sum_{a=0}^{f-1}\frac{\chi(a)te^{at}}{e^{ft}-1}=\sum_{n=0}^{\infty}B_{n,\chi}\frac{t^n}{n!}\quad (|t|<2\pi). \qquad (5.2.3)$$

그러면 일반화된 카리츠 q-베르누이 수 $\beta_{m,\chi}(q)=\beta_{m,\chi}$는

$$\beta_{m,\chi}(q)=[f]^{m-1}\sum_{a=0}^{f-1}\chi(a)q^a\beta_m\left(\frac{a}{f}:q^f\right) \tag{5.2.4}$$

로 정의된다. (5.2.4)에서 $q\to1$이면 (5.2.3)이 유도됨을 알 수 있다. 오일러 수 E_n은 다음 함수에 의하여 정의된다.

$$\frac{2e^t}{e^{2t}+1}=\operatorname{sech} t=\sum_{n=0}^{\infty}E_n\frac{t_n}{n!}.$$

이 E_n은 고전적 수로써 수론에서 중요하게 쓰인다. 프로베니우스는 E_n을 프로베니우스-오일러 수 $H_n(u)$로 확장하였다. 여기에서 u는 대수적 수이고 $|u|>1$이다. 이 수에 대한 연구가 몇몇 학자에 의해서 연구되었다. 예를 들면,

(1) 시라타니-야마모토(Shiratani-Yamamoto)는 $H_n(u)$에 대한 p-진 보간(interpolation) $G_p(s,u)$을 구성하였다. 그리고 그의 응용을 생각하여, 모든 디리클레 지표 χ에 대한 $L_p'(0,\chi)$에 대한 공식을 유도하였다.

(2) 쯔무라(Tsumura)는 일반화된 프로베니우스-오일러 수, $H_{n,\chi}(u)$를 모든 χ상에서 정의하였다. 이 결과로 일반화된 베르누이 수의 성질과 유사함을 보였다. 동시에 $G_p(s,u)$에 해당되는 유사결과도 확립하였다.

u는 대수적 수라 하자. $u\in C$, $|u|>1$일 때, u에 속하는 프로베니우스-오일러 수 $H_n(u)$는 생성함수 $(1-u)/(e^t-u)=e^{H(u)t}$에 의하여 다음과 같이 정의된다.

$$\frac{1-u}{e^t-u}=\sum_{n=0}^{\infty}H_n(u)\frac{t^n}{n!}. \tag{5.2.5}$$

(5.2.5)를 이용하면 H^n을 H_n으로 편리하게 쓰도록 하자.

$$H_0(u)=1,\ (H(u)+1)^n=uH_n(u)(n\geqq 1).$$

특별히 $H_n(-1)=E_n$은 앞에서 언급한 고전적 오일러 수에 대하여, 쯔무라해석판이라 할 수 있다.

대수적 수 $u\in \boldsymbol{C}\,(|u|>1)$에 대하여 u에 속하는 프로베니우스-오일러 다항식 $H_n(x,u)$은 다음과 같이 정의될 수 있다.

$$\frac{(1-u)e^{xt}}{e^t-u}=e^{H(u,x)t}=\sum_{n=0}^{\infty}H_n(u,x)\frac{t^n}{n!}. \tag{5.2.6}$$

(5.2.5)와 (5.2.6)을 이용하면 다음이 성립한다.

$$H_n(u,0)=H_n(u),\ H_n(u,x)=\sum_{k=0}^{n}\binom{n}{k}H_k(u)x^{n-k}.$$

χ를 도수 f를 갖는 디리클레 지표라 하자. 일반화된 n번째 u에 속한 오일러 수 $H_{n,\chi}(u)$는 다음과 같이 정의한다.

$$\sum_{a=0}^{f-1}\frac{(1-u^f)\chi(a)e^{at}u^{f-a-1}}{e^{ft}-u^f}=\sum_{n=0}^{\infty}H_{n,\chi}(u)\frac{t^n}{n!}. \tag{5.2.7}$$

(5.2.5)-(5.2.7)을 이용하면, 다음 식이 성립한다.

$$H_{n,\chi}(u) = f^n \sum_{a=0}^{f-1} \chi(a) u^{f-a-1} H_n\left(u^f, \frac{a}{f}\right)$$
$$= \sum_{a=0}^{f-1} \chi(a) u^{f-a-1} \sum_{k=0}^{n} \binom{n}{k} H_k(u^f) a^{n-k} f^k.$$

여기에서 $\chi = 1$이면 $H_{n,1}(u) = H_n(u)(n \geq 0)$가 성립한다. 카리츠는 q-오일러 수와 다항식을 다음과 같이 정의하였다.

$$H_n(u,x;q) = (q^x H(u:q) + [x])^n. \tag{5.2.8}$$

식 (5.2.8) $q \to 1$을 대입하면 (5.2.5)에서 언급한 프로베니우스-오일러 수와 극한값 관계식을 만족하게 된다.

$$\lim_{q \to 1} H_n(u,1:q) = H_n(u).$$

김은 q-볼켄본 적분을 정의하여 q-베르누이 수와 q-오일러 수와의 관계식을 주었다. 동시에 새로운 측도 μ_q도 구성하였다. p는 고정된 소수라 하자. $(p, d) = 1$를 만족하는 d에 대하여,

$$X = X_d = \lim_{\substack{<- \\ N}} Z/dp^N \boldsymbol{Z},\ X_1 = \boldsymbol{Z}_p,\ X^* = \bigcup_{\substack{0<a<dp \\ (a,p)=1}} \{a + dp\boldsymbol{Z}_p\},$$

$$a + dp^N \boldsymbol{Z}_p = \{x : x \in X \text{이고} x \equiv a (\text{mod} dp^N)\},$$
$$a \in \boldsymbol{Z}_p,\ 0 \leqq a < dp^N,\ |p|_p = 1/p\ .$$

> [정의 5.2.2] 다음 조건을 만족할 때 f는 점 $a \in \boldsymbol{Z}_p$에서 평등 미분가능(uniformly differentiable)함수라고 정의한다.
> $F_f(x, y) = (f(x) - f(y))/(x - y)$에 대하여,
>
> $$\lim_{(x,y)\to(a,a)} F_f(x, y) = f'(a)\text{이다.}$$

평등미분가능함수들의 모임을 $UD(\mathbb{Z}_p)$로 두기로 한다.
$f \in UD(\mathbb{Z}_p)$에 대해, 리만 합에 대한 q-유사합은 다음과 같다.

$$\frac{1}{[p^N]} \sum_{0 \leqq j < p^N} q^j f(j) = \sum_{0 \leqq j < p^N} f(j) \mu_q(j + p^N \mathbb{Z}_p).$$

$\mathbb{Z}_p$위에서 f의 적분은 위 합의 극한으로 정의하자. ($N \to \infty$).
이것을 q-볼켄본 적분이라 부른다.

$$\int_{\mathbb{Z}_p} f(x) \mu_q(x) = \lim_{N \to \infty} \frac{1}{[p^N]} \sum_{0 \leqq j < p^N} q^j f(j) \tag{5.2.9}$$

여기에서

$$\mu_q(j) = \mu_q(j + p^N \mathbb{Z}_p) = q^j / [p^N] \quad (0 \leqq j < p^N; N \in \mathbb{Z}^+).$$

쿠르트 헨젤(Kurt Hensel)에 의하여 p-진 수는 19세기 말 발견되었다. 100년 이상도 더 지난 오늘날에도 이 수는 여전히 과학사회의 신비의 영역으로 발전되고 있다. 이 수가 여러 수학영역에 이용될 뿐만 아니라, 다른 자연과학, 예를 들면 물리학 등에서 충분히 그 학문적 가치를 발휘하고 있다. 수학적, 물리학적 문제를 해결할 때, 다양체상에서 측도의 구성과 연구에, p-진 수가 연구되고 있다. 생각하지도 못했던 여러 분야에서 응용되고 있다. 예를들면 p-진 해석학과 q-해석학과 양자 군(Quantum Group)이다. 따라서 p-진 해석학, 비가환 기하학(Non commutative Geometry)과 q-해석학은 일종의 보통 알려진 해석학에 대한 q-변형으로 생각할 수 있다. 양자군위에서 구면함수는 q-구면함수로 해석되어진다.

김은 불변인 p-진 q-적분을 이용하여 대회 수 $D_m(z : q)$를 정의하였다. 즉, $\mu_z(a+p^N\boldsymbol{Z_p})=z^a/[p^N;z]$, $[x:z]=(1-z^x)/(1-z)$ 을 $\boldsymbol{Z_p}$ 위의 분포로 확장된다.

$$D_m(z:q)=\int_{\boldsymbol{Z}_p}[x]^m d\mu_z(x)\ \ (z\in \boldsymbol{C}_p). \tag{5.2.10}$$

대희 수는 다음과 같이 많은 관계식을 설명해준다.

(Ⅰ) (5.2.10)에 $z=q$라 하자. $D_m(q:q)=\beta_m(q)$가 되어 위에서 언급한 카리츠 q-베르누이 수가 된다.

(Ⅱ) (5.2.10)에 $z=u$라 하면 대희 수는 q-오일러 수가 된다. 즉,

$$D_m(u:q)=\int_{\boldsymbol{Z}_p}[x]^m d\mu_u(x)=H_m(u^{-1}:q)\ .$$

대희 수의 정의에 의하여 다음 식이 성립된다.

$$D_m(u:q)=\frac{1}{(1-q)^m}\sum_{j=0}^{m}\binom{m}{j}(-1)^{m-j}\frac{j+1}{[j+1]}.$$

대응되는 대희 다항식은 다음과 같이 정의된다.

$$D_m(z,x:q)=\int_{\boldsymbol{Z}_p}[x+t]^m d\mu_z(t)\ \ (z\in \boldsymbol{C}_p). \tag{5.2.11}$$

(5.2.11)로부터 다음 식이 성립한다. 또한 다음과 같이 성립한다.

(Ⅲ) $D_m(z,x:q)=H_m(u^{-1},x:q)$. 즉, 카리츠 q-오일러 다항식.

(Ⅳ) $D_m(q,x:q)=\beta_m(x:q)$, 카리츠 q-베르누이 다항식이 된다.

후이제나르즈(Ruijsenaars)는 다음 두 가지 결과를 보였다.

(1) 반즈(Barnes)의 다중 제타-함수, 반즈의 다중 Γ-함수와 관련된 여러 가지 잘 알려진 결과들이 굉장히 큰 함수집합에 의해

서 갖고 있는 잘 알려진 함수들 사이의 단순한 성질의 특수한 경우처럼 어떻게 얻어질 수 있겠는가? 여기에서 알려진 함수들은 라플라스(Laplace) 변환을 품고 있고 그들의 점근적(asymptotic) 움직임은 라플라스 변환의 이용에서 얻어진다.

(2) 반즈 다중 제타-함수, 반즈의 다중 Γ-함수가 최근에 개발된 초끈이론에 적합한 것인가를 생각했다.

반즈 함수에 관한 이 두 가지 접근은 새로운 적분표현을 제공하게 된다.

[정의 5.2.3] 반즈 다중 제타 함수는 다음과 같이 정의한다.

$$\zeta_N(s, w|a_1, \cdots, a_N) = \sum_{m_1, \cdots m_N}^{\infty} (w + m_1 a_1 + \cdots + m_N a_N)^{-s}$$
$$(R(w) > 0; R(s) > N). \tag{5.2.12}$$

반즈는 다음 사실을 보였다.

(Ⅰ) (5.2.12)로부터 다음 점화식 (5.2.13)이 성립한다.

$$\zeta_{M+1}(s, w|a_1, \cdots, a_{N+1}) - \zeta_{M+1}(s, w|a_1, \cdots, a_{N+1})$$
$$= -\zeta_M(s, w|a_1, \cdots, a_N),\ \zeta_0(s w) = w^{-s}. \tag{5.2.13}$$

(Ⅱ) ζ_N은 유리형 연속적 확장이 되고 $s = 1, \cdots, N$에서 단순군을 갖는다.

(Ⅲ) 다중 감마함수 $\Gamma_N^B(w)$를 다중제타함수의 s-미분으로 정의한다. 즉,

$$\Psi_N(w|a_1, \cdots, a_N) = \partial_s \zeta_N(s, w|a_1, \cdots, a_N)|_{s=0}.$$

(Ⅳ) (5.2.13)의 해석적 연속에 의하여 다음 점화식이 성립한다.

$$\Psi_{M+1}(w+a_{M+1}|a_1,\cdots,a_{N+1})-\Psi_{M+1}(w|a_1,\cdots,a_{N+1})$$
$$=-\Psi_M(w|a_1,\cdots,a_N).$$

주의 5.2.4

1. $\zeta_1=\Psi_1=$ 허비츠(Hurwitz) 제타 함수 $=\psi$(degamma 함수).
2. $a_1=a_2=1$. $\exp(\Psi_2(a_1+a_2-w|a_1,a_2)-\Psi_2(w|a_1,a_2))$은 홀더(Holder)에 의해서 연구되었다. 이것은 쿠로카와(Kurokawa)에 의해 이중 싸인(double sine) 함수라고 불리었다.
3. 쿠로카와는 $\Psi_N(w)$에 의해서 정의되는 다중 sine 함수를 연구했다. $\Psi_N(w)$와 셀베르그 제타(Selberg zeta) 함수와 관련되었고, 대칭공간 이론에서 발생하는 라플라스의 행렬식 값을 연구하였다.
4. 반즈의 다중 제타 함수, 다중 감마함수도 신타니(Shintani)의 해석적 수론이론에서 그 내용이 언급되기도 한다.
5. 최근에 반즈의 다중 베르누이 다항식이 다음 분야에서 나타내고 있다.
   - XXZ 모델 상관함수의 연구
   - 적분장이론의 actor program의 형성
   - 니시자와(Nishizawa)의 q-유사 다중감마함수의 연구
6. 프리드먼(Friedman)과 후이제나르즈(Fuijsenaars)는 신타니의 다중 제타 함수, 다중 감마함수에 대한 연구가 단순화될 수 있고, 함수방정식을 이용해 확장될 수 있음을 보였다.
   - 동시에 신타니 결과들을 다시 증명하였고 새로운 결과를 많이 도출하였다.
   - 반즈의 삼중 감마함수와 연관시켰다. 타원감마함수는 어떤 적분연관방정식의 연결에 쓰인다.

[정의 5.2.5] 반즈 다중 베르누이 다항식

$$\frac{t^r e^{xt}}{\prod_{j=1}^{r}(e^{a_j t}-1)} = \sum_{n=0}^{\infty} B_n(x, r|a_1, \cdots, a_r)\frac{t^n}{n!} \qquad (|t|< 2\pi) \tag{5.2.14}$$

는 (5.2.12)와 (5.2.14)에 의하여 다음이 성립한다.

$$\zeta_N(-m, w|a_1, \cdots, a_N) = \frac{(-1)^N m!}{(N+m)!} B_{N+m}(w, N|a_1, \cdots, a_N),$$
$$w > 0,\ m \in Z^+$$

최근에 많은 수학자, 물리학자들은 제타 함수, 다중 제타 함수, L-급수, 그리고 다중 q-베르누이 수 및 다항식에 대하여 연구해오고 있다. 이것의 중요성과 흥미 때문이라 여겨진다. 이들 함수와 수는 복소해석학, 수리물리학뿐만 아니라 p-진 해석학과 다른 영역에 이용되고 있다. 특별히 다중 제타 함수는 고리이론(Knot Theory), 양자 장이론, 응용해석학, 수론에 이용되고 있다.

김은 다중 제타 함수와 다중 q-베르누이 다항식 및 수를 이용하여, 다중 L-급수를 연구하였고, 음의 정수에서 이들 함수값을 일반화된 베르누이 수로 표현하였다.

라시아스(Rassias)와 스리바스타바(Srivastava)는 리만 제타 함수, 디감마(digamma) 함수, 조화수, 1계 스털링(Stirling) 수와 관련지어서 무한급수와 관련지어진 족(family)을 체계적으로 나타내었다.

마쯔모토(Matsumoto)는 다변수를 갖는 일반화된 다중 제타함수를 생각하였다. 반즈 다중 제타 함수와 오일러-재규어(Euler-Zagier) 합을 이 함수의 특수한 경우로 간주할 수 있다. 그는 유리형 연속을 전복소평면으로 확장하였고, 점근적 확장, 상계주정치 등을 증명하였다.

이런 결과는 어떤 산술적인 L-함수에 응용을 기대할 수 있다. 그의 방법은 고전적인 멜인-반즈(Mellin-Barnes) 적분공식에 기초를 두고 있다. 오타(Ota)는

(1) 반즈 다중 베르누이 다항식의 미분계수에 대한 쿰머(Kummer)-형식의 합동식 관계를 연구하였다. 동식에

(2) 이것보다 더 일반화된 합동식을 아주 쉬운 방법으로 구하였고, 이들 다항식에 대한 p-진 보간법(interpolation)을 하였다.

(3) 데데킨트 합의 미분(계수)를 정의하였고, 그들의 상반(reciprocity) 법칙을 연구하였다.

이 값은 반즈 이중 제타 함수의 1계 미분의 양이 아닌 정수 값에서 얻어진다. 특별한 경우로, 이 값은 양의 유리수에서 스털링 모듈러(Stirling modular) 형식과 이중감마함수의 유한 곱의 형태로 나타내어진다. 원래의 데데킨트 합은 수학의 여러 분야에서 나타난다. 따라서 데데킨트 합의 미분도 이용할 것임을 기대할 수 있다. 원래의 데데킨트의 상반법칙은 $\log\eta(z)$의 변환공식에서 유도된다. 따라서 미분에 대한 상반법칙에 대한 오타의 증명으로부터 데데킨트의 상반법칙의 새로운 증명을 얻을 수 있다면 매우 흥미로운 결과가 될 것이다. 참고로 오타는 반즈의 r-다중 베르누이 다항식의 미분을 품는 합 또는 지표(character)을 갖는 데데킨트 합에 대한 상반법칙을 얻는 것에 반즈 r-다중 제타 함수와 지표가 있는 제타 함수를 이용하였다.

심섹은 제타 함수, 삼각함수, 데데킨트 합의 관계를 규명하였다. 동시에 이들 합에 대한 상반법칙을 람베르트(Lambert) 급수 및 아인쉬타인(Eisenstein) 급수와 관련되어 있음을 발견하였다.

p-진 q-제타 함수족

다음의 정의와 기호약속이 필요하다. 연속함수 $f: \boldsymbol{Z}_p \to \boldsymbol{K}$, $\boldsymbol{K}$는 비아르키메디안부치체, 유일한 전개를 갖는다.

$$f(x) = \sum_{n \geq 0} (\Delta_q^n f)(0) \binom{x}{n}_q, \tag{5.2.15}$$

여기에서 $(\Delta_q^n f)(0) \in \boldsymbol{K}$, $(\Delta_q^n f)(0) \to 0$ $n \to \infty$, $\triangle$는 q-차분 연산자이다. 동시에 다음 식이 성립한다.

$$\binom{m}{n}_q = \frac{[m]!}{[n]![m-n]!} \quad (m \geq n \geq 0)$$

> [정의 5.2.6] 다음 조건을 만족하는 함수 f를 평등 미분가능(uniformly differentiable)이라 한다.
>
> (1) $F_f: \boldsymbol{Z}_p \times \boldsymbol{Z}_p \to \boldsymbol{C}_p$이고 $F_f(x, y) = (f(x) - f(y))/(x-y)$.
>
> (2) $\lim\limits_{x \to y} F_f(x, y) = f'(y)$.

함수 $f: \boldsymbol{Z}_p \to \boldsymbol{Z}_p$가 주어졌다고 할 때, (5.2.15)로부터 f는 다음과 같이 쓸 수 있다.

$$f(x) = \sum_{n=0}^{\infty} \binom{x}{n}_q \Delta^n f(0), \Delta^n f(0) = \sum_{j=0}^{n} \binom{n}{j}_q (-1)^{n-j} f(j). \tag{5.2.16}$$

(5.2.16)에 의하여, 다음이 성립한다.

(1) f가 연속함수 $\Leftrightarrow |\Delta^n f(0)|_p \to 0$, $n \to \infty$;

(2) f가 미분가능함수 $\Leftrightarrow$ $|\Delta^n f(0)/n|_p \to 0,\ n \to \infty$;

(3) f가 해석적 함수 $\Leftrightarrow$ $|\Delta^n f(0)/n!|_p \to 0,\ n \to \infty$;

(4) f가 평등미분가능함수 $\Leftrightarrow$ $n|\Delta^n f(0)|_p \to 0,\ n \to \infty$;

(5) $f \in C^{(n)}$ $\Leftrightarrow$ $m^n|\Delta^m f(0)|_p \to 0$

여기에서 $C^{(n)} = C^{(n)}(\boldsymbol{Z}_p, \boldsymbol{K}) = \{f | f : \boldsymbol{Z}_p \to \boldsymbol{K}$이고 f는 n번 강 미분가능 함수$\}$이다.

$\left(\Delta_q^n f\right)(0)$는 $q=1$에서 n번째 f의 말러(Mahler) 계수임을 알 수 있다. $x \in \boldsymbol{Z}_p$에 대하여 함수 f가 미분가능이란 말은 다음이 성립할 때이다.

$$\lim_{m \to \infty} \left(\left(\Delta_q^m f(0)\right)/[m]\right) = 0$$

여기에서 다음이 얻어진다.

$$f^{(n)}(x) = \frac{\log q}{q-1} \sum_{m=1}^{\infty} ((\Delta_m^q f)(0)/[m])(-1)^{m-1} q^{-\binom{m}{2}}.$$

f가 $a \in \boldsymbol{Z}_p$에서 엄격히 미분가능(strictly differentiable)이란 말은 차의 몫 $F_f(x, y) = (f(x) - f(y))/(x-y)$이 극한값 $l = f'(a)$을 가질 때이다. 단, $(x, y) \to (a, a)$이다. 이런 경우 $f \in C^{(1)}$으로 쓴다. $f \in C^{(1)}(\boldsymbol{Z}_p, \boldsymbol{C}_p)$ 이면, 유일한 연속함수 sf가 다음과 같이 주어진다.

$$(sf) = \sum_{k(\operatorname{mod} x)} f(k)\ .$$

함수 sf 는 다음 두 조건을 만족시킨다.

1. $(sf)(x+1)-(sf)(x)=f(x)$;
2. $f\in C^{(1)}(Z_p, C_p)$이면 $(sf)\in C^{(1)}(Z_p, C_p)$이고,

   $\|sf\| \leqq p\|f\|_1$이다.

여기에서 $\|f\|_1=\|f\|_p \vee \|\triangle_n f\|_\infty$,

$\|f\|_m = |f^{(m-1)}|_{sup}|F_{f^{(m-1)}}(x, y)|_{sup}$, $\|f\|_\infty = sup_{x\in Z_p}|f(x)|_p$이다.

다음 사항이 성립한다.

$$\triangle_n f(m_1, \cdots, m_n; x) = \triangle_1(\triangle_{(n-1)} f(m_1, \cdots, m_{n-1}; x))$$
$$\triangle_1 f(m, x) = (f(x+m)-f(x))/n.$$

따라서 (5.2.9)에 의하여 다음이 성립함을 알 수 있다.

$$\int_{Z_p} q^{-x} f(x)\, d\mu_q(x) = \lim_{N\to\infty} \frac{sf(p^N)-sf(0)}{[p^N]} = \frac{q-1}{\log q}(sf)'(0).$$

[정리 5.2.7] (1) $f\in C^{(1)}(Z_p, C_p)$이면 다음이 성립한다.

$$\int_{Z_p} q^{-x} f(x)\, d\mu_q(x) \leqq p\|f\|_1.$$

즉, q-볼켄본 적분은 $C^{(1)}(Z_p, C_p)$ 위에서 선형연속 함수이다.

(2) 다음이 성립한다고 하자.

$$f(x) = \sum_{n=0}^{\infty} \binom{x}{n} \triangle^n f(0).$$

그러면 $C^{(1)}$-함수 f 의 q-말러 표현은 다음을 만족한다.

$$\int_{\mathbb{Z}_p} f(x)\,d\mu_q(x) = \sum_{n=0}^{\infty} (\Delta^n f)(0) \frac{(-1)^n}{[n+1]} q^{n+1-\binom{n+1}{2}}.$$

(3) 특별히 q-볼켄본 적분의 푸리에 변환은 다음과 같이 주어진다.

$$\int_{\mathbb{Z}_p} q^{-x} T^{[x]}\,d\mu_q(x) = \frac{q-1}{\log q} T^{1/(1-q)} - \log T \sum_{n=0}^{\infty} q^n T^{[n]}. \tag{5.2.17}$$

(4) $$\int_{\mathbb{Z}_p} q^{-x} T^{[x]}\,d\mu_q(x) = \beta_n(q) \tag{5.2.18}$$

여기에서 $\beta_n(q)$은 차수 n을 갖는 q-베르누이 수이다.

(5) 만일 $f \in C^{(1)}(\mathbb{Z}_p, \mathbb{C}_p)$, $n \geqq 0$, $j \in \{0, 1, \cdots, p-1\}$, $T_p = \mathbb{Z}_p \setminus p\mathbb{Z}_p$이면, 다음이 성립한다.

$$\begin{aligned}\int_{j+p^n\mathbb{Z}_p} q^{-(j+xp^n)} f(x)\,d\mu_q(x) &= \lim_{N\to\infty} \sum_{x=0}^{p^N-1} f(j+p^n x) \frac{1}{[p^{n+N}]} \\ &= \frac{1}{[p^n]} \lim_{N\to\infty} \frac{1}{[p^N : q^{p^n}]} \sum_{x=0}^{p^N-1} f(j+p^n x) \\ &= \frac{1}{[p^n]} \int_{\mathbb{Z}_p} q^{-xp^n} f(j+p^n x)\,d\mu_{q^{p^n}}(x).\end{aligned}$$

(5.2.17)에 $T = e^t$를 대입하면 (5.2.18)을 얻을 수 있다. 다음 식으로 주어지는 p-진 q-제타함수 $\zeta_{p,q,1}, \zeta_{p,q,2}, \cdots, \zeta_{p,q,p-1}$을 생각하자.

$$\zeta_{p,q,j}(s) = \frac{1}{j+(p-1)s} \int_{T_p} q^{-x} [x]^j [x]^{(p-1)s}\,d\mu_q(x)$$

$$(j = 0, 1, \cdots, p-1)$$

여기에서 $T_p = Z_p \setminus pZ_p$, $|s|_p < p^{(p-2)/(p-1)}$ $(s \neq -j/(p-1))$.
따라서 다음을 관찰할 수 있다.

$$\begin{aligned}\int_{Z_p \setminus pZ_p} q^{-x}[x]^j[x]^{(p-1)^s} d\mu_q(x) &= \int_{T_p} q^{-x}[x]^j[x]^{(p-1)s} d\mu_q(x)\\ &= \int_{T_p} q^{-x}[x]^j \left(\sum_{n=0}^{\infty} s^n (p-1)^n \frac{(\log[x])^n}{n!} \right) d\mu_q(x)\\ &= \sum_{n=0}^{\infty} a_{n,q} s^n\end{aligned}$$

여기에서, 앞에서 언급한 바와 같이, $|s|_p < p^{(p-2)/(p-1)}$
$(s \neq -j/(p-1))$이고
$a_{n,q} = \dfrac{(p-1)^n}{n!} \displaystyle\int_{T_p} q^{-x}[x]^j (\log[x])^n d\mu_q(x)$ 이다.
$n \to \infty$ 이면, $|a_{n,q}|_p \to 0$. 위의 정의를 쓰면 다음 식을 얻을 수 있다.

$$\zeta_{p,q,0}(s) = \frac{1}{(p-1)s} \int_{T_p} q^{-x}[x]^{(p-1)s} d\mu_q(x) = \frac{1}{(p-1)s} \sum_{n=0}^{\infty} a_{n,q} s^n .$$

여기에서

$$\begin{aligned}a_{0,q} &= \int_{T_p} q^{-x} d\mu_q(x)\\ &= \int_{Z_p} q^{-x} d\mu_q(x) - \int_{pZ_p} q^{-x} d\mu_q(x)\\ &= \frac{q-1}{\log q} - \frac{1}{p}\left(\frac{q-1}{\log q}\right)\\ &= \left(\frac{p-1}{p}\right)\left(\frac{q-1}{\log q}\right).\end{aligned}$$

따라서 다음의 결론을 얻을 수 있다.

[정리 5.2.8] 변환 $s \rightarrow \zeta_{p,q,0}(s)-(1/(ps))((q-1)/\log q)$에 의하여, 다음 각 함수 $\zeta_{p,q,1}(s), \zeta_{p,q,2}(s), \cdots, \zeta_{p,q,p1}(s)$는 다음 영역 위에서 해석적 함수로 확장할 수 있다.

$$B=\left\{s : s \in C_p \quad \text{and} \quad |s|_p < p^{(p-2)/(p-1)}\right\}.$$

■ 주의 5.2.9

위의 사실로부터 다음 사실이 증명된다.

$$\zeta_{p,q,0}(s)=(1/(ps))((q-1)/\log q)+\Theta(s)$$

여기에서 $\Theta(s)$는 해석적이다. 따라서 p-진 q-제타함수와 고전적 q-제타함수 사이에 관계식을 설명하기 전에, 다음식의 값을 결정할 필요가 있다.

$$\zeta_{p,q,1}(s), \zeta_{p,q,2}(s), \cdots, \zeta_{p,q,p1}(s).$$

이들 값은 p-진 q-제타함수의 구성에 중요하게 쓰인다.

다음의 결과는 $\zeta_{p,q,j}(s)$와 $\beta_n(q)$의 관계를 설명한다.

[정리 5.2.10] $n, p \in N$, p는 소수이다. 그러면 다음이 성립한다.

$$\zeta_{p,q,0}(n)=\frac{1}{(p-1)n}\left(\beta_{(p-1)n}(q)[p]^{(p-1)n-1}\beta_{(p-1)n-1}(q^p)\right).$$

증명 먼저 다음 식을 관찰하자.

$$\begin{aligned}\zeta_{p,q,0}(s) &= \frac{1}{(p-1)s}\int_{T_p} q^{-x}[x]^{(p-1)s} d\mu_q(x) \\ &= \frac{1}{(p-1)s}\int_{Z_p \setminus pZ_p} q^{-x}[x]^{(p-1)s} d\mu_q(x) \\ &= \frac{1}{(p-1)s}\left(\int_{Z_p} q^{-x}[x]^{(p-1)s} d\mu_q(x) - \int_{pZ_p} q^{-x}[x]^{(p-1s)} d\mu_q(x)\right) \\ &= \frac{1}{(p-1)s}\left(\int_{Z_p} q^{-x}[x]^{(p-1)s} d\mu_q(x) - \int_{Z_p} q^{-px}[px]^{(p-1)s} d\mu_{q^p}(x)\right)\end{aligned}$$

$s=n$이라 두고, (5.2.18)을 이용하면 다음 식이 나온다.

$$\zeta_{p,q,0}(n) = \frac{1}{(p-1)n}\left(\beta_{(p-1)n}(q) - [p]^{(p-1)n-1}\beta_{(p-1)n-1}(q^p)\right),$$

이로써 정리 5.2.11이 성립한다. ▢

$\zeta_{p,q,j}$에 대하여 유사한 방법을 적용하면 다음 정리 5.2.11이 성립한다.

> [정리 5.2.11] $n, p, j \in N$, p는 소수이다. 다음 식이 성립한다.
>
> $$\zeta_{p,q,j}(n) = \frac{1}{j+(p-1)n}\left(\beta_{j+(p-1)n}(q) - [p]^{j+(p-1)n-1}\beta_{j+(p-1)n-1}(q^p)\right)$$

고전적 q-제타함수는 김에 의하여 다음 형태로 고려되었다. 다음 형태로 고려되었다.

$$\zeta_q(s) = \sum_{n=1}^{\infty}\frac{q^n}{[n]^s} - \frac{1}{s-1}\frac{(1-q)^s}{\log q} \quad (s \in C).$$

$n \in N$에 대하여 $\zeta_q(1-n) = \beta_n(q)/n$이 된다. 더욱이 다음과 같이 정의하면

$$\zeta_q^*(s)=\zeta_q(s)-[p]^{-s}\zeta_{q^p}(s),$$

$j\in\{0,1,\cdots,p-1\}$, $n\geqq 0$ 식에 대하여,

$\zeta_{p,q,j}(n)=-\zeta_q^*(1-(j+(p-1)n))$임을 알 수 있다.

q-베르누이 수와 q-베르누이 다항식

이제 q-베르누이 수와 q-베르누이 다항식의 생성함수를 보여줄 것이다. 이 수는 q-L-급수의 해석적 연속성을 증명하는데 사용될 것이다. 우선 (5.2.1)과 (5.2.2)에서 보여준 $F(x,t)$와 $G(t)$에 대한 q-확장을 정의해 보자. q-베르누이 수 $\beta_n(q)$ $(n\geqq 0)$의 생성함수 $F_q(t)$는 다음과 같이 주어진다.

$$F_q(t):=F_q(0,t)=\frac{q-1}{\log q}exp\left(\frac{t}{1-q}\right)-t\sum_{n=0}^{\infty}q^{m}e^{[n]t}=\sum_{n=0}^{\infty}\frac{\beta_n(q)t^n}{n!}. \tag{5.2.19}$$

(5.2.2)와 (5.2.19)의 정의로부터 다음을 알 수 있다.

$$\lim_{q\to 1}\beta_n(q)=B_n\text{와 }\lim_{q\to 1}G_q(t)=G(t)=\frac{t}{e^t-1}=F(0,t).$$

q-베르누이 다항식 $\beta_n(x:q)$ $(n\geqq 0)$에 대한 생성함수 $F_q(x,t)$는 유사하게 다음과 같이 정의된다.

$$F_q(x,t)=\frac{q-1}{\log q}exp\left(\frac{t}{1-q}\right)-t\sum_{n=0}^{\infty}q^{n+x}e^{[n+x]t}=\sum_{\beta n(x:q)}^{\infty}\beta_n(x:q)\frac{t^n}{n!} \tag{5.2.20}$$

(5.2.1)과 (5.2.20)로부터 다음을 알 수 있다.

$$\lim_{q\to 1}\beta_n(x:q)=B_n(x) \text{와 } \lim_{q\to 1}F_q(x,t)=F(x,t)=\frac{te^{xt}}{e^t-1}.$$

놀라운 점은 (5.2.19) 및 (5.2.20) 우변의 급수는 넓은 의미에서 평등수렴한다. 따라서 q-베르누이 수를 구체적으로 다음과 같이 결정할 수 있다 :

$$\beta_0(q)=\frac{q-1}{\log q} \text{와 } q(q\beta(q)+1)^n-\beta_n(q)=\begin{cases}1 & (n=1)\\ 0 & (n>1)\end{cases}$$

통상적으로 편리하게 β^n을 β_n으로 사용한다. (5.2.20)에서 정의된 q-베르누이 다항식에 대하여 아래의 정리 5.2.12에서 구체적 표현을 유도해 낼 수 있다.

> [정리 5.2.12] 다음 표현이 성립한다.
>
> $$\beta_n(x:q)=\sum_{l=0}^{n}\binom{n}{l}q^{lx}\beta_l(q)[x]^{n-l}.$$

증명 (5.2.19)과 (5.2.20)에 코시곱을 사용하면 다음과 같이 된다.

$$\sum_{n=0}^{\infty}\beta_n(x:q)\frac{t^n}{n!}=\sum_{n=0}^{\infty}\left(\sum_{l=0}^{n}\binom{n}{l}q^{lx}\beta_l(q)[x]^{n-l}\right)\frac{t^n}{n!}.$$

양변을 비교하면, 결론을 얻을 수 있다. ▨

다음 사실을 알 수 있다.

$$\beta_n(x:q)=\sum_{l=0}^{n}\binom{n}{l}q^{lx}\beta_l(q)[x]^{n-l}=\left(q^x\beta(q)+[x]\right)^n.$$

디리클레 지표와 관련된 일반화된 q-베르누이 수를 구성한다. χ를 도수 $f \in Z^{+}$를 갖는 디리클레 지표라 하자. χ에 부여된 일반화된 q-베르누이 수의 생성함수를 다음과 같이 정의한다.

$$F_{q,\chi}(t)=t\sum_{a=1}^{f}\chi(a)\sum_{n=0}^{\infty}q^{fn+a}e^{[fn+a]t}=-t\sum_{n=0}^{\infty}\chi(n)q^{n}e^{[n]t}=\sum_{n=0}^{\infty}\beta_{n,\chi}(q)\frac{t^{n}}{n!}. \tag{5.2.21}$$

여기에서 계수 $\beta_{n,\chi}(q)$ $(n \geqq 0)$은 디리클레 지표 χ를 갖는 일반화된 q-베르누이 수이다. (5.2.3)과 (5.2.21)의 정의로부터 다음을 알 수 있다.

$$\lim_{q\to 1}\beta_{n,q}(q)=B_{n,\chi},$$
$$\lim_{q\to 1}F_{q,\chi}(t)=F_{\chi}(t)=\sum_{a=1}^{f}\chi(a)\frac{te^{at}}{e^{tf}-1}=\sum_{n=0}^{\infty}B_{n,\chi}\frac{t^{n}}{n!}.$$

(5.2.21)을 이용하면, 다음이 성립한다.

$$F_{q,\chi}(t)=\frac{1}{[f]}\sum_{a=1}^{f}\chi(a)F_{q^{f}}\left(\frac{a}{f},[f]t\right). \tag{5.2.22}$$

(5.2.20), (5.2.21) 및 (5.2.22)에 코시 곱을 적용하면, 다음 정리가 성립한다.

> **[정리 5.2.13]** χ를 도수 $f \in Z^{+}$를 갖는 디리클레 지표라 하자. 다음이 성립한다.
>
> $$\beta_{n,\chi}(q)=[f]^{n-1}\sum_{a=1}^{f}\chi(a)\beta_{n}\left(\frac{a}{f}:q^{f}\right).$$

디리클레 지표를 갖는 일반화된 q-베르누이 다항식의 생성함수는 다음과 같이 정의한다.

$$\begin{aligned} F_{q,\chi}(x,t) &= q^x t e^{-[x]t} \sum_{n=0}^{\infty} \chi(n) q^n e^{[n]q^x t} \\ &= t \sum_{n=0}^{\infty} \chi(n) q^{n+x} e^{[n+x]t} \\ &= \sum_{n=0}^{\infty} \beta_{n,\chi}(x:q) \frac{t^n}{n!} \end{aligned} \tag{5.2.23}$$

(5.2.20), (5.2.21) 및 (5.2.23)를 이용하면, 다음을 얻을 수 있다.

$$\begin{aligned} F_{q,\chi}(x,t) &=- t \sum_{n=0}^{\infty} \chi(n) q^{n+x} e^{[n+x]t}. \\ &= e^{[x]t} q^x t \sum_{a=1}^{f} \chi(a) \sum_{n=0}^{\infty} q^{fn+a} e^{[fa+a]tq^x} \end{aligned}$$

잘 알려진 항등식 $[x+a]=[x]+q^x[a]$를 이용하면, 다음이 성립한다.

$$F_{q,\chi}(x,t) = t \sum_{a=1}^{f} \chi(a) \sum_{n=0}^{\infty} q^{fn+a+x} e^{[fn+a+x]t}.$$

따라서 다음 정리가 성립한다.

[정리 5.2.14] χ는 도수 f를 갖는 디리클레 지표라 하면 다음이 성립한다.

$$F_{q,\chi}(x,t) = \frac{1}{[f]} \sum_{a=1}^{f} \chi(a) F_{q^f}\left(\frac{a+x}{f}, [f]t\right). \tag{5.2.24}$$

(5.2.24)에 $x=0$을 대입하면 (5.2.22)가 된다. (5.2.23)와 (5.2.24)의 계수를 비교하면 다음을 알 수 있다.

$$\begin{aligned}\beta_{n,\chi}(x:q) &= \sum_{l=0}^{n}\binom{n}{l}q^{lx}[x]^{n-l}\sum_{a=1}^{f}\chi(a)\beta_l\left(\frac{a}{f}:q^f\right)\\ &= \sum_{l=0}^{n}\binom{n}{l}q^{lx}[x]^{n-l}\beta_{l,\chi}(q)\end{aligned}$$

위 식에 $\beta_{i,\chi}(q)$의 정의를 이용하면, 다음 정리가 성립한다.

> [정리 5.2.15] χ는 도수 $f\in Z^+$를 갖는 디리클레 지표이면,
>
> $$\beta_{n,\chi}(s:q) = [f]^{n-1}\sum_{a=1}^{f}\chi(a)\beta_n\left(\frac{a+x}{f},q^f\right).$$

q–다중 제타 함수족

새로운 생성함수의 구성을 통하여 반즈 형태의 창희 q-베르누이 다항식에 대한 새로운 정의와, 도수 $f\in Z^+$를 갖는 디리클레 지표 χ에 부치된 일반화된 반즈 형태의 창희 q-베르누이 수를 정의하게 된다. 이 생성함수는 다중 제타 함수 경우에 매우 중요하므로, 이것을 이용하여, 반즈 형태의 창희 q-제타 함수와 반즈 형태의 창희 q-베르누이 수의 관련성을 보일 수 있다.

$w, w_1, \cdots, w_r$은 복소수, $w_j \neq 0$, $j=1,\cdots,r$. 매개변수 w_1을 갖는 반즈 형태의 창희 q-베르누이 다항식은 다음과 같이 정의된다:

$$F_q(w,t \mid w_1) = \frac{q-1}{\log q} exp\left(\frac{t}{1-q}\right) - w_1 t \sum_{n=0}^{\infty} q^{w_1 n + w} e^{[w_1 n + w]t}$$
$$= \sum_{n=0}^{\infty} \beta_n(w : q \mid w_1) \frac{t^n}{n!}, \qquad |t| < 2\pi. \tag{5.2.25}$$

생성된 계수 $\beta_n(w:q \mid w_1)$ $(n \geqq 0)$은 매개변수 w_1을 갖는 w에 대한 반즈 형태 창희 q-베르누이 다항식이다. 다음을 알 수 있다.

$$\lim_{q>1} \beta_{n,q}(\omega \mid \omega_1) = \omega_1^n \beta_n(\omega), \quad \lim_{q \to 1} F_q(w,t \mid w_1) = \frac{w_1 t}{e^{w_1 t} - 1} e^{wt}.$$

여기에서 $\beta_n(w)$는 일반적인 반즈 베르누이 다항식이다. (5.2.25)를 이용하면, 다음이 성립한다.

$$\beta_n(w: \ q \mid w_1) = \frac{1}{(1-q)^n} \sum_{l=0}^{n} \binom{n}{l} q^{lw} (-1)^l \frac{lw_1}{[lw_1]}.$$

여기에 $w=0$로 두면, $\beta_n(0: \ q \mid w_1) = \beta_n(q \mid w_1)$, 매개변수 ω_1을 갖는 반즈 형태의 창희 q-베르누이 수가 된다. χ는 도수 f를 갖는 디리클레 지표라 하자. 디리클레 지표 χ를 갖는 일반화된 반즈 형태의 창희 q-베르누이 수는 다음과 같이 정의된다.

$$F_{q,\chi}(t \mid w_1) = - w_1 t \sum_{n=1}^{\infty} \chi(n) q^{w_1 n} e^{[w_1 n]t}$$
$$= \sum_{n=0}^{\infty} \beta_{n,\chi}(q \mid w_1) \frac{t^n}{n!} \ (|t| < 2\pi). \tag{5.2.26}$$

(5.2.26)으로부터 다음이 성립한다.

$$F_{q,\chi}(t \mid w_1) = \frac{1}{[f]} \sum_{a=1}^{f} \chi(a) F_{q^f}\left(\frac{w_1 a}{f}, [f]t \,\middle|\, w_1\right). \tag{5.2.27}$$

(5.2.25), (5.2.26) 및 (5.2.27)으로부터 다음이 성립한다.

> [정리 5.2.16] χ는 도수 f를 갖는 디리클레 지표이면 다음이 성립한다.
>
> $$\beta_{n,\chi}(q \mid w_1) = [f]^{n-1} \sum_{a=1}^{f} \chi(a) \beta_n \left(\frac{a w_1}{f} : q^f \middle| w_1 \right).$$

(5.2.25)에 멜린 변환을 적용하면, 다음 식이 성립한다.

$$\frac{1}{\Gamma(s)} \int_0^\infty t^{s-2} F_q(w, -t \mid w_1) dt$$
$$= -\frac{(1-q)^s}{s-1} \frac{1}{\log q} + w_1 \sum_{n=0}^{\infty} \frac{q^{w_1 n + w}}{[w_1 n + w]^s} \tag{5.2.28}$$

여기에서 $\Gamma(s)$는 오일러-감마 함수이다. $w = w_1 = q = 1$을 (5.2.28)에 대입하면 허비츠 제타 함수가 된다.

> [정의 5.2.7] $w \in \boldsymbol{R}$, $s \in \boldsymbol{C}$에 대하여 반즈 형태의 창희 q-제타 함수는 다음과 같이 정의한다.
>
> $$\zeta_q(s, w \mid w_1) = -\frac{(1-q)^s}{s-1} \frac{1}{\log q} + w_1 \sum_{n=0}^{\infty} \frac{q^{w_1 n + w}}{[w_1 n + w]^s}. \tag{5.2.29}$$

> [정리 5.2.18]
>
> $n \in \boldsymbol{Z}^+$이면, $\zeta_q(1-n, w \mid w_1) = -\beta_n(w : q \mid w_1)/n$이다.

증명 (5.2.29) 식에서, $Y(s)$는 다음 경로적분(contour)를 나타내자.

$$Y(s)=\int_C z^{s-2}F_q(w,-z\mid w_1)dz \tag{5.2.30}$$

여기에서 C는 핸켈(Hankel)의 적분로이다.

또한 $z^s=\exp(s\log z)$; $\log z$는 $\log t$로 C 실수축 상단에서, $\log z$는 $\log t+2\pi i$(실수축 하단)으로 정의된다. 따라서 (5.2.30) 식으로부터,

$$Y(s)=(e^{2\pi is}-1)\int_\epsilon^\infty t^{s-2}F_q(w,-t\mid w_1)dt+\int_{C_\epsilon} z^{s-2}F_q(w,-z\mid w1)dz.$$

여기에서 C_ϵ는 원점을 중심으로 반지름 ϵ 시계 반대방향으로 방향 지워진 원이다. 먼저 $R(s)>1$인 경우 다음이 성립한다.

$$\int_{C_\epsilon}\to 0,\ \epsilon\to 0$$

따라서 다음이 성립한다.

$$Y(s)=(e^{2\pi is}-1)\int_0^\infty t^{s-2}F_q(w,-t\mid w_1)dt.$$

(5.2.25)를 위의 식에 대입하면, 다음이 된다.

$$\begin{aligned}Y(s)=(e^{2\pi is}-1)\bigg(&-\frac{1-q}{\log q}\int_0^\infty t^{s-2}\exp\left(-\frac{t}{1-q}\right)dt\\&+w_1\sum_{n=0}^\infty q^{w_1n+w}\int_0^\infty t^{s-1}e^{-[w_1n+w]t}dt\bigg)\end{aligned}$$

약간의 계산에 의하여 다음을 알 수 있다.

$$Y(s)=(e^{2\pi is}-1)\Gamma(s)\left(-\frac{(1-q)^s}{(s-1)\log q}+w_1\sum_{n=1}^\infty\frac{q^{w_1n+w}}{[w_1n+w]^s}\right).$$

위 식에 (5.2.29)를 이용하면, $Y(s)=(e^{2\pi is}-1)\Gamma(s)\zeta_q(s,w\mid w_1)$가

된다. 따라서 다음을 얻을 수 있다.

$$\zeta_q(s,w\,|ww_1) = Y(s)/((e^{2\pi is}-1)\Gamma(s)). \tag{5.2.31}$$

이 식은 해석적 연속 원리에 의하여 모든 $s \notin \boldsymbol{Z}$에 대해서 $\zeta_q(s,w\,|\,w_1)$을 정의할 수 있다.

지금 $s \to 1-n$일 때, (5.2.31)에서 발생하는 상황을 관찰하자. 여기에서 $n \in \boldsymbol{N}$이다. $e^{2\pi is} = e^{2\pi i(1-n)} = 1 \quad (n \in \boldsymbol{Z}^+)$이기 때문에, 잘 알려진 $\Gamma(s)$에 대한 반사 공식을 사용하면 다음 관계식이 성립한다.

$$\begin{aligned}\lim_{s \to 1-n}\{(e^{2\pi is}-1)\Gamma(s)\} &= \lim_{s \to 1-n}\left\{\frac{\pi}{\Gamma(1-s)}\left(\frac{e^{2\pi is}-1}{\sin(\pi s)}\right)\right\} \\ &= (2\pi i)\frac{(-1)^{n-1}}{(n-1)!}(n \in \boldsymbol{Z}^+).\end{aligned} \tag{5.2.32}$$

(5.2.30)의 피적분 함수는 $z=0$에서 $n+1$차의 극점이 되므로, $s=1-n$인 경우에 (5.2.30)의 정의로부터 다음 식이 성립한다.

$$\begin{aligned}Y(1-n) &= \int_C z^{-n-1}F_q(w,-z\,|\,w_1)dz \\ &= (2\pi i)Res_{z=0}\{z^{-n-1}F_q(w,z\,|\,w_1)\} \\ &= (2\pi i)\frac{(-1)^n}{n!}\beta n(w:\,q\,|\,w_1)\end{aligned} \tag{5.2.33}$$

여기에서 (5.2.25)의 급수 전개를 이용하였다. 따라서 코시 적분정리와 (5.2.31), (5.2.32) 및 (5.2.33)식을 적절히 결합하면 정리 5.2.1의 증명이 된다. ▨

■ 주의 5.2.19

(5.2.28)의 표현을 이용하면 $s=1$에서 단순 극을 갖는 복소 s-평면 전체로 $\zeta_q(s,w\,|\,w_1)$ 자신이 해석적 연속을 갖는 사실을 보일 수 있다.

디리클레 형태의 창희 $q-L-$함수

먼저 다음과 같은 경로 적분을 생각하자.

$$\begin{aligned}\frac{1}{\Gamma(s)}\oint_C t^{s-2}T_{\chi,q}(-t\,|\,w_1)dt &= \frac{1}{\Gamma(s)}\int_0^\infty t^{s-2}F_{\chi,q}(-t\,|\,w_1)dt \\ &= \frac{w_1}{\Gamma(s)}\sum_{n=1}^{\infty}\chi(n)q^{w_1 n}\int_0^\infty t^{s-1}e^{-[w_1 n]t}dt \\ &= w_1\sum_{n=0}^{\infty}\chi(n)\frac{q^{w_1 n}}{[w_1 n]^s} \qquad (5.2.34)\end{aligned}$$

여기에서 C는 원점 중심이고 반지름 R인 양의 방향을 갖는 원이다. 함수 $B(t)=(1/\Gamma(s))t^{s-2}F_{\chi,q}(-t\,|\,w_1)$는 $t=0$, C의 내부에서 극점을 갖는다. C를 따라서 $B(t)$의 적분값은 $t=0$에서 반지름 r $(r<R)$인 작은 반원을 잡아서 계산해야 된다.

[정의 5.2.20] 도수 $f\in \mathbb{Z}^+$를 갖는 디리클레 지표 χ에 대하여 디리클레 형태의 창희 q-L-함수는 다음과 같이 정의한다.

$$L_q(s,\chi\,|\,w_1)=w_1\sum_{n=0}^{\infty}\chi(n)\frac{q^{w_1 n}}{[w_1 n]^s}. \qquad (5.2.35)$$

$L_q(s,\chi\,|\,w_1)$과 일반화된 창희 q-베르누이 수의 관계를 보이기 위해 $L_q(s,\chi\,|\,w_1)$ $(n\in \mathbb{Z}^+)$식의 값을 구체적으로 계산하자.

[정리 5.2.21] χ는 도수 $f\in \mathbb{Z}^+$를 갖는 디리클레 지표, $n\in \mathbb{Z}^+$일 때 다음이 성립한다.

$$L_q(1-n),\chi\,|w_1)=-\beta_{n,\chi}(q\,|\,w_1)/n\ .$$

증명 정리 5.2.21의 증명은 정리 5.2.18과 유사함으로 생략한다. ▨

디리클레 형태 창희 q-L-함수와 허비츠 형태 창희 q-제타함수 역시 매우 깊은 관계가 있다. 다음 정리에서 이 관계를 보이고자 한다.

> [정리 5.2.22] χ는 도수 $f \in Z^{+}$를 갖는 디리클레 지표이다. 다음이 성립한다.
>
> $$L_q(s,\chi \mid w_1) = [f]^{-s} \sum_{a=1}^{f} \chi(a) \zeta_{q^f}\left(s, \frac{aw_1}{f} \,\middle|\, w_1\right). \tag{5.2.36}$$

증명 (5.2.35)에 $n = a + kf$ $(k = 0,1,2,\cdots : a = 1,\cdots,f)$식을 대입하면, 다음이 성립한다.

$$\begin{aligned} L_q(s,\chi \mid w_1) &= w_1 \sum_{a=1}^{f} \chi(a) \sum_{k=0}^{\infty} \frac{q^{(aw_1 + kfw_1)}}{[aw_1 + kfw_1]^s} \\ &= w_1 \sum_{a=1}^{f} \chi(a) \sum_{k=0}^{\infty} \frac{q^{f\left\{\frac{aw_1}{f} + kw_1\right\}}}{[f]^s \left[\frac{aw_1}{f} + kw_1 : q^f\right]^s} \\ &= [f]^{-s} \sum_{a=1}^{f} \chi(a) \left(-\frac{(1-q^f)^s}{s-1} \frac{1}{\log q^f} + w_1 \sum_{n=0}^{\infty} \frac{q^{f\left(\frac{aw_1}{f} + kw_1\right)}}{\left[\frac{aw_1}{f} + kw_1 : q^f\right]^s} \right) \end{aligned}$$

위 식에 (5.2.29)를 이용하면, 결론에 도달한다. ▨

반즈 형태 창희 q-베르누이 수

다음과 같이 새로운 생성 함수를 정의하자.

$$G_q=(t\mid w_1)=F_q(t\mid w_1)-\left(\frac{q-1}{\log q}\right)\exp\left(\frac{t}{1-q}\right)$$
$$=\sum_{k=0}^{\infty}B_k(q\mid w_1)\frac{t^k}{k!}\ (\mid t\mid<2\pi) \tag{5.2.37}$$

여기에서 계수 $B_k(q\mid w_1)$은 반즈 형태 창희 q-베르누이 수라 불려진다. (5.2.37)을 이용하면, 다음이 쉽게 보인다.

$$B_k(q\mid w_1)=\frac{q-1}{\log q}\left(\frac{1}{q-1}\right)^k+\beta_k(q\mid w_1)$$

여기에서 $\beta_k(q\mid w_1)$은 (5.2.25)에 주어진 값이다. (5.2.19) 식에서처럼, 유사 창희 q-베르누이 다항식을 다음과 같이 생각할 수 있다.

$$G_q=(w,t\mid w_1)=F_q(w,t\mid w_1)-\left(\frac{q-1}{\log q}\right)\exp\left(\frac{t}{1-q}\right)\ (\mid t\mid<2\pi).$$
$$=\sum_{n=0}^{\infty}B_n(w:\ q\mid w_1)\frac{t^n}{k!}. \tag{5.2.38}$$

(5.2.38)을 적용하면, 다음을 알 수 있다.

$$\frac{1}{\Gamma(s)}\int_0^{\infty}t^{s-2}G_q(w,-t\mid w_1)dt=w_1\sum_{n=0}^{\infty}\frac{q^{w_1n+w}}{[w_1n+w]^s}$$
$$=\zeta_{q,1}(s,w\mid w_1) \tag{5.2.39}$$

(5.2.38)를 이용하면, 다음 두 식의 관계를 알 수 있다.

[정리 5.2.23]
$n\in\boldsymbol{N}$에 대하여, $\zeta_{q,1}(1-n,w\mid w_1)=-B_n(w:\ q\mid w_1)/n$.

다음에 반즈 형태 다중 창희 q-베르누이 다항식을 다음과 같이 정의하자.

$$G_q^{(r)}(w,t\mid w_1,\cdots,w_r)=(-t)^r\left(\prod_{j=1}^{r}w_j\right)\sum_{n_1,\cdots,n_r=0}^{\infty}q^{w+n_1w_1+\cdots+n_r|w_r}e^{[w+n_1w_1+\cdots+n_rw_r]t}$$

$$=\sum_{n=0}^{\infty}B_n^{(r)}(w:q\mid w_1,\cdots,w_r)\frac{t^n}{n!}\qquad(|t|<2\pi)\tag{5.2.40}$$

여기에서 $\sum_{n_1,\cdots,n_r=0}^{\infty}=\sum_{n_1=0}^{\infty}\cdots\sum_{n_r=0}^{\infty}$이다. 식 (5.2.40)으로부터 다음이 성립한다.

$$\lim_{q\to1}G_q^{(r)}(w,t\mid w_1,\cdots,w_r)=\frac{e^{tw}(tw_1)\cdots(tw_r)}{(e^{tw_1}-1)\cdots(e^{tw_r}-1)}.$$

이 식은 반즈 형태 다중 베르누이 수의 생성함수를 보여준다. 따라서 다음 극한 관계가 성립한다.

$$\lim_{q\to1}B_n^{(r)}(w:q\mid w_1,\cdots,w_r)=B_n^{(r)}(w\mid w_1,\cdots,w_r).$$

이것은 $q\to1$일 때, 반즈 형태 다중 베르누이 수를 보여준다. (5.2.40)을 이용하면, 반즈 형태 창희 q-제타함수를 보여줄 수 있다. $s\in\boldsymbol{C}$, $G_q^{(r)}(w,t\mid w_1,\cdots,w_r)$에 대한 메르릴 변환을 생각해 보자.

$$\frac{1}{\Gamma(s)}\int_0^{\infty}t^{s-1-r}G_q^{(r)}(w,-t\mid w_1,\cdots,w_r)dt\tag{5.2.41}$$

$$=\left(\prod_{j=1}^{r}w_j\right)\sum_{n_1,\cdots,n_r=0}^{\infty}\frac{q^{w+n_1w_1+\cdots+n_rw_r}}{[w+n_1w_1+\cdots+n_rw_r]^s}.$$

(5.2.41)을 이용하면, 반즈 형태 창희 다중 q-제타함수를 다음과 같이 정의할 수 있다.

[정의 5.2.24] $s, w, w_1, \cdots, w_r \in C$, $R(w) > 0$, $r \in Z^+$에 대하여 반즈 형태 창희 다중 q-제타함수를 다음과 같이 정의한다.

$$\zeta_{q,r}(s, w \mid w_1, \cdots, w_r) = \left(\prod_{j=1}^{r} w_j\right) \sum_{n_1, \cdots, n_r = 0}^{\infty} \frac{q^{w + n_1 w_1 + \cdots + n_r w_r}}{[w + n_1 w_1 + \cdots + n_r w_r]^s}. \tag{5.2.42}$$

$\zeta_{q,r}(s, w \mid w_1, \cdots, w_r)$은 $R(s) > r$에서 해석적 연속을 제공한다. (5.2.40)과 (5.2.41)을 이용하면, 다음 정리를 얻을 수 있다.

[정리 5.2.25] $n, r \in Z^+$에 대하여 다음이 성립한다.

$$\zeta_{q,r}(1-n, w \mid w_1 \cdot \cdots w_r)$$
$$= (-1)^r \frac{(n-1)!}{(n+r-1)!} B_{n+r-1}^{(r)}(w : q \mid w_1, \cdots, w_r)).$$

일반적인 반즈 형태 다중 제타함수와 반즈 형태 베르누이 수의 관계를 다음 극한 식에서 발견할 수 있다.

$$\lim_{q \to 1} \zeta_{q,r}(1-n, w \mid w_1, \cdots, w_r) = \zeta_{1,r}(1-n, w \mid w_1, \cdots, w_r)$$
$$= (-1)^r \frac{(n-1)!}{(n+r-1)!} B_{n+r-1}^{(r)}(w, q \mid w_1 \cdot \cdots, w_r).$$

■■■ Γ_q와 $\zeta_{q,r}(s, w \mid 1, \cdots, 1)$의 관계

q-감마 함수 Γ_q는 다음과 같이 정의한다.

$$\Gamma_q(z) = (1-q)^{1-z} \frac{(q : q)_\infty}{(q^z : q)_\infty}, \ (q^z : q)_\infty = \prod_{k=0}^{\infty} (1 - q^{k+z}). \tag{5.2.43}$$

함수 $\zeta_q(s,x)$는 다음과 같이 정의한다.

$$\zeta_q(s,x)=\sum_{n=0}^{\infty}\frac{q^{n+x}}{[n+x]^s}. \tag{5.2.44}$$

편의상 다음 기호를 도입하자.

$$\frac{d}{ds}\zeta_q(s,x)\,|_{s=0}=\zeta_q'(0,x) \tag{5.2.45}$$

다음을 알 수 있다.

$$\zeta_q(0,a+1)=\zeta_{q,1}'(0,1)+(q-1)\sum_{m=1}^{a}\log\,[m]^{-s-1}-\sum_{n=1}^{\infty}[n]^{-s}. \tag{5.2.46}$$

(5.2.43), (5.2.44), (5.2.45)를 이용하면 다음 정리가 성립한다.

[정리 5.2.26] (김의 감마함수)

$$\Gamma_q(a)=\frac{e^{\zeta_q'(0,a+1)}}{e^{\zeta_q'(0,1)}}\prod_{m=1}^{a}[m]^{(1-q)[a]}. \tag{5.2.47}$$

(5.2.47)에 의하여, 다음이 성립한다.

$$\lim_{q\to 1}\Gamma_q(a)=\frac{e^{\zeta'(0,a+1)}}{e^{\zeta'(0,1)}}=\Gamma'(a).$$

q-디감마 함수라고 불리는, $\zeta_{q,2}(s,x)$를 다음과 같이 정의하자.

$$\zeta_{q,2}(s,x)=\sum_{n_1,n_2=0}^{\infty}\frac{q^{n_1+n_2+x}}{[n_1+n_2+x]^s}. \tag{5.2.48}$$

(5.2.48)에 정의된 제타함수의 성질을 나열해 보자.

(1) $$[n]^{-s}\sum_{m=0}^{n-1}\sum_{k=0}^{n-1}\zeta_{q^n,2}\left(s,x+\frac{k+m}{n}\right)=\zeta_{q,2}(s,nx). \tag{5.2.49}$$

(2) $$\sum_{m=0}^{n-1}\sum_{k=0}^{n-1}\zeta'_{q^n,2}\left(s,x+\frac{k+m}{n}\right)$$
$$=[n]^s\zeta_{q,2}(s,nx)\log[n]+[n]^s\zeta'_{q,2}(s,nx). \tag{5.2.50}$$

(3) $s=0$을 (5.2.50)에 대입하면

$$\prod_{m=0}^{n-1}\prod_{k=0}^{n-1}e^{\zeta'_{q^n,2}\left(0,x+\frac{k+m}{n}\right)}=[n]^{\zeta_{q,2}(0,nx)}e^{\zeta'_{q,2}(0,nx)}.$$

$k\in\widetilde{\boldsymbol{N}}$에 대하여 $W_{m,\chi,q}(k)$를 정의하자.

$$W_{m,\chi,q}(k)=\sum_{a=1}^{k}\chi(a)q^a[a]^m \qquad (m\geqq 0).$$

$\chi\equiv 1$인 경우, 다음이 성립한다.

$$W_{m,q}(k)=W_{m,1,q}=\sum_{a=1}^{k}\chi(a)q^a[a]^m \qquad (m\geqq 0).$$

(5.2.19)와 (5.2.20)을 이용하면, 다음이 성립한다.

$$\frac{1}{t}(F_{q,\chi}(s,t)-F_{q,\chi}(t))=\sum_{k=1}^{\infty}\left(\frac{B_{k+1,\chi}(x:\,q)-B_{k+1,\chi}(q)}{k+1}\right)\frac{t^k}{k!}.$$

따라서 다음 식이 성립한다.

$$W_{k,\chi,q}(n) = (B_{k+1,\chi}(n:\ q) - B_{k+1,\chi})/(k+1),$$
$$W_{k,q}(n) = (B_{k+1}(n:\ q) - B_{k+1}(q))/(k+1).$$

5.3 q-제타함수와 $q-L$-함수 Ⅱ

베르누이 수와 다항식의 해석

$\mathbb{Z}_p$에서 q-볼켄본 적분과 평등 미분을 이용하여 p-진 q-제타 함수를 만들었다. 이들 함수는 q-베르누이 수와 q-베르누이 다항식을 보간한다. 음의 정수에서 p-진 q-제타 함수 값은 이미 주어졌다. 이 장의 주요 목표는 베르누이 수와 다항식의 새로운 해석을 해보려는 것이다. 그리고는 베르누이 수와 다항식의 (h,q)-확장을 보간하는 q-제타 함수를 생각해 본다.

이 논문에서 $\mathbb{Z}$, $\mathbb{Z}_p$, $\mathbb{Q}_p$ 그리고 $\mathbb{C}_p$는 각각 유리정수의 환, p-진 정수환, p-진 유리수체 그리고 $\mathbb{Q}_p$의 대수적 폐포의 완비화이다. v_p를 $|p|_p = p^{-v_p(p)} = p^{-1}$를 만족하는 $\mathbb{C}_p$의 정규 지수값이라 하자. q-확장을 이야기 할 때 q는 복소수 $q \in \mathbb{C}$나 p-진 복소수 $q \in \mathbb{C}_p$와 같은 미지수로 생각한다. $q \in \mathbb{C}_p$이면 우리는 대체로 $|q-1|_p < p^{-\frac{1}{p-1}}$이라 가정하고 그래서 $|x|_p \leq 1$일 때 $q^x = \exp(x\log q)$가 된다. 만약 $q \in \mathbb{C}$이면 대체로 $|q| < 1$이라고 가정한다.

만약 $f \in UD(\mathbb{Z}_p, \mathbb{C}_p) = \{f \mid f : \mathbb{Z}_p \to \mathbb{C}_p$가 평등 미분 가능한 함수$\}$ 이면 p-진 q-적분(또는 q-볼켄본 적분)은 다음과 같이 정의된다.

$$I_q(f) = \int_{\mathbb{Z}_p} f(x) d\mu_q(x) = \lim_{N \to \infty} \frac{1}{[p^N]_q} \sum_{x=0}^{p^N - 1} f(x) q^x \qquad (5.3.1)$$

여기서 $[x]_q = \dfrac{1-q^x}{1-q}$ 이다. 따라서

$$\begin{aligned} I_1(f) &= \lim_{q \to 1} I_q(f) = \int_{\mathbb{Z}_p} f(x) d\mu_1(x) \\ &= \lim_{N \to \infty} \frac{1}{P^N} \sum_{0 \le x < p^N} f(x),\ cf. [3]. \end{aligned} \qquad (5.3.2)$$

(5.3.2)에 의해 우리는

$$I_1(f_1) = I_1(f) + f'(0), \quad cf.\ [4] \qquad (5.3.3)$$

을 쉽게 알 수 있는데, 이 때 $f_1(x) = f(x+1)$, $f'(0) = \left.\dfrac{d}{dx} f(x)\right|_{x=0}$ 이다. q-베르누이 다항식은 $h \in \mathbb{Z}$일 때 다음과 같이 정의된다.

$$\beta_n^{(h)}(x, q) = \int_{\mathbb{Z}} [x + x_1]_q^n q^{x_1(h-1)} d\mu_q(x_1), \text{ for } h \in \mathbb{Z}. \qquad (5.3.4)$$

(5.3.3)에서 $f(x) = g^{hx} e^{xt}$ 이면 $|t| \le p^{-\frac{1}{p-1}}$, $h \in \mathbb{Z}$에 대하여

$$\int_{\mathbb{Z}_p} q^{hx} e^{xt} d\mu_1(x) = \frac{h \log q + t}{q^h e^t - 1}$$

이다. 베르누이 수와 다항식의 (h, q)-확장을 다음과 같이 정의하자 :

$$F_q^{(h)}(t) = \frac{h\log q + t}{q^h e^t - 1} = \sum_{n=0}^{\infty} B_{n,q}^{(h)} \frac{t^n}{n!}, \tag{5.3.5}$$

$$F_q^{(h)}(t, x) = \frac{hlq + t}{q^h e^t - 1} e^{xt} = \sum_{n=0}^{\infty} B_{n,q}^{(h)}(x) \frac{t^n}{n!}. \tag{5.3.6}$$

$B_{n,q}^{(h)}(0) = B_{n,q}^{(h)}$, $\lim_{q \to 1} B_{n,q}^{(h)} = B_n$ 임을 알 수 있다. 여기서 B_n은 n 번째 베르누이 수이다. (5.3.5)와 (5.3.6)에 의해 다음의 위트 공식을 얻게 된다.

> [정리 5.3.1] $h \in \mathbb{Z}$, $q \in \mathbb{C}_p$이고 $|1-q|_p \le p^{-\frac{1}{p-1}}$일 때 다음을 갖는다.
>
> $$\int_{\mathbb{Z}_p} q^{hx} x^n \, d\mu_1(x) = B_{n,q}^{(h)}, \tag{5.3.7}$$
> $$\int_{\mathbb{Z}_p} q^{hy} (x+y)^n \, d\mu_1(y) = B_{n,q}^{(h)}(x).$$

위의 정리에 의해

$$B_{n,q}^{(h)}(x) = \sum_{k=0}^{n} \binom{n}{k} x^{n-k} B_{k,q}^{(h)} \tag{5.3.8}$$

을 쉽게 알 수 있다. d가 어떤 고정된 양의 정수이고 $(p, d) = 1$이라 하자. 그러면

$$X = X_d = \lim_{\overleftarrow{N}} (\mathbb{Z}/dp^N\mathbb{Z}), \; X_1 = \mathbb{Z}_p,$$

$$X^* = \bigcup_{0 < a < dp} a + dp\mathbb{Z}_p$$

$$a+dp^N\mathbb{Z}_p=\{x\in X \mid x\equiv a\,(\mathrm{mod}\, dp^N)\}$$

라 하겠다. 여기서 $a\in\mathbb{Z}$이고 $0\le a<dp^N$이다.

$f\in UD(\mathbb{Z}_p,\ \mathbb{C}_p)$에 대하여

$$\int_{\mathbb{Z}_p} f(x)\,d\mu_1(x)=\int_X f(x)\,d\mu_1(x)$$

이다. (5.3.7)에서

$$\begin{aligned}
B_{k,q}^{(h)}(x) &= \int_X (x+t)^k q^{ht}\,d\mu_1(t)\\
&= \lim_{l\to\infty}\frac{1}{mp^l}\sum_{n=0}^{mp^l-1} q^{hn}(x+n)^k\\
&= \frac{1}{m}\lim_{l\to\infty}\frac{1}{p^l}\sum_{i=0}^{m-1}\sum_{n=0}^{p^l-1} q^{h(i+mn)}(x+i+mn)^k\\
&= m^{k-1}\sum_{i=0}^{m-1} q^{hi}B_{k,q^m}^{(h)}\left(\frac{x+i}{m}\right)
\end{aligned}$$

을 쉽게 알 수 있고, 그래서 아래의 정리를 얻게 된다.

> [정리 5.3.2] 어떤 양의 정수 m에 대하여, 다음을 얻는다. $k\ge 0$일때
>
> $$B_{k,q}^{(h)}(x)=m^{k-1}\sum_{i=0}^{m-1} q^{hi}B_{k,q^m}^{(h)}\left(\frac{x+i}{m}\right),\quad \text{for } k\ge 0.$$

χ가 디리클레 지표(character)이고 도수 $d\in\mathbb{Z}_+$라 하자. 그러면 χ에 덧붙여 일반화된 베르누이 수의 (h,q)-확장을 정의한다.

$n\ge 0$일 때,

$$B_{n,q,\chi}^{(h)} = \int_X \chi(x) q^{hx} x^n \, d\mu_1(x). \tag{5.3.9}$$

(5.3.9)에 의해

$$\begin{aligned} B_{n,q,\chi}^{(h)} &= \lim_{l\to\infty} \frac{1}{dp^l} \sum_{x=0}^{dp^l-1} \chi(x) q^{hx} x^n \\ &= \frac{1}{d} \lim_{l\to\infty} \frac{1}{p^l} \sum_{i=0}^{d-1} \sum_{x=0}^{p^l-1} \chi(i+dx) q^{h(i+dx)} (i+dx)^n \\ &= \frac{1}{d} \sum_{i=0}^{d-1} \chi(i) q^{hi} \int_{\mathbb{Z}_p} q^{hdx} (i+dx)^n \, d\mu_1(x) \\ &= d^{m-1} \sum_{i=0}^{d-1} \chi(i) q^{hi} B_{n,q^d}^{(h)}\left(\frac{i}{d}\right). \end{aligned}$$

를 쉽게 알 수 있고, 따라서 아래의 보조정리를 얻는다.

[보조정리 5.3.3] $d \in \mathbb{Z}_+$일 때, $n \geq 0$에 대하여

$$B_{k,q,\chi}^{(h)} = d^{k-1} \sum_{i=0}^{d-1} \chi(i) q^{hi} B_{k,q^d}^{(h)}\left(\frac{i}{d}\right), \quad \text{for } n \geq 0. \tag{5.3.10}$$

(5.3.3)에서 귀납법에 의해

$$I_1(f_b) = I_1(f) + \sum_{i=0}^{b-1} f'(i), \text{ 여기서 } f_b(x) = f(x+b),\ b \in \mathbb{Z}_+ \tag{5.3.11}$$

을 알 수 있고, (5.3.11)에서 $f(x) = q^{hx} e^{tx} \chi(x)$라 하면

$$I_1(e^{tx} q^{hx} \chi(x)) = \frac{\sum_{i=0}^{d-1} (te\chi(i) q^{hi} + e^{ti} (h\log q) q^{hi} \chi(i))}{q^{hd} e^{dt} - 1}. \tag{5.3.12}$$

이다. (5.3.9)와 (5.3.12)에 의해 $B_{n,q,\chi}^{(h)}$의 생성함수를 아래와 같이 줄 수 있다.

$$F_{q,\chi}^{(h)}(t)=\frac{\sum_{i=0}^{d-1}(te\chi(i)q^{hi}+e^{ti}(h\log q)q^{hi}\chi(i))}{q^{hd}e^{dt}-1}=\sum_{n=0}^{\infty}B_{n,q,\chi}^{(h)}\frac{t^n}{n!}. \tag{5.3.13}$$

제타함수의 해석

여기에 우리는 $q\in\mathbb{C}$이고 $|q|<1$이라 가정한다. $\Gamma(s)$는 감마함수라 하자. (5.3.6)에 의해 다음을 알 수 있다.

$$\begin{aligned}&\frac{1}{\Gamma(s)}\int_0^{\infty}t^{s-2}e^{-t}F_q^{(h)}(-t)\,dt\\&=\frac{1}{\Gamma(s)}\int_0^{\infty}t^{s-2}e^{-t}\left\{\frac{-t}{q^he^{-t}-1}+\frac{h\log q}{q^he^{-t}-1}\right\}dt\\&=\sum_{n=0}^{\infty}q^{nh}\frac{1}{\Gamma(s)}\int_0^{\infty}t^{s-1}e^{-(n+1)t}dt\\&\quad-hlq\sum_{n=0}^{\infty}q^{nh}\int_0^{\infty}t^{s-1}e^{-(n+1)t}dt.\end{aligned} \tag{5.3.14}$$

(5.3.14)를 이용하여 제타함수의 새로운 q-확장을 아래와 같이 정의한다:

[정의 5.3.4] $s\in\mathbb{C}$이고, $x\in\mathbb{R}^+$이면 다음과 같이 정의한다.

$$\zeta_q^{(h)}(s)=\sum_{n=1}^{\infty}\frac{q^{(n-1)h}}{n^s}-\frac{h\log q}{s-1}\sum_{n=1}^{\infty}\frac{q^{(n-1)h}}{n^{s-1}}, \tag{5.3.15}$$

$$\zeta_q^{(h)}(s,x)=\sum_{n=0}^{\infty}\frac{q^{nh}}{(n+x)^s}-\frac{hlq}{s-1}\sum_{n=0}^{\infty}\frac{q^{nh}}{(n+x)^{s-1}}. \tag{5.3.16}$$

주의 5.3.5

(5.3.15)와 (5.3.16)에 의해 $\zeta_q^{(h)}(s)=\zeta_q^{(h)}(s,1)$를 쉽게 알 수 있고 또한 $\zeta_q^{(h)}(s)$가 $R(s)>1$일 때 정칙연속임을 알고 있다.

(5.3.6)에서 멜린 변환을 이용하여

$$\frac{1}{\Gamma(s)}\int_0^\infty t^{s-2}F_q^{(h)}(-t,x)\,dt=\zeta_q^{(h)}(s,x) \tag{5.3.17}$$

를 얻는다. (5.3.6)과 (5.3.7)에 의해

$$\zeta_q^{(h)}(s,x)=\sum_{n=0}^{\infty}\frac{(-1)^n B_{n,q}^{(h)}(x)}{n!}\frac{1}{\Gamma(s)}\int_0^\infty t^{s-2+n}\,dt$$

를 알 수 있고 그래서 다음을 얻는다.

> [정리 5.3.6] $n\in\mathbb{N}$일 때
>
> $$\zeta_q^{(h)}(1-n,x)=-\frac{B_{n,q}^{(h)}(x)}{n}$$
>
> 를 갖는다.

멜린 변환과 (5.3.13)에 의해

$$\frac{1}{\Gamma(s)}\int_0^\infty F_{q,\chi}^{(h)}(-t)t^{s-2}\,dt=\sum_{n=1}^{\infty}\frac{q^{nh}\chi(n)}{n^s}-\frac{h\log q}{s-1}\sum_{n=1}^{\infty}\frac{q^{nh}\chi(n)}{n^{s-1}} \tag{5.3.18}$$

을 알 수 있고, 그러므로 다음과 같이 디리클레 L-함수의 새로운 q-확장을 정의할 수 있다:

[정의 5.3.7] $s \in \mathbb{C}$ 에 대하여 다음을 정의한다.

$$L_q^{(h)}(s,\chi) = \sum_{n=1}^{\infty} \frac{q^{nh}\chi(n)}{n^s} - \frac{h\log q}{s-1}\sum_{n=1}^{\infty}\frac{q^{nh}\chi(n)}{n^{s-1}}.$$

(5.3.13)과 (5.3.18)에 의해 다음을 얻게 된다.

[정의 5.3.8] $n \in \mathbb{N}$일 때

$$L_q^{(h)}(1-n,\chi) = -\frac{B_{n,q,\chi}^{(h)}}{n}.$$

5.4 q−제타함수와 q−L−함수 Ⅲ

p는 고정된 소수라 하자. 이 절 전체를 통하여 $\mathbb{Z}_p$, $\mathbb{Q}_p$, $\mathbb{C}$ 및 $\mathbb{C}_p$는 p−진 정수, p−진 유리수, 복소수체, 그리고 $\mathbb{Q}_p$의 대수적 폐포의 완비화를 나타낸다. 그리고 v_p는 $\mathbb{C}_p$의 미지수에 대한 정규화된 지수값을 나타낸다: $|p|_p = p^{-v_p(p)} = p^{-1}$. q−확장을 말할 때, q는 복소수나 p−진 수를 대상으로 한다. $q \in \mathbb{C}$ 이면 $|q|<1$, $q \in \mathbb{C}_p$이면 $|q-1|_p < p^{-\frac{1}{p-1}}$로 하자. 그러면 $|x|_p \leq 1$에 대하여 $q^x = \exp(x\log q)$ 이다. 또한

$$[x]_q = [x:q] = (1-q^x)/(1-q), \quad \lim_{q\to 1}[x] = x$$

을 약속하자. 쿠보타(Kubota)와 레오폴트(Leopoldt)는 $p-$진 수체 위에서 정의되는 유리형 함수 $L_p(s, \chi)$의 존재성을 증명하였다. 이것은 디리클레 $L-$급수와 $p-$진 동치임이 알려져 있다. 이 $p-$진 $L-$함수는 $n\in\mathbb{N}$에 대하여 다음 값을 계산할 수 있게 한다.

$$L_p(1-n, \chi) = -n^{-1}(1-\chi_n(p)p^{n-1})B_{n, \chi_n}$$

여기에서 $B_{n,\chi}$는 원시 디리클레 표수 χ를 갖는 일반화된 베르누이 수이다. 그리고 $\chi_n = \chi w^{-n}$, w는 타이치뮬러(Teichmüller) 지표이다.

p를 소수, $d\in\mathbb{Z}$라 하자. 이 때

$$X^* = \bigcup_{\substack{o<a<p,\\ (a,p)=1}} a+dp\mathbb{Z}_p, \qquad a+dp^N\mathbb{Z}_p = \{x\in X \mid x \equiv a (\mathrm{mod}\, dp^N)\}$$

를 정의하자. 여기서 $a\in\mathbb{Z}$이고 $0\leqq a < dp^N$이다. 임의의 자연수 N에 대하여

$$\mu_q(a+dp^N\mathbb{Z}_p) = q^a/[dp^N]_q$$

을 정의하면, μ_q는 X 위에 초함수(distribution)로 확장할 수 있다. 이 초함수는 $m\in\widetilde{\mathbb{N}}$에 대해 적은

$$\begin{aligned}\beta^*_{m,q} &= \int_{\mathbb{Z}_p}[x]^m d\mu_q(x)\\ &= \int_X [a]_q^m d\mu_q(a) = \frac{1}{(1-q)^m}\sum_{i=0}^{m}\left(\binom{m}{i}\right)(-1)^i\frac{i+1}{|\,i+1|_q}\end{aligned}$$

여기에서 $\beta^*_{m,q}$는 m번째 카리츠 $q-$베르누이 수이다. 최근에 폭스(Fox)는 2변수 $p-$진 $L-$함수 $L_q(s, t|\chi)$를 $m\in\mathbb{Z}$, $t\in\mathbb{C}_p, |t|\leq 1$에 대하여 다음과 같이 정의하였다.

$$L_p(1-m, t|\chi)=-m^{-1}(B_{m,\chi_m}(p^*t)-\chi_m(p)p^{m-1}B_{m,\chi_m}(p^{-1}p^*t))$$

여기에서 $p^*=\begin{cases}p, & p>2\\ 4, & p=2\end{cases}$,이고 $B_{m,\chi_m}(x)$는 지표 χ를 갖는 m번째 일반화된 베르누이 다항식이다. 코브리츠에 의해서 시작된 $p-$진, $q-L-$함수에 대하여 다음과 같은 재미있는 결과가 밝혀져 있다.

$$L_{p,q}(1-n, \chi)=-n^{-1}\left(\beta_{n,q,\chi_n}-[p]_q^{n-1}\chi_n(p)\beta_{n,q^p,\chi_n}\right)$$

여기에서 β_{n,q,χ_n}은 지표 χ를 갖는 n번째 일반화된 $q-$베르누이 수로써 김에 의해 정의되었다. 이장의 목적은 디리클레 지표 χ를 갖는 2변수 $p-$진 $q-L-$함수가 다음과 같음을 보이는 것이다.

$$L_{p,q}(1-n, t|\chi)=-n^{-1}\left(\beta_{n,q,\chi_n}(p^*t)-\chi_n(p)[p]_q^{n-1}\beta_{n,q^p,\chi_n}(p^{-1}p^*t)\right),\ n\in\mathbb{Z}_+$$

여기에서 $\beta_{n,q,\chi_n}(x)$는 지표 χ를 갖는 n번째 일반화된 $q-$베르누이 다항식이다. 동시에 이 함수는 $q=1$인 경우에 폭스에 의해서 정의된 2변수 $p-$진 $L-$함수의 $q-$확장이 됨을 알 수 있다. 소수 p와 잘 정의된 디리클레 지표에 대하여 $p-$진 $L-$함수는 $n\leq 0$ 복소 해석 $L-$함수의 값을 계산하기 위하여 구성되었다. 다이아몬드는 $n>0$ 정수에서 $p-$진 $L-$함수의 값을 $p-$진 로그 감마함수로 나타내었다. 이 장에서, 다이아몬드의 결과를 $q-$확장하여,

2변수 $p-$진 $q-L-$함수를 얻어내고 다이아몬드가 얻어내었던 $p-$진 로그 감마 함수의 $q-$확장을 $\frac{\partial}{\partial s}L_{p,q}(0, t|\chi)$의 값으로 표현하는 공식을 구하였다.

마지막으로 $s=1$에서 $L_{p,q}(s, t|\chi)$의 값을 계산하였다. 이 절에서는, $q\in\mathbb{C}$와 $|q|<1$을 가정한다. $q-$베르누이 수는 다음 (5.4.1)식과 같이 정의한다.

$$\beta_{0,q}=\frac{q-1}{\log q},\quad (q\beta_q+1)^n-\beta_{n,q}=\delta_{n,1}. \tag{5.4.1}$$

단, $\delta_{n,1}$은 크로네커 부호이고 β_q^i는 $\beta_{i,q}$로 편의상 대체하여 쓴다.

주의 5.4.1

$\lim_{q\to 1}\beta_{k,q}=B_k$, 단, B_k는 k번째 베르누이 수이다.

$q-$베르누이 다항식은 다음 (5.4.2)식과 같이 정의된다.

$$\begin{aligned}\beta_{n,q}(x)&=\sum_{i=0}^{n}\left(\binom{n}{i}\right)q^{xi}\beta_{i,q}[x]_q^{n-1}\\&=\frac{1}{(1-q)^n}\sum_{i=0}^{n}\left(\binom{n}{i}\right)\frac{i}{[i]_q}(-q^x)^i.\end{aligned} \tag{5.4.2}$$

(5.4.1)로부터 다음이 성립한다.

$$\beta_{n,q}=\frac{1}{(1-q)^n}\sum_{i=o}^{n}\left(\binom{n}{i}\right)(-1)^{n-1}\frac{i}{[i]_q},$$

단, (n는 이항계수이다. 따라서 $q-$베르누이 생성함수는 다음과 같다.

$$F_q(t)=e^{\frac{t}{1-q}}\sum_{j=0}^{\infty}\frac{j}{[j]_q}\left(\frac{1}{q-1}\right)^j\frac{t^j}{j!}$$

$$=\sum_{j=0}^{\infty}\frac{\beta_{j,q}}{j!}t^j,\ |t|<1. \tag{5.4.3}$$

(5.4.3)에서, $q-$베르누이 수는 다음 (5.4.4)식의 복소수에서 $q-$차분 방정식의 유일한 해가 됨을 알 수 있다.

$$F_q(t)=\frac{q-1}{\log q}e^{\frac{t}{1-q}}-t\sum_{n=o}^{\infty}q^n e^{[n]_q t},\ |t|<1. \tag{5.4.4}$$

(5.4.2)에서, $q-$베르누이 다항식의 생성함수를 다음과 같음을 알 수 있다.

$$\sum_{n=0}^{\infty}\beta_{n,q}(x)\frac{t^n}{n!}=F_q(x,t).$$
$$=e^{\frac{t}{1-q}}\sum_{j=0}^{\infty}\frac{j}{[j]_q}\left(\frac{1}{q-1}\right)^j q^{jx}\frac{t^j}{j!},\ |t|<1 \tag{5.4.5}$$

따라서 복소수에서 $q-$베르누이 다항식의 생성함수에 대한 $q-$차분방정식을 다음과 같이 얻을 수 있다.

$$F_q(x,t)=\frac{q-1}{\log q}e^{\frac{t}{1-q}}-t\sum_{n=0}^{\infty}q^{n+x}e^{[n+x]_q t},\ |t|<1 \tag{5.4.6}$$

χ를 도수 $f=f_\chi\in\mathbb{N}$인 디리클레 지표라 하자. χ에 관한 일반화된 $q-$베르누이 수, $\beta_{n,\chi,q}$는 다음과 같이 정의한다.

$$F_{q,\chi}(t)=-t\sum_{n=1}^{\infty}\chi(n)q^n e^{[n]_q t}=\sum_{n=0}^{\infty}\beta_{n,\chi,q}\frac{t^n}{n!},\ |t|<1. \tag{5.4.7}$$

(5.4.7)로부터 다음이 성립한다.

$$\lim_{q\to 1}F_{q,\chi}(t)=\sum_{a=1}^{f}\frac{\chi(a)e^{at}t}{e^{ft}-1}=\sum_{n=0}^{\infty}B_{n,\chi}\frac{t^n}{n!}.$$

동시에 (5.4.8)이 성립됨을 볼 수 있다.

$$\beta_{n,\chi,q}=[f]_q^{k-1}\sum_{a=1}^{f}\chi(a)\beta_{k,q^f}(a/f) \tag{5.4.8}$$

χ에 관한 일반화된 $q-$베르누이 다항식은 다음 (5.4.9)의 법칙에 의하여 (5.4.9)', (5.4.9)'를 얻어낼 수 있다.

$$F_{p,\chi}(x,t)=-t\sum_{n=1}^{\infty}\chi(n)q^{n+x}e^{[n+x]_q t}=\sum_{n=0}^{\infty}\beta_{n,\chi,q}(x)\frac{t^n}{n!}, \tag{5.4.9}$$

$$F_{q,\chi}(x,t)=-t\sum_{a=1}^{f}\chi(a)\sum_{n=0}^{\infty}q^{nf+a+x}e^{[nf+a+x]_q t}, \tag{5.4.9)'$$

$$\beta_{n,\chi,q}(x)=\sum_{k=0}^{n}\left(\binom{n}{k}\right)q^{kx}\beta_{k,\chi}[x]_q^{n-k}=(q^x\beta_\chi+[x]_q)^n. \tag{5.4.9)''$$

단, β_χ^n은 편의상 $\beta_{n,\chi,q}$로 쓴다. g를 $f=f_\chi$의 양의 정수배라 하자. 음이 아닌 정수 n에 대하여, 다음 식이 성립한다.

$$\begin{aligned}\sum_{n=0}^{\infty}\beta_{n,\chi,q}(x)\frac{t^n}{n!}&=-t\sum_{a=0}^{g-1}\chi(a)\sum_{n=0}^{\infty}q^{gn+a+x}e^{[gn+a+x]_q t}\\&=-t\sum_{a=0}^{g-1}\chi(-a)\sum_{n=1}^{\infty}q^{g(n+\frac{x-a}{g})}e^{[g]_q[\frac{x-a}{g}]_{q^g}t}\\&=\sum_{n=0}^{\infty}\left([g]_q^{n-1}\sum_{a=0}^{g-1}\chi(-a)\beta_{n,q^g}\left(\frac{x-a}{g}\right)\right)\frac{t^n}{n!}.\end{aligned}$$

이 식을 이용하면 다음 결과가 나온다.

[보조정리 5.4.2] g는 $f=f_\chi$의 양의 정수배라 하자. 음이 아닌 정수 n에 대해 다음이 성립한다.

$$\beta_{n,\chi,q}(x)=[g]_q^{n-1}\sum_{a=0}^{g-1}\chi(a)\beta_{n,q^g}\left(\frac{x+a}{g}\right)$$
$$=[g]_q^{n-1}\sum_{a=0}^{g-1}\chi(-a)\beta_{n,q^g}\left(\frac{x-a}{g}\right).$$

주의 5.4.3

(5.4.6)과 (5.4.7)에 의하여 우변의 급수는 일양수렴한다. 따라서 다음식이 성립한다.

$$\beta_{k,q}(x)=\frac{d^k}{dt^k}F_q(x,\,t)|_{t=0}=\frac{q-1}{\log q}\frac{1}{(1-q)^k}-k\sum_{n=0}^{\infty}q^{n+x}[n+x]_q^{k-1},$$

$$\beta_{k,\chi,q}(x)=\frac{d^k}{dt^k}F_{q,\chi}(x,\,t)|_{t=0}=-k\sum_{n=1}^{\infty}[n+x]_q^{k-1}q^{n+x}\chi(n),\ \ k\geqq 1.$$

따라서 다음 정리가 성립한다.

[정리 5.4.4] χ는 도수 $f=f_\chi$를 갖는 원시표수라 하자. $k\geqq 1$, $q\in\mathbb{C}$, $|q|<1$에 대하여 다음 식이 성립한다.

$$\beta_{k,q}(x)=\frac{q-1}{\log q}\frac{1}{(1-q)^k}-k\sum_{n=0}^{\infty}q^{n+x}[n+x]_q^{k-1},$$

$$\beta_{k,\chi,q}(x)=-k\sum_{n=1}^{\infty}[n+x]_q^{k-1}q^{n+x}\chi(n).$$

$q-$유사 허비츠 제타함수는 다음과 같이 정의된다.

$$\zeta_q(s,\, x) = \sum_{n=0}^{\infty} \frac{q^{n+x}}{[n+x]_q^s} - \frac{1}{(s-1)} \frac{(1-q)^s}{\log q}, \quad s \in \mathbb{C}. \qquad (5.4.10)$$

이 함수는 $s=1$에서 단순극을 갖는 $\mathbb{C}-\{1\}$에서 유리형 함수이다. 정리 5.4.4에 의하여, $n \in \mathbb{N}$에 대하여 $\zeta_q(1-n,\, x) = -\beta_{n,q}(x)/n$이 성립한다. 동시에 정리 5.4.4에서 $q-$유사 2변수 디리클레 $L-$급수를 다음 형태로 나타낼 수 있다.

$$\begin{aligned} L_q(s,\, x|\chi) &= \sum_{n=1}^{\infty} q^{n+x} \frac{\chi(n)}{[n+x]_q^{s-1}} \\ &= (q-1) \sum_{n=1}^{\infty} \frac{\chi(n)}{[n+x]_q^{s-1}} + \sum_{n=1}^{\infty} \frac{\chi(n)}{[n+x]_q^s}. \end{aligned}$$

1변수 $q-L-$급수는 다음과 같이 정의한다.

$$L_q(s,\, \chi) = \sum_{n=1}^{\infty} \chi(n)/([n]_q^s), \quad s \in \mathbb{C}.$$

따라서 다음 사실을 알 수 있다.

$$\begin{aligned} &L_q(s,\, 0|\chi) = L_q(s,\, \chi), \\ &L(s,\, x|\chi) = \sum_{n=1}^{\infty} \frac{\chi(n)}{(n+x)^s}, \quad s \in \mathbb{C} \end{aligned}$$

여기에서 $L(s,\, x|\chi)$는 2변수 디리클레 $L-$급수임을 알 수 있고 동시에 정의로부터,

$$\lim_{q \to 1} L_q(s,\, x|\chi) = L(s,\, x|\chi)$$

이 된다. 정리 5.4.4로부터 다음이 성립한다.

> [따름정리 5.4.5] $k \geqq 1,\ 0 \leqq x \leqq 1$이면 다음식이 성립한다.
> $$L_q(1-k,\, x|\chi) = -\beta_{k,\chi,q}(x)/k.$$

주의 5.4.6

χ는 도수 $f = f_\chi$를 갖는 디리클레 지표라 하자. (7), (8) 식에서 다음이 성립한다.

$$\sum_{n=1}^{nf-1} \chi(k) q^k [k]_q^l = \frac{1}{l+1}(\beta_{l+1,\chi,q}(nf) - \beta_{l+1,\chi,q}), \quad n, l \in \mathbb{N}. \tag{5.4.11}$$

시로서는 연속된 정수의 제곱, 삼승, 사승, 오승에 대한 $q-$유사합을 연구하였다. 즉 $\sum_{k=1}^{n} k^m,\ m = 1, 2, 3, 4, 5$에 대하여, 그의 $q-$유사합은 적절한 특수한 값 q에 대하여 매우 좋은 형태의 기본 초기하 급수 형태의 식들로 나타나게 된다. 그는 $k > 6$인 경우에 $q-$유사 연속 정수의 경우 $k-$멱승의 합에 대하여, 그의 결과와 유사하게 결과가 나올 것을 예상하였다. 위 (5.4.11)은 시로서의 문제에 대하여 더 일반적인 상황에서의 답을 제시한 것이라 볼 수 있다. 왜냐하면, (5.4.11)에서 $\chi(k) = 1$을 취하여 보면 고차를 품은 연속된 정수의 멱승에 대한 $q-$유사 합이 됨을 알 수 있다. 즉 $\sum_{k=0}^{n} q^k [k]_q^l$의 값을 구할 수 있다. (5.4.10)과 정의 3을 이용하면 다음이 성립한다.

$$L_q(s,\, x|\chi) = [f]_q^{-s} \sum_{a=1}^{f} \chi(a) \zeta_{q^f}\left(s,\ \frac{a+x}{f}\right). \tag{5.4.12}$$

$\Gamma(s)$를 감마함수라 하자. 다음이 성립한다.

$$\begin{aligned}&\frac{1}{\Gamma(s)}\int_0^\infty t^{s-2}F_q(x,-t)dt\\&=\frac{q-1}{\log q}\frac{1}{\Gamma(s)}\int_0^\infty(1-q)^{s-1}x^{s-1}e^{-x}dx+\sum_{n=0}^\infty\frac{q^{n+x}}{[n+x]_q^s}\frac{1}{\Gamma(s)}\int_0^\infty e^{-xt}t^{s-1}dt\\&=-\frac{1}{s-1}\frac{(1-q)^s}{\log q}+\sum_{n=0}^\infty\frac{q^{n+x}}{[n+x]_q^s}=\zeta_q(s,x).\end{aligned}$$

따라서 다음 보조정리가 성립한다.

> [보조정리 5.4.7] $s\in\mathbb{C}$에 대하여, 다음이 성립한다.
>
> $$\zeta_q(s,x)=\frac{1}{\Gamma(s)}\int_0^\infty t^{s-2}\left(\frac{q-1}{\log q}e^{-\frac{t}{1-q}}+t\sum_{n=0}^\infty q^{n+x}e^{-t[n+x]_q}\right)dt.$$

위의 보조정리 5.4.7의 우변에 멜린 변환과 유수정리를 적용하면 다음식이 성립한다.

$$\zeta_q(1-n,x)=\frac{(-1)^n}{n!}\beta_{n,q}(x)(2\pi i)\left(\frac{(n-1)!}{2\pi i}(-1)^{n-1}\right),\ n\in\mathbb{N}.$$

$x=1$을 대입하면,

$$\zeta_q(1-n,1)=-\beta_{n,q}(1)/n=-(q\beta_q+1)^n/n=-\beta_{n,q}/n,\ n>1.$$

(5.4.9)에 의하여 다음을 알 수 있다.

$$\begin{aligned}\frac{1}{\Gamma(s)}\int_0^\infty F_{q,\chi}(x,-t)t^{n-2}dt&=\sum_{n=1}^\infty\chi(n)q^{n+x}\frac{1}{\Gamma(s)}\int_0^\infty e^{-[n+x]_qt}t^{s-1}dt\\&=L_q(s,x|\chi),\quad s\in\mathbb{C}.\end{aligned}\tag{5.4.13}$$

따라서 $L_q(1-n, x|\chi)=-\beta_{n,\chi,q}(x)/n,\ n\in\mathbb{N}$이 성립한다. a, F는 양의 정수로 $0<a<F$일 때 다음이 성립한다.

$$H_q(s,a,F)=\sum_{m\equiv a(\mathrm{mod}F)m>0}\frac{q^m}{[m]_q^s}+\frac{1}{F}\frac{(1-q)^s}{(1-s)\log q} \tag{5.4.14}$$
$$=\sum_{n=0}^{\infty}\frac{q^{a+nF}}{[a+nF]}+\frac{1}{F}\frac{(1-q)^s}{(1-s)\log q}$$
$$=[F]_q^{-s}\zeta_{q^f}\left(s,\ \frac{a}{F}\right).$$

$\chi(\neq 1)$는 도수 F를 갖는 디리클레 표수라 하자. 이 때 $q-$유사 디리클레 $L-$함수는 다음 합의 형태로 나타난다.

$$L_q(s,\ \chi)=\sum_{a=1}^{F}\chi(a)H_q(s,\ a,\ f),\quad s\in\mathbb{C}. \tag{5.4.15}$$

함수 $H_q(s,\ a,\ f)$는 복소평면에서 유리형 함수로써 $s=1$로서 단순극을 갖고, 유수는 $\dfrac{(q-1)}{F\log q}$이고, 이 함수는 다음 (5.4.16)의 값을 구할 수 있다.

$$H_q(1-n,\ a,\ F)=-\frac{[F]_q^{n-1}}{n}\beta_{n,q^F}\left(\frac{a}{F}\right),\ n\in\mathbb{Z},\ n\geqq 1. \tag{5.4.16}$$

부분 $q-$제타 함수를 다음과 같이 변형시킨다.

$$H_q(s,\ a,\ F)=\frac{1}{s-1}\frac{1}{[F]_q}[a]_q^{1-s}\sum_{j=0}^{\infty}\left(\binom{1-s}{j}\right)q^{aj}\beta_{j,q^F}\left[\frac{F}{a}\right]_{q^a}^{j},\ s\in C. \tag{5.4.17}$$

위의 (5.4.14), (5.4.15), (5.4.16) 및 (5.4.17)에 의해 다음이 성립

한다.

$$L_q(s,\chi)=\frac{1}{s-1}\frac{1}{[F]_q}\sum_{a=1}^{F}\chi(a)[a]_q^{1-s}\sum_{n=0}^{\infty}\left(\binom{1-s}{m}\right)q^{am}\beta_{m,q^F}\left[\frac{F}{a}\right]_{q^a}^m. \tag{5.4.18}$$

정의에 의하여 $\chi\neq 1$일 때, $s\neq 1$인 전 복소수 평면에서 $L_q(s,x|\chi)$는 해석적임을 알 수 있다. (5.4.17)을 이용하여 a는 $0<a<F$인 정수이고, x는 $0\leqq x\leqq 1$인 실수로써 다음 (5.4.19) 식을 구할 수 있다.

$$L_q(s,x|\chi)=\sum_{a=1}^{F}\chi(a)H_q(s,a+x,F). \tag{5.4.19}$$

F와 a는 양의 정수로써 $0<a<F$를 만족한다고 하자. (5.4.19)의 우변을 계산하면 (5.4.20)이 나온다.

$$L_q(s,x|\chi)=\frac{1}{s-1}\frac{1}{[F]_q}\sum_{a=1}^{F}\chi(a)[a+x]_q^{1-s}\sum_{m=0}^{\infty}(1-s)$$
$$q^{(a+x)m}\beta_{m,q^F}\left[\frac{F}{a+x}\right]_{q^{a+x}}^m. \tag{5.4.20}$$

그러면 $L_q(s,x|\chi)$는 $s=1$을 제외한 전복소수 평면에서 해석적이 된다.(단, $\chi\neq 1$) 더욱이 $n\geqq 1$인 정수 n에 대하여, 다음이 성립한다.

$$L_q(1-n,x|\chi)=-\beta_{n,\chi,q}(x)/n,\ 각\ n\in\mathbb{Z},\ n\geqq 1.$$

이 절에서 복소수위에서, 1변수 및 2변수 $q-L-$급수의 기본성

질을 소개하였다. 이 $q-L-$급수의 음수에서의 값은 일반화된 지표 χ를 갖는 $q-$베르누이 수와 다항식 형태로 주어진다. 동시에 $L_q(1, x|\chi)$의 값을 계산하였고, $q-$베르누이 수 및 다항식과 관련하여 표현하였다. $L_q(s, x|\chi)$의 정의로부터 다음 사실을 알 수 있다.

$$L_q(s, x|\chi) = \frac{1}{s-1}\frac{1}{[F]_q}\sum_{a=1}^{F}\chi(a)\left\{\frac{q^F-1}{\log q^F}[a+x]_q^{1-s} + [a+x]_q^{1-s}\sum_{m=1}^{\infty}\left(\binom{1-s}{m}\right)q^{(a+x)m}\beta_{m,q^F}\left[\frac{F}{a+x}\right]_{q^{a+x}}^m\right\}.$$

$s=1$에서 $[a+x]_q^{1-s}$의 테일러 급수를 계산하면 다음식이 된다.

$$[a+x]_q^{1-s} = 1-(s-1)\log[a+x]_q + \cdots .$$

위의 두 식에 의하여 다음이 성립한다.

$$L_q(1, x|\chi) = \frac{1}{[F]_q}\sum_{a=1}^{F}\chi(a)\left\{-\frac{q^F-1}{\log q^F}log([a]_q) + \sum_{m=1}^{\infty}\frac{(-1)^m}{m}q^{(a+x)m}\beta_{m,q^F}\left[\frac{F}{a}\right]_{q^{a+x}}^m\right\}.$$

위에 $x=0$을 대입하면, 다음을 알 수 있다.

$$L_q(1, 0|\chi) = \frac{1}{[F]_q}\sum_{a=1}^{F}\chi(a)\left\{-\frac{q^F-1}{\log q^F}log([a]_q). + \sum_{n=1}^{\infty}\frac{(-1)^m}{m}q^{am}\beta_{m,q^F}\left[\frac{F}{a}\right]_{q^a}^m\right\}.$$

음의 정수에서 $L_q(s, x|\chi)$의 값은 대수적이다. 따라서 이 값을 $\mathbb{Q}_p$의 대수적 확장체 원소로 간주 할 수 있다. 따라서 다음 절에서

음의 정수에서 계산할 때 $L_q(s, x|\chi)$의 값과 일치하고 p−진 함수를 찾아보도록 하자.

■■■ 2변수 p−진 $q-L$−급수

여기에서 앞에서 소개한 2변수 $q-L$−함수에 대한 p−진 유사함수를 생각하고자 한다. 사실상 이러한 p−진 유사함수의 답은 폭스가 설명한 q−유사 p−진 함수에서 $q=1$인 경우에 해당된다. w를 도수 $f_w = p^*$를 갖는 타이치뮬러(Teichmüler) 지표라 두자. 임의의 지표 χ에 대하여 $\chi_n = \chi w^{-n}$이라 둔다. 여기에서 $n \in \mathbb{Z}$, χw^{-n}의 의미는 지표의 곱을 나타낸다. 이 절에서 $q \in \mathbb{C}_q$로서 $|1-q|_p < p^{-\frac{1}{p-1}}$인 경우에 생각한다.

$$\langle a \rangle = \langle a : p \rangle = w^{-1}(a)[a]_q = [a]_q / w(a).$$

위와 같이 두면, $\langle a \rangle \equiv 1 (\mathrm{mod}\, p^* p^{\frac{1}{1-p}})$가 성립한다. $\langle a \rangle$의 정의에 의해서, 다음이 성립한다.

$$\begin{aligned}\langle a+p^*t \rangle &= w^{-1}(a+p^*t)[a+p^{*t}]_q \\ &= w^{-1}(a)[a]_q + w^{-1}(a)q^a[p^*t]_{q^a} \\ &\equiv 1 (\mathrm{mod}\, p^* p^{\frac{1}{1-p}}).\end{aligned}$$

단, $t \in \mathbb{C}_p$로서 $|t| \leq 1$. p−진 로그함수, $\log_p$는 다음 두 법칙을 만족시키는 유일한 함수이다. $\mathbb{C}_p^{\times} \to \mathbb{C}_p$에서

$$\log_p(1+x)=\sum_{n=0}^{\infty}((-1)^n/n)x^n, \quad |x|_p<1, \tag{5.4.21}$$

$$\log_p(xy)=\log_p x+\log_p y, \tag{5.4.22}$$

여기서 $x, y\in\mathbb{C}_p$이고, $\log_p p=0$이다. $\mathbb{C}_p$의 고정된 부분집합

$$D=\left\{s\in\mathbb{C}_p \,||s|_p \leqq |p^*|^{-1}p^{\frac{1}{1-p}}\right\}$$

위에서 다음 두 조건을 만족시키는 수렴하는 멱급수 수열

$$A_j(x)=\Sigma_{n=0}^{\infty}a_{n,j}x^n, \quad a_{n,j}\in\mathbb{C}, \; j=0,,1,2,\ldots$$

생각하자.

(1) $a_{n,j}\to a_{n,0}$, 단, $j\to\infty$, $\forall n\in\mathbb{N}$에 대하여

(2) 각 $s\in D$, $\epsilon>0$ 에 대하여 $n_0=n_0(s,\epsilon)$이 존재하여 모든 j 에 대하여 $\left|\Sigma_{n\geqq n_0}a_{n,j}s^n\right|_p<\epsilon\}$을 만족시킨다.

위와 같은 $A_j(x)$에 대하여 모든 $s\in D$에서 $\lim_{j\to\infty}A_j(s)=A_0(s)$이 성립한다.

위 사실은 워싱톤(Washington)이 $w^{-s}(a)a^s$, $\sum_{n=0}^{\infty}\binom{s}{m}\left(\frac{F}{a}\right)^m B_m$이 D 위에서 해석적이라는 사실을 보일 때 이용되었다. 여기에서 F는 p^*의 배수이고 도수 $f=f_\chi$이다. 다음 식을 생각하자.

$$\begin{aligned}&L_{p,q}(s,t|\chi)\\&=\frac{1}{s-1}\frac{1}{[F]_q}\sum_{a=1}^{F}\chi(a)\langle a+p^*t\rangle^{1-s}\sum_{m=0}^{\infty}(1-sm)\beta_{m,q^F}\,q^{(a+p^*t)m}\left[\frac{F}{a+p^*t}\right]_{q^{a+p^*t}}^m.\end{aligned}$$

$s \in D$에 대하여 ($\chi \neq 1$인 경우 $s=1$ 제외한다.) $t \in \mathbb{C}_p$로서 $|t_p| \leqq 1$일 때 $L_{p,q}(s, t|\chi)$는 해석적이다. $t \in \mathbb{C}_p$로서 $|t_p| \leqq 1$일 때 다음 합은 $s \in D$에 대하여 해석적이다.

$$\sum_{j=0}^{\infty}\left(\binom{s}{j}\right)\beta_{j,q^F} q^{(a+p^* t)j}\left[\frac{F}{a+p^* t}\right]^j_{q^{a+p^* t}}.$$

따라서 다음 식이 $t \in \mathbb{C}_p$로서 $|t_p| \leqq 1$일 때 $s \in D$이면, 해석적임을 알 수 있다.

$$\begin{aligned}\langle a+p^* t\rangle^s &= w^{-s}(a)[a+p^* t]_q^s \\ &= \langle a\rangle^s \sum_{m=0}^{\infty}\left(\binom{s}{m}\right)(q^a[a]_q^{-1}[p^* t]_q)^m .\end{aligned}$$

따라서 $(s-1)L_{p,q}(s, t|\chi)$는 위의 두 식의 유한 곱으로 나타남으로 $t \in \mathbb{C}_p$로서 $|t_p| \leqq 1$, $s \in D$ 조건에서 해석적이 되어야 한다.

다음 식을 보자.

$$\lim_{s\to 1}(s-1)L_{p,q}(s, t|\chi) = \begin{cases}\dfrac{1}{[F]_q}\dfrac{q^F-1}{\log q}\left(1-\dfrac{1}{q}\right), & \chi = 1, \\ 0 & , \ \chi \neq 1.\end{cases}$$

$n \geqq 1$, 정수이고, $t \in \mathbb{C}_p$로서 $|t_p| \leq 1$이라 하자. F는 $f = f_{\chi_n}$의 곱이므로, 보조정리 5.4.2에 의해서 다음이 성립한다.

$$\beta_{n,\chi_n,q}(p^* t) = [F]_q^{n-1}\sum_{a=0}^{F-1}\chi_n(a)\beta_{n,q^F}\left(\frac{a+p^* t}{F}\right). \qquad (5.4.23)$$

$\chi_n(p)=0$이면 $(p, f_{\chi_n})=1$이다. 따라서 F/p는 f_{χ_n}의 곱이 된다.

여기에서 다음 식이 성립한다.

$$\chi_n(p)[p]_q^{n-1}\beta_{n,\chi_n,q^p}(p^{-1}p^*t)=[F]_q^{n-1}\sum_{\substack{a=0\\p|a}}^{\infty}\chi_n(a)\beta_{n,q^F}\left(\frac{a+p^*t}{F}\right). \tag{5.4.24}$$

위의 두 식의 차는 다음과 같다.

$$\begin{aligned}&\beta_{n,\chi_{n,q}}(p^*t)-\chi_n(p)[p]_q^{n-1}\beta_{n,\chi_n,q^p}(p^{-1}p^*t)\\&=[F]_q^{n-1}\sum_{\substack{a=1\\p|a}}^{F}\chi_n(a)\beta_{n,q^F}\left(\frac{a+p^*t}{F}\right).\end{aligned}$$

$q-$베르누이 다항식의 분포를 이용하면, 다음을 알 수 있다.

$$\begin{aligned}\beta_{n,q^F}\left(\frac{a+p^*t}{F}\right)=[F]_q^{-n}[a+p^*t]_q^n\sum_{m=0}^{n}\left(\binom{n}{m}\right)\\q^{(a+p^*t)m}\left[\frac{F}{a+p^*t}\right]_{q^{a+p^*t}}^m\beta_{m,q^F}.\end{aligned}$$

$\chi_n(a)=\chi(a)w^{-n}(a)$이므로, $(a,p)=1$이고, $t\in\mathbb{C}_p$로서 $|t_p|\leqq 1$ 일 때 다음이 성립한다.

$$\begin{aligned}&\beta_{n,\chi_n,q}(p^*t)-\chi_n(p)[p]_q^{n-1}\beta_{n,\chi_n,q^p}(p^{-1}p^*t)\\&=\frac{1}{[F]_q}\sum_{\substack{a=1\\(a,p)=1}}^{F}\chi(a)\langle a+p^*t\rangle^n\sum_{m=0}^{\infty}((nq^{(a+p^*t)m}\left[\frac{F}{a+p^*t}\right]_{q^{a+p^*t}}^m\beta_{m,q^t}.\end{aligned}$$

또한 다음을 알 수 있다.

$$\frac{1}{n}\left(\beta_{n,\chi_n,q}(p^*t)-\chi_{n(p)}[p]_q^{n-1}\beta_{n,\chi_n,q^p}(p^{-1}p^*t)\right)=L_{p,q}(1-n,t|\chi),\ n\in\mathbb{N}.$$

따라서 다음 정리를 얻을 수 있다.

[정리 5.4.8] F는 p^*의 양의 정수배이고 $f=f_\chi$이고

$$L_{p,q}(s,t|\chi)=\frac{1}{s-1}\frac{1}{[F]_q}\sum_{\substack{a=1\\(a,p)=1}}^{F}\chi(a)\langle a+p^*t\rangle^{1-s}\cdot \tag{5.4.25}$$
$$\sum_{m=0}^{\infty}\left(\binom{1-s}{m}\right)q^{(a+p^*t)m}\beta_{m,q^F}\left[\frac{F}{a+p^*t}\right]_{q^{a+p^*t}}^{m}$$

이 성립한다고 하자. 그러면 $s\in D$에 대하여($\chi\neq 1$인 경우 $s=1$ 제외), $t\in\mathbb{C}_p$로서 $|t_p|\leqq 1$일 때 $L_{p,q}(s,t|\chi)$는 해석적이다. 동시에 $n\in\mathbb{Z}$, $n\geqq 1$에 대하여 다음이 성립한다.

$$L_{p,q}(1-n,t|\chi)=-\frac{1}{n}(\beta_{n,\chi_n,q}(p^*t)-\chi_n(p)[p]_q^{n-1}\beta_{n,\chi_n,q^p}(p^{-1}p^*t)).$$

■ 주의 5.4.9

(1) $L_{p,q}(s,0|\chi)=L_{p,q}(s,\chi)$, $s\in D$, $s\neq 1$, $\chi=1$이면 $L_{p,q}(s,\chi)$는 $p-$진 $q-L-$함수이다.

(2) 만일 $L_p(s,t|\chi)$가 폭스 2변수 $p-$진 $L-$함수이면,

$$\lim_{q\to 1}L_{p,q}(s,t|\chi)=L_p(s,t|\chi)$$

이 성립한다.

다음의 설명은 워싱톤이 제안한 방법을 이용하여 $L_{p,q}(s,\chi)$의 구성에서 쓴 형태를 따라 2변수 $p-$진 $q-L-$함수 $L_{p,q}(s,t|\chi)$ 로 확장할 수 있음을 설명하고 있다.

$s \in D,\ s \neq 1,\ a \in \mathbb{Z}$로서 $(a, p) = 1,\ F$는 p^*의 배수일 때, $L_{p,q}(s, \chi)$는 다음 식에 의하여 정의된다.

$$H_{p,q}(s, a, F) = \frac{1}{s-1}\frac{1}{[F]_q}\langle a\rangle^{1-s}\sum_{j=0}^{\infty}\left(\binom{1-s}{j}\right)\beta_{j,q^F}q^{aj}\left[\frac{F}{a}\right]_{q^a}^{j}.$$

함수 $L_{p,q}(s, \chi)$는 F가 동시에 p^*의 배수이고 $f = f_\chi$이면 다음과 같이 합의 형태가 된다.

$$L_{p,q}(s, \chi) = \sum_{\substack{a=1 \\ (a,p)=1}}^{F} \chi(a) H_{p,q}(s, a, F). \tag{5.4.26}$$

함수 $H_{p,q}(s, a, F)$는 $s \in D,\ s = 1$에서 단순극을 갖고 잉여류가

$$(1/[F]_q)(1/F)((q^F - 1)/(\log q))$$

일 때, 유리형이다. 동시에 $n \in \mathbb{Z},\ n \geqq 1$이면 다음식과 같이 값을 갖는다.

$H_{p,q}(1-n, a, F) = -([F]_q^{n-1}/n)w^{-n}(a)\beta_{n,q^F}(a/F),\ n \in \mathbb{Z},\ n \geqq 1.$

$H_{p,q}(s, a+p^*t, F)$를 이용하여, $a \in \mathbb{Z},\ (a, p) = 1$인 경우 $t \in \mathbb{C}_p,\ |t|_p \leqq 1$에 대하여 $L_{p,q}(s, t|\chi)$의 값은 다음 식처럼 나타낼 수 있다.

$$L_{p,q}(s, t|\chi) = \sum_{\substack{a=1 \\ (a,p)=1}}^{F} \chi(a) H_{p,q}(s, a+p^*t, F). \tag{5.4.27}$$

따라서 정리 5.4.8의 증명으로부터 $H_{p,q}(s, a+p^*t, F)$도 같은 결

과를 얻을 수 있다. $s=0$에서 $L_{p,q}(s, t|\chi)$의 편미분을 생각할 수 있고, $s\in D(s\neq 1, \chi=1$이면 $)$, $t\in\mathbb{C}_p$로서 $|t|_p\leqq 1$ 다음을 얻을 수 있다.

$$\frac{\partial^n}{\partial t^n}L_{p,q}(s, t|\chi)=\binom{-s}{n}n!\left(p^*\log\frac{q}{q-1}\right)^n L_{p,q}(s+n, t|\chi_n).$$

더욱이 다음 사실이 성립된다.

$$\begin{aligned}&\lim_{s\to 1-n}\left(\binom{-s}{n}\right)L_{p,q}(s+n, t|\chi_n)\\&=-\frac{(n-1)!}{n!}\lim_{s\to 1-n}(s+n-1)L_{p,q}(s+n, t|\chi_n)\\&=-\frac{1}{n}\frac{1}{[F]_q}\sum_{\substack{a=1\\(a,p)=1}}^{F}\chi_n(a)\beta_{0,q^F}=-\frac{1}{n}\left(\beta_{0,\chi_n},q-\frac{\chi_{n(p)}}{[p]_q}\beta_{0,\chi_n,q^p}\right)\end{aligned}$$

따라서 다음이 성립한다.

$$\begin{aligned}&\frac{\partial^n}{\partial t^n}L_{p,q}(1-n, t|\chi)\\&=-\frac{n!}{n}\left(p^*\frac{\log q}{q-1}\right)^n\left(\beta_{0,\chi_n,q}-\chi_n(p)[p]_q^{-1}\beta_{0,\chi_n,q^p}\right).\end{aligned}$$

$\chi\neq 1$에 대하여 β_0, χ, $q=0$이므로 이 공식은 다음과 같이 된다.

$$\begin{aligned}&\frac{\partial^n}{\partial t^n}L_{p,q}(1-n, t|\chi)\\&=\begin{cases}-(n-1)!(p^*\dfrac{\log q}{q-1})^n(1-\dfrac{1}{p})\dfrac{q^F-1}{[F]\log q}, & \chi=1\\ 0 & , \chi\neq 1\end{cases}\end{aligned}$$

$n=1$에 대하여, 다음을 알 수 있다.

$$\frac{\partial}{\partial t}L_{p,q}(0,\, t|\chi)=\begin{cases}-p^{*}\dfrac{\log q}{q-1}(1-\dfrac{1}{p})\dfrac{q^{F}-1}{[F]\log q}, & \chi=1\\ 0 & ,\ \chi\neq 1\end{cases}$$

$\dfrac{\partial}{\partial s}L_{p,q}(0,\, t|\chi)$의 값은 $L_{p,q}(s,\, t|\chi)$를 $s=0$에서 전개했을 때 s의 계수이다. $s=0$에서 테일러 전개는 다음과 같다.

$$\langle a+p^{*}t\rangle^{1-s}=\langle a+p^{*}t\rangle\bigl(1-s\log_{p}\langle a+p^{*}t\rangle+\cdots\bigr)$$

$$\left(\!\!\binom{1-s}{m}\!\!\right)=\frac{(-1)^{m+1}}{m(m-1)}s+\cdots$$

이들 전개식과 약간의 대수 계산식에 의하여 $\dfrac{\partial}{\partial s}L_{p,q}(s,\, t|\chi)$를 계산할 수 있다. $L_{p,q}(s,\, t|\chi)$의 정의로부터 다음이 성립한다.

$$L_{p,q}(s,\, t|\chi)=\frac{1}{s-1}\frac{1}{[F]_{q}}\sum_{\substack{a=1\\(a,p)=1}}^{F}\chi(a)\langle a+p^{*}t\rangle^{1-s}\sum_{m=1}^{\infty}\left(\!\!\binom{1-s}{m}\!\!\right)$$
$$\beta_{m,q^{F}}q^{(a+p^{*}t)m}\left[\frac{F}{a+p^{*}t}\right]_{q^{a+p^{*}t}}^{m}$$

따라서 다음 결과가 나오게 된다.

$$\frac{\partial}{\partial s}L_{p,q}(s,\, t|\chi)|_{s=0}$$
$$=\sum_{a=1}^{F}\chi_{1}(a)\left\{\left(\frac{[a+p^{*}t]_{q}}{[F]_{q}}\beta_{0,q^{F}}+\beta_{1,q^{F}}\right)\log_{p}\langle a+p^{*}t\rangle\right.$$
$$\left.-\frac{[a+p^{*}t]_{q}}{[F]_{q}}\beta_{0,q^{F}}+\sum_{m=2}^{\infty}\frac{(-1)^{m}}{m(m-1)}\frac{[F]_{q}^{m}}{[a+p^{*}t]_{q}^{m}}\beta_{m,q^{F}}\frac{[a+p^{*}t]_{q}}{[F]_{q}}\right\}$$

$$+(q-1)\sum_{a=1}^{F}\chi_1(a)\Big\{[a+p^*t]_q\beta_{1,q^F}(-1+\log_p\langle a+p^*t\rangle)$$
$$+\sum_{m=2}^{\infty}\sum_{l=1}^{m}\left(\binom{m}{l}\right)(q-1)^{l-1}[a+p^*t]_q^{l-m+1}[F]_q^{m-1}\beta_{m,q^F}\Big\} \quad (5.4.28)$$

다음과 같이 대회-q－연산자, $D_{q,F}(x, y)$를 정의하자.

$$D_{q,F}(x, y)$$
$$=(\log_q x-1)x\beta_{1,q}+\sum_{m=0}^{\infty}\sum_{l=1}^{m}\left(\binom{m}{l}\right)(y-1)^{l-m}(y^F-1)^{m-1}x^{l-m} \quad (5.4.29)$$

다이아몬드-감마-함수는 다음과 같이 정의된다.

$$G_p(x)=\left(x-\frac{1}{2}\right)\log_q x-x+\sum_{j=2}^{\infty}\frac{B_j}{j(j-2)}x^{1-j},\ |x|_p>1. \quad (5.4.30)$$

위 식의 q－유사-다이아몬드 감마 함수를 다음과 같이 생각해 보자.

$$G_{p,q}(x)=\int_{\mathbb{Z}_p}\{(x+[z]_q)\log_p(x+[z]_q)$$
$$-(x+[z]_q)\}q^{-x}d\mu_q(z),\ |x|_p>1 \quad (5.4.31)$$

(5.4.29)로부터 $G_{p,q}(x)$는 $\mathbb{C}_p\setminus\mathbb{Z}_p$에서 국소적으로 해석적임을 알 수 있다. (5.4.29)에서 다음식이 성립한다.

$$G_{p,q}(x)=(x\beta_{0,q}+\beta_{1,q})\log_p x-x\beta_{0,q}$$
$$+\sum_{n=1}^{\infty}\frac{(-1)^{n+1}}{n(n+1)}\beta_{n+1,q}x^{-n},\ |x|_p>1 \quad (5.4.32)$$

$\lim_{q\to 1} G_{p,q}(x) = G_p(x)$, $(a, p)=1$일 때 $w(a)$는 단원의 근임을 이용하면 다음이 성립한다.

$$\begin{aligned}\log_p\langle a+p^*t\rangle &= \log_p(a+p^*t)+\log_p w^{-1}(a)\\ &= \log_p(a+p^*t) \qquad (5.4.33)\end{aligned}$$

식 (5.4.28), (5.4.29), (5.4.32) 및 (5.4.33)에서 다음을 얻을 수 있다.

$$\frac{\partial}{\partial s}L_{p,q}(0, t|\chi) = \sum_{\substack{a=1\\(a,p)=1}}^{\infty} \chi_1(a)\left\{[F]_q^{-1}q^{p^*t}\log_p[F]_q\beta_{0,q^F}[a] + G_{p,q^F}\left(\frac{[a+p^*t]_q}{[F]_q}\right)\right.$$

$$\frac{\partial}{\partial s}L_{p,q}(0, t|\chi) = \sum_{\substack{a=1\\(a,p)=1}}^{\infty} \chi_1(a)\left\{[F]_q^{-1}q^{p^*t}\log_p[F]_q\beta_{0,q^F}[a] + G_{p,q^F}\left(\frac{[a+p^*t]_q}{[F]_q}\right)\right.$$

$$\left.+(q-1)D_{q^F,F}([a+p^*t]_q,q)\right\} = -q^{p^*t}L_{p,q}(0, \chi)\log_p[F]$$

$$+\sum_{\substack{a=1\\(a,p)=1}}^{F} \chi_1(a)G_{p,q^F}\left(\frac{[a+p^*t]_q}{[F]_q}\right)+(q-1)\sum_{\substack{a=1\\(a,p)=1}}^{F}\chi_1(a)D_{q^F,F}([a+p^*t]_q, q)$$

$$+(q-1)\sum_{\substack{a=1\\(a,p)=1}}^{F}\chi_1(a)D_{q^F,F}([a+p^*t]_q, q).$$

따라서 다음 정리가 성립한다.

[정리 5.4.10] χ는 원시 디리클레 지표, F는 p^*의 양의 정수배, $f=f_\chi$라 하자. 모든 $t\in\mathbb{C}_p$, $|t|\leq 1$에 대하여 다음이 성립한다.

$$\frac{\partial}{\partial s}L_{p,q}(0, t|\chi) = \sum_{\substack{a=1\\(a,p)=1}}^{F} \chi_1(a)G_{p,q^F}\left(\frac{[a+p^*t]_q}{[F]_q}\right) - q^{p^*t}L_{p,q}(0, \chi)\log_p[F]_q$$

$$+(q-1)\sum_{\substack{a=1\\(a,p)=1}}^{F}\chi_1(a)D_{q^F,F}([a+p^*t]_q, q).$$

$\chi \neq 1$인 경우, $s=1$에서 $L_{p,q}(s, t|\chi)$의 값을 구해보자. 정의로부터 다음이 성립한다.

$$L_{p,q}(s, t|\chi)=\frac{1}{s-1}\frac{1}{[F]_q}\sum_{\substack{a=1\\(a,p)=1}}^{F}\chi(a)\Big\{\langle a+p^*t\rangle^{1-s}\beta_{0,q^F}$$

$$+\langle a+p^*t\rangle^{1-s}\sum_{m=1}^{\infty}\left(\binom{1-s}{m}\right)\beta_{m,q^F}q^{(a+p^*t)m}\left[\frac{F}{a+p^*t}\right]^m_{q^{a+p^*t}}\Big\}.$$

$s=1$에서 테일러 전개를 하면 다음이 성립한다.

$$\lim_{s\to 1}L_{p,q}(s, t|\chi)=-\frac{1}{[F]_q}\sum_{\substack{a=1\\(a,p)=1}}^{F}\chi(a)\log_p\langle a+p^*t\rangle$$

$$-\frac{1}{[F]_q}\sum_{\substack{a=1\\(a,p)=1}}^{F}\chi(a)\sum_{m=1}^{\infty}(-1)^{m-1}\frac{(m-1)!}{m!}\beta_{m,q^F}q^{(a+p^*t)m}\left(\frac{[F]_q}{[a+p^*t]_q}\right)^m. \tag{5.4.34}$$

따라서 다음 정리가 성립한다.

> [정리 5.4.11] χ는 도수 $f=f_\chi$를 갖는 디리클레 지표라 하자. F가 p^*의 양의 정수배라면 다음이 성립한다.
>
> $$L_{p,q}(1, t|\chi)=\frac{1}{[F]_q}\sum_{\substack{a=1\\(a,p)=1}}^{F}\chi(a)\Big\{-\frac{q^F-1}{\log q^F}log_p\langle a+p^*t\rangle$$
>
> $$+\sum_{a=1}^{\infty}\frac{(-1)^m}{m}\beta_{m,q^F}q^{(a+p^*t)m}\left(\frac{[f]_q}{[a+p^*t]}\right)^m\Big\},\quad t\in\mathbb{C}_p,\ |t|_p\leqq 1.$$

■ 주의 5.4.12

정리 5.4.11에서 다음이 성립한다.

$$L_{p,q}(1, 0|\chi) = L_{p,q}(1, \chi)$$
$$= \frac{1}{[F]_q} \sum_{\substack{a=1 \\ (a,p)=1}}^{F} \chi(a)\left(-\frac{q^F-1}{\log q^F}\log_p\langle a\rangle + \sum_{m=1}^{\infty}\frac{(-1)^m}{m}\beta_{m,q^F} q^{am}\left(\frac{[F]_q}{[a]_q}\right)^m\right),$$

$$\lim_{q\to 1} L_{p,q}(1, \chi) = L_p(1, \chi).$$

6 q-볼켄본 적분

6.1 $q=-1$에서 q-적분과 관련된 오일러수의 아날로그

p-진 q-적분의 페르미오닉 표현과 관련한 λ-오일러 수와 다항식

p를 고정된 홀수인 소수라 하고 $\mathbb{C}_p$를 $\mathbb{Q}_p$의 대수적 폐포의 p-진 완비라 하자. $(p,d)=1$인 고정된 양의 정수 d에 대하여

$$X = X_d \lim_{\overleftarrow{N}} \mathbb{Z}/dp^N\mathbb{Z},$$
$$X_1 = \mathbb{Z}_p,$$

$$X^* = \bigcup_{0<a<dp} (a + dp\mathbb{Z}_p),$$

$$a + dp^N\mathbb{Z}_p = \{x \in X \mid x \equiv a \pmod{dp^n}\}$$

라 하자. 이때 $a \in \mathbb{Z}$는 조건 $0 \le a < dp^N$을 만족한다. $\mathbb{C}_p$에서 p-진 절대값은 $|p|_p = 1$로 정규화 된다. $\mathbb{C}_p$의 부분집합 U_1은 1에 관한 열린 단위 디스크를 나타내고 $U_d = \left\{u \in \mathbb{C}_p \mid |u^d - 1|_p < 1\right\}$는 기본 단위의 d차 근에 관한 열림 단위 디스크의 연합이다. $U^m = U_d \times U_1^{m-1}$이라 하자. q-확장을 이야기 할 때 복소수 또는 p-진 수 $q \in \mathbb{C}_p$와 같은 불확정수로서 다양하게 생각할 수 있다. 이 절에서는 다음의 표기를 사용하기로 하겠다.

$$[x]_p = [x:q] = \frac{1-q^x}{1-q} = 1 + q + q^2 + \cdots + q^{x-1}.$$

$f \in C^{(1)}(\mathbb{Z}_p)$ ($\equiv$($\mathbb{Z}_p$에서 $C^{(1)}$함수의 집합)에 대하여 f의 리만 합의 q-해석을 나타내는 다음 표현을 보자.

$$\frac{1}{[p^N]_q} \sum_{0 \le x < p^N} q^x f(x) = \sum_{0 \le x < p^N} f(x)\mu_p(x + p^N\mathbb{Z}_p),$$

$\mathbb{Z}_p$에서 f의 적분은 극한($N \to \infty$)이 존재하면 이 합의 극한으로 정의된다. 저자는 $C^{(1)}(\mathbb{Z}_p)$의 p-진 q-적분은 다음과 같이 정의한다.

$$I_q(f) = \int_{\mathbb{Z}_p} f(x)d\mu_q(x) \tag{6.1.1}$$

$$= \lim_{N\to\infty} \frac{1}{[p^N]_q} \sum_{0 \le x < p^N} f(x)q^x.$$

$f \in C^{(1)}(\mathbb{Z}_p)$일 때

$$\left| \int_{\mathbb{Z}_p} f(x) d\mu_q(x) \right|_p \leq p\|f\|_1$$

은 쉽게 계산된다. 여기서

$$\|f\|_1 = sup \left\{ |f(0)|_p, \ sup_{\ x \neq y} \left| \frac{f(x)-f(y)}{x-y} \right|_p \right\}$$

이다. 만약 $C^{(1)}(\mathbb{Z}_p)$에서 $f_n \to f$이면, 즉 $\|f_n - f\|_1 \to 0$이면

$$\int_{\mathbb{Z}_p} f_n(x) d\mu_q(x) \to \int_{\mathbb{Z}_p} f(x) d\mu_q(x)$$

이다. 이항계수의 q-해석은 다음과 같이 알려져 있다.

$$\begin{bmatrix} x \\ n \end{bmatrix} = \frac{[x]_q [x-1]_q \cdots [x-n+1]_q}{[n]_q!}$$

여기서 $[n]_q! = \prod_{i=1}^{n} [i]_q$이다. 이 사실로부터 우리는 다음을 알 수 있다.

$$\int_{\mathbb{Z}_p} \begin{bmatrix} x \\ n \end{bmatrix} d\mu_q(x) = \frac{(-1)^n}{[n+1]_q} q^{n+1-\binom{n+1}{2}}. \tag{6.1.2}$$

$q \in [0, 1]$일 때 q-변형된 보손연산자가 $q=1$에 대응되는 변형되지 않은 보손을 일반화하는 것으로 소개될 수도 있다. (6.1.2)는 밀느에 의해 소개된 버전에 있는 q-변형된 스털링수 $S_q(n, k)$를 공부하는데 유용하다. (6.1.1)로부터 $q \to 1$일 때 일반적인 보손 p-

진 q-적분을 이끌어낸다. 즉, $I_{q=1}(f) = \int_{\mathbb{Z}_p} f(x) d\mu_{q=1}(x)$. q-변형된 페르마의 확실한 소멸연산자에 관해 $q \in (-1, 0)$인 경우를 생각해 볼 수 있다. $I_q(f)$의 표현은 여전히 같고 그래서 $q \to -1$일 때를 생각해 보게 한다. 대응되는 확실한 소멸 연산자가 불변형된 페르미 입자의 연산자이기 때문에 이 극한을 페르미오닉이라 부른다. 잘 알려진 베르누이 다항식 $B_n(x)$는 다음의 생성함수에 의해 정의된다.

$$F(x,t) = \frac{t}{e^t - 1} e^{xt} = \sum_{n=0}^{\infty} B_n(x) \frac{t^n}{n!}. \tag{6.1.3}$$

여기에 $x = 0$을 (6.1.3)에 대입하면 $B_n(0) = B_n$는 n번째 베르누이 수가 된다. p-진 q-적분의 보손 표현을 이용하며 10년 전에 고전적 베르누이 다항식의 λ-확장을 정의하였고 B_n과 $B_n(x)$를 만족하는 것들의 성질들을 증명하였다. 다시 말해서

$$\lim_{q \to 1} \int_{\mathbb{Z}_p} e^{xt} \lambda^x d\mu_q(x) = \frac{\log\lambda + t}{\lambda e^t - 1} = \sum_{n=0}^{\infty} B_n(\lambda) \frac{t^n}{n!}. \tag{6.1.4}$$

C_{p^n}을 $n \geq 0$인 모든 n에 대하여 $\mathbb{C}_p$에 있는 기본 단위의 모든 p차 근으로 구성된 순환그룹이라 하고, T_p를 자연수 사상(natural morphism)에 대한 C_{p^n}의 극한이라 하자. 즉, T_p는 이산 위상에서 모든 C_{p^n}의 결합이다. 특히 $\lambda \in T_p$일 때,

$$\lim_{q \to 1} \int_{\mathbb{Z}_p} \lambda^x e^{tx} d\mu_q(x) = \frac{t}{\lambda e^t - 1} = \frac{\log\lambda + t}{\lambda e^t - 1} = \sum_{n=0}^{\infty} B_n(\lambda) \frac{t^n}{n!}$$

를 갖는데, 여기서 $B_n(\lambda)$는 n번째 λ-베르누이 수이다. 이제 주어진 연구 보고서와 q-변형된 페르미의 확실한 소멸 연산자에 관해 $q\in[-1,0]$인 경우를 생각해 보자. $I_q(f)$의 표현은 여전히 같고, 그래서 $q\to-1$일 때를 생각해 보자. 즉,

$$I_{q=-1}(f)=\lim_{q\to-1}I_q(f)=\int_{\mathbb{Z}_p}f(x)d\mu_{q=-1}(x).$$

따라서

$$\int_{\mathbb{Z}_p}e^{tx}\lambda^x d\mu_{q=-1}(x)=\frac{2}{\lambda e^t+1}=\sum_{n=0}^{\infty}E_n(\lambda)\frac{t^n}{n!} \tag{6.1.5}$$

를 갖게 되고, 여기서 $E_n(\lambda)$는 λ-오일러수라 불린다. 이 수들은 수론에서 전통적이고 중요하다. 이 논문에서 우리는 p-진 q-적분의 페르미오닉 표현을 이용해 λ-오일러 다항식과 수를 만들어 본다. 이 λ-오일러 다항식으로부터 고차의 조화합을 이끌어낸다. 마지막으로 전통적이고 일반화된 오일러수와 다항식을 포함한 몇 가지 흥미로운 성질과 관계를 조사해 보자. 응용분야로 삼각함수를 포함하는 $\mathbb{Z}_p$에서 p-진 불변 적분을 다루겠다.

$f\in C^{(1)}(\mathbb{Z}_p)$에 대하여 $\mathbb{Z}_p$에서 다음과 같은 p-진 적분에 대한 페르미오닉 표현을 생각해보자.

$$I_{-1}(f)=I_{q=-1}(f)=\lim_{q\to-1}I_q(f)=\int_{\mathbb{Z}_p}f(x)d\mu_{-1}(x). \tag{6.1.6}$$

$f_1(x)$는 $f_1(x)=f(x+1)$로 정의하면

$$I_{-1}(f_1) = -\lim_{N\to\infty}\sum_{x=0}^{p^N-1} f(x)(-1)^x + 2f(0) = -I_{-1}(f) + 2f(0)$$

이다. 따라서 다음을 얻게 된다.

> [보조정리 6.1.1] $f \in C^{(1)}(\mathbb{Z}_p)$일 때,
>
> $$I_{-1}(f_1) + I_{-1}(f) = 2f(0). \tag{6.1.7}$$

(6.1.7)로부터 다음 정리를 쉽게 구할 수 있다.

> [정리 6.1.2] $f \in C^{(1)}(\mathbb{Z}_p)$이고 $n \in \mathbb{N}$일 때,
>
> $$I_{-1}(f_n) + (-1)^{n-1} I_{-1}(f) = 2\sum_{x=0}^{n-1}(-1)^{n-1-x} f(x)$$
>
> 이 되며, 이때 $f_n(x) = f(n+n)$이다.

보조정리 6.1.1.에 의해 우리는 λ-오일러 다항식을 생각해 볼 수 있다. 만약 $f(x) = \lambda^x e^{xt}$ $(\lambda \in \mathbb{Z}_p)$이면,

$$\frac{2}{\lambda e^t + 1} e^{xt} = \int_{\mathbb{Z}_p} e^{(x+y)t} \lambda^y d\mu_{-1}(y)$$

이다. 이제 λ-오일러 다항식을 다음과 같이 정의한다.

$$F_\lambda(t,x) = \frac{2}{\lambda e^t + 1} e^{xt} = \sum_{n=0}^{\infty} E_n(\lambda : x)\frac{t^n}{n!} \tag{6.1.9}$$

여기서 $E_n(\lambda : x)$는 n번째 오일러 다항식이라 한다. (6.1.9)에 $x=0$을 대입하여, n번째 오일러 수 $E_n(\lambda : 0) = E_n(\lambda)$를 정의한다. (6.1.8)과 (6.1.9)에서 $E_n(\lambda : x)$의 위트공식은 다음과 같이 얻을 수 있다.

$$\int_{\mathbb{Z}_p} \lambda^y (x+y)^n d\mu_{-1}(y) = E_n(\lambda : x), \tag{6.1.10}$$

$$\begin{aligned} E_n(\lambda : x) &= \sum_{l=0}^{n} \binom{n}{l} E_l(\lambda) x^{n-l} \\ &= d^n \sum_{a=0}^{d-1} (-1)^a \lambda^a E_n\left(\lambda^d : \frac{a+x}{d}\right) \end{aligned} \tag{6.1.11}$$

여기서 d는 양의 정수이다.

$$\begin{aligned} &\int_{\mathbb{Z}_p} (x+y)^n \lambda^y d\mu_{-1}(y) \\ &= d^n \sum_{a=0}^{d-1} (-1)^a \lambda^a \int_{\mathbb{Z}_p} \left(\frac{a+x}{d} + y\right)^n \lambda^{dy} d\mu_{-1}(y). \end{aligned}$$

■ 6.1.3

다음은 이미 알려져 있다.

$$\begin{aligned} \lim_{q \to 1} \int_{\mathbb{Z}_p} \lambda^y e^{(x+y)t} d\mu_q(y) &= \frac{t + \log\lambda}{\lambda e^t - 1} e^{xt} \\ &= \sum_{m=0}^{\infty} B_m(\lambda ; x) \frac{t^m}{m!}, \end{aligned} \tag{6.1.12}$$

여기서 $B_n(\lambda : x)$는 m번째 λ-베르누이 다항식이다.

(6.1.12)에서 λ-오일러수와 다항식을 생각할 수 있다. χ를 도수 $d(=$홀수$) \in \mathbb{N}$의 디리클레 지표라 하자. 정리 6.1.2에

$f(x)=\chi(x)e^{tx}\lambda^x$를 대입하면 다음 공식을 얻을 수 있다 :

$$\int_X \lambda^x e^{tx}\chi(x)d\mu_{-1}(x)=\frac{2\sum_{a=0}^{d-1}e^{ta}(-1)^a\chi(a)\lambda^a}{\lambda^d e^{dt}+1}. \tag{6.1.13}$$

(6.1.13)에서 우리는 χ에 더해지는 일반화된 λ-오일러 수를 생각할 수 있다.

$$F_{\lambda,\chi}(t)=\frac{2\sum_{a=0}^{d-1}e^{ta}(-1)^a\chi(a)\lambda^a}{\lambda^d e^{dt}+1}=\sum_{n=0}^{\infty}E_{n,\chi}(\lambda)\frac{t^n}{n!}. \tag{6.1.14}$$

(6.1.13)와 (6.1.14)에서

$$\int_X \lambda^x x^n\chi(x)d\mu_{-1}(x)=E_{n,\chi}(\lambda),\ \ n\geq 0 \tag{6.1.15}$$

를 얻는다. 그리고

$$\begin{aligned}&\int_X \lambda^x x^n\chi(x)d\mu_{-1}(x)\\&=d^n\sum_{a=0}^{d-1}(-1)^a\lambda^a\chi(a)\int_{\mathbb{Z}_p}\lambda^{xd}\left(\frac{a}{d}+x\right)^n d\mu_{-1}(x)\end{aligned} \tag{6.1.16}$$

는 쉽게 알 수 있다. (6.1.10), (6.1.15) 그리고 (6.1.16)에서

$$E_{n,\chi}(\lambda)=d^n\sum_{a=0}^{d-1}(-1)^a\lambda^a\chi(a)E_n\left(\lambda^d:\frac{a}{d}\right) \tag{6.1.17}$$

을 얻을 수 있다.

■■■ λ-오일러수와 관련된 λ-제타함수

이제 우리는 $\lambda(\neq -1)\in\mathbb{C}$이고 $|\lambda|<1$이라 가정한다. (6.1.9)에 의해 다음을 알 수 있다.

$$F_\lambda(t,x)=\frac{2}{\lambda e^t+1}e^{xt}=2\sum_{n=0}^{\infty}(-1)^n\lambda^n e^{(n+x)t}. \qquad (6.1.14)$$

(6.1.9)와 (6.1.18)에서

$$E_k(\lambda:x)=\frac{d^k}{dt^k}F_\lambda(t,x)\bigg|_{t=0}=2\sum_{n=0}^{\infty}(-1)^n\lambda^n(n+x)^k$$

를 알 수 있다. 그래서 다음을 얻는다 :

> [정리 6.1.4] $k\in\mathbb{N}$에 대해 다음을 가진다.
>
> $$E_k(\lambda:x)=2\sum_{n=0}^{\infty}(-1)^n\lambda^n(n+x)^k.$$

> [정의 6.1.5] $s\in\mathbb{C}$일 때 허비츠 타입의 λ-제타 함수를 다음과 같이 정의한다.
>
> $$\zeta_\lambda(s,x)=2\sum_{n=0}^{\infty}\frac{(-1)^n\lambda^n}{(n+x)^s}.$$

$\zeta_\lambda(s,x)$는 전 복소 평면에서 정칙연속이다. n을 짝수인 양의 정수라 하면

$$\frac{2(1-\lambda^n e^{nt})}{\lambda e^t+1} = 2\sum_{l=0}^{n-1}(-1)^l \lambda^l e^{lt}$$
$$= \sum_{m=0}^{\infty}\left(2\sum_{l=0}^{n-1}(-1)^l\lambda^l l^m\right)\frac{t^m}{m!}. \qquad (6.1.19)$$

(6.1.9)와 (6.1.19)에서

$$\sum_{m=0}^{\infty}(E_m(\lambda)-\lambda^n E_m(\lambda:n))\frac{t^m}{m!} = \sum_{m=0}^{\infty}\left(2\sum_{l=0}^{n-1}(-1)^l\lambda^l l^m\right)\frac{t^m}{m!}. \qquad (6.1.20)$$

(6.1.20)의 양변의 계수를 비교하면 다음을 알 수 있다.

$$E_m(\lambda)-\lambda^n E_m(\lambda:n) = 2\sum_{l=0}^{n-1}(-1)^l\lambda^l l^m. \qquad (6.1.21)$$

(6.1.11)과 (6.1.21)으로부터

$$2\sum_{l=0}^{n-1}(-1)^{l-1}\lambda^l l^m = \lambda^n\sum_{l=0}^{m-1}\binom{m}{l}E_l(\lambda n^{m-1} + (\lambda^n-1)E_m(\lambda) \qquad (6.1.22)$$

를 이끌어낸다. 그러므로 우리는 다음을 얻게된다.

> [정리 6.1.6] n이 짝수인 양의 정수라 하자. 그러면 다음을 알 수 있다.
>
> $$2\sum_{l=0}^{n-1}(-1)^{l-1}\lambda^l l^m = \lambda^n\sum_{l=0}^{m-1}\binom{m}{l}E_l(\lambda)n^{m-1} + (\lambda^n-1)E_m(\lambda).$$

■ 주의 6.1.7

$$E_0(\lambda)=\frac{2}{\lambda+1},\ E_1(\lambda)=-\frac{2\lambda}{(\lambda+1)^2},\ E_2(\lambda)=\frac{4\lambda^2-2\lambda+2}{(\lambda+1)^3},\ \cdots \quad (6.1.14)$$

[따름정리 6.1.8] k가 양의 정수라 하면 다음을 알 수 있다.

$$\zeta_\lambda(-k,x)=E_k(\lambda:x).$$

χ가 도수 $d(=$홀수$)\in\mathbb{N}$을 갖는 원시 디리클레 지표라 하자. (14)로부터

$$F_{\lambda,\chi}(t)=\frac{2\sum_{a=0}^{d-1}e^{ta}(-1)^a\lambda^a\chi(a)}{\lambda^d e^{dt}+1}=2\sum_{n=0}^{\infty}(-1)^n\chi(n)\lambda^n e^{nt} \quad (6.1.24)$$

를 얻게 된다. (6.1.14)과 (6.1.24)에 의해

$$E_{k,\chi}(\lambda)=\frac{d^k}{dt^k}F_{\lambda,\chi}(t)\Big|_{t=0}=2\sum_{n=1}^{\infty}\chi(n)(-1)^n\lambda^n n^k$$

을 쉽게 알 수 있다. 그러므로 다음을 얻을 수 있다.

[정리 6.1.9] χ를 도수 $d(=$홀수$)\in\mathbb{N}$을 갖는 원시 디리클레 지표라 하자. 그러면 다음을 갖게 된다.

$$E_{k,\chi}(\lambda)=2\sum_{n=1}^{\infty}(-1)^n\chi(n)n^k\lambda^n.$$

[정의 6.1.10] $s \in \mathbb{C}$ 일 때, $\lambda - l -$함수를 다음과 같이 정의한다 :

$$l_\lambda(s,\chi) = 2\sum_{n=1}^{\infty} \frac{(-1)^n \chi(n) \lambda^n}{n^s}. \tag{6.1.25}$$

$l_\lambda(s,\chi)$ 또한 전 복소 평면에서 정칙연속임을 알 수 있다.

[보조정리 6.1.11] $k \in \mathbb{N}$ 이라 하면

$$l_\lambda(-k,\chi) = E_{k,\chi}(\lambda).$$

s가 복소수변수이고 a와 F(홀수)가 $0 < a < F$인 정수라 하자. 다음의 조화합(부분적 λ-제타 함수)를 생각해 보자.

$$\begin{aligned} H_\lambda(s,a|F) &= \sum_{\substack{m \equiv a(F) \\ m > 0}} \frac{(-1)^m \lambda^m}{m^s} \\ &= \sum_{m=0}^{\infty} \frac{\lambda^{nF+a}(-1)^{nF+a}}{(a+nF)^s} \\ &= \lambda^a (-1)^a \sum_{n=0}^{\infty} \frac{(\lambda^F)^n (-1)^n}{(a+nF)^s} \\ &= \frac{\lambda^a(-1)^a}{2} F^{-s} \zeta_{\lambda^F}\left(s, \frac{a}{F}\right), \end{aligned}$$

$$H_\lambda(-k,a|F) = \frac{(-1)^a \lambda^a F^k}{2} E_k\left(\lambda^F : \frac{a}{F}\right). \tag{6.1.26}$$

(6.1.25)와 (6.1.26)에서 다음을 얻게 된다.

$$l_\lambda(s,\chi) = 2\sum_{a=1}^{F}\chi(a)H_\lambda(s,a|F).$$

조화합 $H_\lambda(s,a|F)$ 음의 정수에서 λ-오일러 다항식을 보간하는 부분 λ-제타함수라 불린다. 음의 정수에서 $l_\lambda(s,\chi)$의 값은 대수적이며, 그래서 $\mathbb{Q}_p$의 확장에 있는 것으로 간주된다. 따라서, 4절에서 음의 정수에 대해 $l_\lambda(s,\chi)$와 일치하는 p-진 함수를 찾는다.

$p-$진 $\lambda-l-$함수와 관련된 고차의 $p-$진 조화합

$w(x)$를 타이치뮬러 지표라 하고 $\langle x\rangle = \dfrac{x}{w(x)}$라 하자. F (홀수)가 p의 배수이고 $(a, p)=1$일 때 $s\in\mathbb{Z}_p$에 대해 p-진 부분 λ-제타함수를 다음과 같이 정의한다.

$$H_{\lambda.p}(s,a|F) = \frac{(-1)^a\lambda^a}{2}\langle a\rangle^{-s}\sum_{j=0}^{\infty}\binom{-s}{j}\left(\frac{F}{a}\right)^j E_j(\lambda^F).$$

그러면 양의 정수 n에 대하여,

$$\begin{aligned} H_{\lambda,p}(-n,a|F) &= \frac{(-1)^a\lambda^a}{2}\langle a\rangle^n\sum_{j=0}^{n}\binom{n}{j}\left(\frac{F}{a}\right)^j E_j(\lambda^F) \\ &= F^n\frac{(-1)^a\lambda^a}{2}w^{-n}(a)\sum_{j=0}^{n}\binom{n}{j}\left(\frac{a}{F}\right)^{n-j}E_j(\lambda^F) \\ &= \frac{(-1)^a}{2}F^n w^{-n}(a)E_n\left(\lambda^F : \frac{a}{F}\right) \\ &= w^{-n}(a)H_\lambda(-n,a|F). \end{aligned}$$

이제 다음과 같은 λ-오일러수의 p-진 보간함수를 생각해보자. $s \in \mathbb{Z}_p$에 대해,

$$l_{\lambda,p}(s,\chi) = 2 \sum_{\substack{a=1 \\ (a,p)=1}} \chi(a) H_{\lambda,p}(s,a|F).$$

n이 자연수라 하면,

$$\begin{aligned} l_{\lambda,p}(-n,\chi) &= 2 \sum_{\substack{a=1 \\ (a,p)=1}} \chi(a) H_{\lambda,p}(-n,a|F) \\ &= E_{n,\chi^{w^{-n}}}(\lambda) - p^n \chi w^{-n}(p) E_{n,\chi w^{-n}}(\lambda^p). \end{aligned}$$

사실, $s \in \mathbb{Z}_p$에 대해

$$l_{\lambda,p}(s,\chi) = \sum_{a=1}^{F} (-1)^a \lambda^a \chi(a) \sum_{j=0}^{\infty} \binom{-s}{j} \left(\frac{F}{a}\right)^j E_j(\lambda).$$

이것이 p-진 정칙함수이고 $\chi = w^t$에 대해 다음의 성질을 갖는다.

$$l_{\lambda,p}(-n,w^t) = E_n(x) - p^n E_n(\lambda^p),$$

여기서 임의의 $s \in \mathbb{Z}_p$에 대하여 $t \equiv 0 \pmod{p-1}$일 때 $n \equiv t \pmod{p-1}$, $l_{\lambda,p}(s,w^t) \in \mathbb{Z}_p$이다.

만약 $t \equiv 0 \pmod{p-1}$이면 임의의 s, $s_2 \in \mathbb{Z}_p$에 대해 $l_{\lambda,p}(s,w^t) \equiv l_{\lambda,p}(s_2,w^t) \pmod{p}$이다. j, $k \geq 0$, $j+k > 0$ 그리고 $r \neq 1-k$인 임의의 양의 정수 r, j, k에 대해 다음을 쉽게 알 수 있다.

$$\frac{1}{r+k-1}\binom{-r}{k}\binom{1-r-k}{j} = \frac{-1}{j+k}\binom{-r}{k+j-1}\binom{k+j}{j}.$$

따라서

$$\frac{r}{r+k}\binom{-r-1}{k}\binom{-r-k}{j}=\binom{-r}{k+j}\binom{k+j}{j}.$$

$F(=$홀수$)\in\mathbb{N}$에 대하여 n이 짝수인 양의 정수라 하면 다음을 갖는다.

$$\begin{aligned}&\sum_{l=0}^{n-1}\frac{\lambda^{Fl+a}(-1)^{Fl+a}}{(fl+a)^r}\\&=\sum_{l=0}^{n-1}(-1)^{Fl+a}a^{-r}\lambda^{Fl+a}\sum_{s=0}^{\infty}\binom{-r}{s}\left(\frac{Fl}{a}\right)^s\\&=\sum_{m=1}^{\infty}\binom{-r}{m}a^{-r}(-1)^a\lambda^a\left(\frac{F}{a}\right)^m\sum_{l=0}^{mn-1}(-1)^l l^m\lambda^{Fl}+\frac{a^{-r}(-\lambda)^a}{1+\lambda^F}(1-\lambda^{Fn})\\&=-\sum_{m=1}^{\infty}\binom{-r}{m}a^{-r}(-1)^a\lambda^a\left(\frac{F}{a}\right)^m\\&\quad\times\frac{1}{2}\left\{\lambda^{Fn}\sum_{l=0}^{m-1}\binom{m}{l}E_l(\lambda^F)n^{m-1}+(\lambda^{Fn}-1)E_m(\lambda^F)\right\}+\frac{a^{-r}(-\lambda)^a}{1+\lambda^F}(1-\lambda^{Fn}).\end{aligned}$$

그러므로

$$\begin{aligned}&-\sum_{l=0}^{n-1}\frac{\lambda^{Fl+a}(-1)^{Fl+a}}{(Fl+a)^r}-(\lambda^{Fn}-1)\left(\frac{1}{2}\sum_{m=1}^{\infty}\binom{-r}{m}a^{-r}(-1)^a\lambda^a\left(\frac{F}{a}\right)^m E_m(\lambda^F)+\frac{a^{-r}(-\lambda)^a}{1+\lambda^F}\right)\\&=\frac{1}{2}\sum_{m=1}^{\infty}\binom{-r}{m}a^{-r}(-1)^a\lambda^a\left(\frac{F}{a}\right)^m\lambda^{Fn}\sum_{l=0}^{m-1}\binom{m}{l}n^{m-l}E_l(\lambda^F)\\&=\lambda^{Fn}\frac{(-1)^a a^{-r}\lambda^a}{2}\sum_{s=1}^{\infty}\binom{-r}{s}\left(\frac{F}{a}\right)^s\left(\sum_{l=0}^{s-1}\binom{s}{l}n^{s-l}E_l(\lambda^F)\right)\\&=\lambda^{Fn}\sum_{s=1}^{\infty}\binom{-r}{s}w^{-r}(a)\left(\frac{F}{a}\right)^s\frac{(-1)^a\lambda^a}{2}\langle a\rangle^{-r}\sum_{l=0}^{s-1}\binom{s}{l}n^{s-l}E_l(\lambda^F)\\&=\lambda^{Fn}\sum_{k=1}^{\infty}\sum_{l=0}^{\infty}\binom{-r}{k+l}w^{-r}(a)\left(\frac{a}{F}\right)^{-k-l}n^k\frac{(-1)^a\lambda^a}{2}\langle a\rangle^{-r}E_l(\lambda^F)\binom{k+l}{l}\\&=\lambda^{Fn}\sum_{k=1}^{\infty}\sum_{l=0}^{\infty}\frac{r}{r+k}\binom{-r-1}{k}\binom{-r-k}{l}a^{-r}\left(\frac{a}{F}\right)^{-k-l}n^k\frac{(-1)^a}{2}\lambda^a E_l(\lambda^F)\\&=\lambda^{Fn}\sum_{k=1}^{\infty}\frac{r}{r+k}\binom{-r-1}{k}w^{-k-r}(a)(nF)^k\frac{(-1)^a}{2}\lambda^a\langle a\rangle^{-k-r}\end{aligned}$$

$$\times \sum_{l=0}^{\infty}\binom{-r-k}{l}\left(\frac{F}{a}\right)^{l}E_{l}(\lambda^{F})$$

$$= \lambda^{Fn}\sum_{k=1}^{\infty}\frac{r}{r+k}\binom{-r-1}{k}w^{-k-r}(a)(nF)^{k}H_{\lambda,p}(r+k,a|F). \tag{6.1.29}$$

$F = p,\ r \in \mathbb{N},\ n(=짝수) \in \mathbb{N}$에 대하여

$$2\sum_{\substack{j=1\\(j,p)=1}}^{np}\frac{(-1)^{j}\lambda^{j}}{j^{r}} = 2\sum_{a=1}^{p-1}\sum_{l=0}^{n-1}\frac{(-1)^{a+pl}\lambda^{a+pl}}{(a+pl)^{r}}. \tag{6.1.30}$$

이제 다음을 갖는다고 하자.

$$B^{(r)}(a,F) = \frac{1}{2}\sum_{m=1}^{\infty}\binom{-r}{m}a^{-r}(-1)^{a}\lambda^{a}\left(\frac{F}{a}\right)^{m}E_{m}(\lambda^{F}) + \frac{a^{-r}(-\lambda)^{a}}{1+\lambda^{F}}. \tag{6.1.31}$$

(6.1.28)-(6.1.31)로부터 다음을 이끌어낼 수 있다.

$$\begin{aligned}
&2\sum_{\substack{j=1\\(j,p)=1}}^{np}\frac{(-1)^{j}\lambda^{j}}{j^{r}}\\
&= 2\sum_{a=1}^{p-1}\sum_{l=0}^{n-1}\frac{(-1)^{a+pl}\lambda^{a+pl}}{(a+pl)^{r}}\\
&= -2\sum_{a=1}^{p-1}\left\{\lambda^{pn}\sum_{k=1}^{\infty}\frac{r}{r+k}\binom{-r-1}{k}w^{-k-r}(a)(np)^{k}H_{\lambda,p}(r+k,a|F) + (\lambda^{pn}-1)B^{(r)}(a,p)\right\}\\
&= -\sum_{k=1}^{\infty}\frac{r}{r+k}\binom{-r-1}{k}\lambda^{pn}(pn)^{k}l_{\lambda,p}(r+k,w^{-k-r}) - 2(\lambda^{pn}-1)\sum_{a=1}^{p-1}B^{(r)}(a,p).
\end{aligned}$$

그러므로 다음정리를 얻게 된다.

[정리 6.1.12] p가 홀수 소수라 하고 n은 짝수인 양의 정수라 하자. 만약 $r\in\mathbb{N}$이면 다음을 알 수 있다.

$$2\sum_{\substack{j=1\\(j,p)=1}}^{np}\frac{(-1)^j\lambda^j}{j^r}=-\sum_{k=1}^{\infty}\binom{-r}{k}\lambda^{pn}(pn)^k l_{\lambda,p}(r+k,w^{-k-r})$$
$$-2(\lambda^{pn}-1)\sum_{a=1}^{p-1}B^{(r)}(a,p).$$

[따름정리 6.1.13] $\lambda=1$이라 하면 다음을 알 수 있다.

$$2\sum_{\substack{j=1\\(j,p)=1}}^{np}\frac{(-1)^j}{j^r}=-\sum_{k=1}^{\infty}\binom{-r}{k}(pn)^k l_{1,p}(r+k,w^{-k-r}).$$

주의 6.1.4

루오(Luo)와 스리바스타바는 λ-베르누이 수와 다항식을 연구해 왔다. λ-베르누이 수와 다항식은 아포스톨-베르누이 수와 다항식이라 불린다. 실제로 이 수는 오일러 수이다. 우리는 $\mathbb{Z}_p$에서 p-진 q-적분의 보존표현을 이용하여 이 수와 다항식을 연구하였다. 이는 다음과 같다.

$$\frac{\log\lambda+t}{\lambda e^t-1}=\sum_{n=0}^{\infty}B_n(\lambda)\frac{t^n}{n!}.$$

그러나 이 생성함수가 간단하지 않다. 그래서 부분적으로 상수 공간(constant space)에서 $B_n(\lambda)$의 생성함수를 개선했다.

만약 $\lambda\in T_p=\bigcup_{n\geq 0}\{\zeta\,|\,\zeta^{p^n}=1\}$이면, 다음을 갖는다.

$$\frac{\log\lambda+t}{\lambda e^t-1}=\frac{t}{\lambda e^t-1}=\sum_{n=0}^{\infty}B_n(\lambda)\frac{t^n}{n!},\quad cf.\ [2-4,6,19].$$

최근에 심색, 장, 백, 임은 λ-베르누이 수와 다항식의 성질을 연구하였다. 또한 쏘오크는 q-페르미오닉 교환관계의 표현과 극한 $q=1$을 연구하였다.

■■■ $q=-1$ (또는 $q=1$)에서 p-진 q-적분의 응용

여기에서는 삼각함수를 포함한 $q=-1$ (또는 $q=1$)에서 p-진 q-적분을 생각해보자. $f(x)=\cos ax$(또는 $f(x)=\sin ax$)를 (6.1.7)에 대입하여 다음을 얻는다.

$$0 = \int_{\mathbb{Z}_p} \sin a(x+1)d\mu_{-1}(x)+\int_{\mathbb{Z}_p} \sin ax d\mu_{-1}(x) \tag{6.1.32}$$

$$= (\cos a+1)\int_{\mathbb{Z}_p} \cos ax d\mu_{-1}(x)+\sin a\int_{\mathbb{Z}_p} \cos ax d\mu_{-1}(x), \tag{6.1.33}$$

$$2 = \int_{\mathbb{Z}_p} \cos a(x+1)d\mu_{-1}(x)+\int_{\mathbb{Z}_p} \cos ax d\mu_{-1}(x)$$

$$= (\cos a+1)\int_{\mathbb{Z}_p} \cos ax d\mu_{-1}(x)-\sin a\int_{\mathbb{Z}_p} \sin ax d\mu_{-1}(x).$$

그러므로

$$\int_{\mathbb{Z}_p} \sin ax d\mu_{-1}(x) = -\frac{\sin a}{\cos a+1}\int_{\mathbb{Z}_p} \cos ax d\mu_{-1}(x),$$

$$2(\cos a+1) = (\cos a+1)^2\int_{\mathbb{Z}_p} \cos ax d\mu_{-1}(x)+\sin^2 a\int_{\mathbb{Z}_p} \cos ax d\mu_{-1}(x) \tag{6.1.34}$$

(6.1.32) – (6.1.34)로부터 우리는

$$\int_{\mathbb{Z}_p} \cos ax d\mu_{-1}(x) = 1, \quad \int_{\mathbb{Z}_p} \sin ax d\mu_{-1}(x) = -\frac{\sin a}{\cos a+1}. \tag{6.1.35}$$

을 얻게 된다. 따라서 다음의 명제를 얻게 된다:

[정리 6.1.15] $a \in \mathbb{Z}_p$라 하면

$$\int_{\mathbb{Z}_p} \cos ax \, d\mu_{-1}(x) = 1, \quad \int_{\mathbb{Z}_p} \sin ax \, d\mu_{-1}(x) = -\frac{\sin a}{\cos a + 1} = -\tan\frac{a}{2}.$$

$x=0$에서 $\sin ax$의 테일러 전개를 이용하면 다음을 알 수 있다.

$$\sin ax = \sum_{n=0}^{\infty} \frac{(-1)^n}{(2n+1)!} a^{2n+1} x^{2n+1}. \qquad (6.1.36)$$

(6.1.10), (6.1.35) 그리고 (6.1.36)에서

$$-\tan\frac{a}{2} = \int_{\mathbb{Z}_p} \sin ax \, d\mu_{-1}(x) = \sum_{n=0}^{\infty} \frac{(-1)^n a^{2n+1}}{(2n+1)!} \int_{\mathbb{Z}_p} x^{2n+1} d\mu_{-1}(x) \qquad (6.1.37)$$

을 이끌어낼 수 있다.

[정리 6.1.16] $\lim_{q \to 1} \int_{\mathbb{Z}_p} f(x) d\mu_q(x) = \int_{\mathbb{Z}_p} f(x) d\mu_{-1}(x)$라 하자. 그러면

$$\tan\frac{a}{2} = -\int_{\mathbb{Z}_p} \sin ax \, d\mu_{-1}(x) = \sum_{n=0}^{\infty} \frac{(-1)^{n+1} a^{2n+1}}{(2n+1)!} E_{2n+1}$$

을 가지는데, 이 때 E_n은 n번째 오일러 수이다.

$f_1(x) = f(x+1)$이 $C^1(\mathbb{Z}_p)$에서 변환이고 $f'(0) = \frac{d}{dx}f(x)\Big|_{x=0}$ 라 하면

$$I_1(f) = \lim_{q \to 1}\int_{\mathbb{Z}_p} f(x)d\mu_q(x) \Rightarrow I_1(f_1) - I_1(f) = f'(0). \quad (6.1.38)$$

임을 알 수 있다. (6.1.38)에 의해 다음을 쉽게 알 수 있다.

$$\begin{aligned} 0 &= \int_{\mathbb{Z}_p} \cos a(x+1)d\mu_1(x) - \int_{\mathbb{Z}_p} \cos ax d\mu_1(x) \\ &= (\cos a - 1)\int_{\mathbb{Z}_p} \cos ax d\mu_1(x) - \sin a \int_{\mathbb{Z}_p} \sin ax d\mu_1(x). \end{aligned}$$

그러므로

$$\int_{\mathbb{Z}_p} \sin ax d\mu_1(x) = -\frac{a}{2} \quad (6.1.39)$$

이다. 또한, 다음을 쉽게 알 수 있다.

$$\begin{aligned} a &= \int_{\mathbb{Z}_p} \sin a(x+1)d\mu_1(x) - \int_{\mathbb{Z}_p} \sin ax d\mu_1(x) \quad (6.1.40) \\ &= (\cos a - 1)\int_{\mathbb{Z}_p} \sin ax d\mu_1(x) + \sin a \int_{\mathbb{Z}_p} \cos ax d\mu_1(x). \end{aligned}$$

(6.1.39)과 (6.1.40)으로부터

$$\int_{\mathbb{Z}_p} \cos ax d\mu_1(x) = \frac{a sin a}{2 - 2\cos a} = \frac{a}{2} cot \frac{a}{2} \quad (6.1.41)$$

을 이끌어 낼 수 있다. 테일러 전개를 이용하여

$$\cos ax = \sum_{n=0}^{\infty} \frac{(-1)^n a^{2n}}{(2n)!} x^2$$

을 쉽게 알 수 있다. 따라서 우리는

$$\frac{a}{2}cota = \int_{\mathbb{Z}_p} \cos ax d\mu_1(x) = \sum_{n=0}^{\infty} \frac{(-1)^n B_{2n}}{(2n)!} a^{2n}$$

을 갖게 되는데, 이 때 B_n은 n번째 베르누이 수이다.

6.2 아포스톨-베르누이 정식과 아포스톨-오일러 정식의 일반화

가우스 초기하 함수에 관한 공식

잘 알려진 (실수 또는 복소수) 차수 α의 일반화 된 베르누이 다항식 $B_n^{(\alpha)}(x)$와 오일러 다항식 $E_n^{(\alpha)}(x)$와 함께 고전적 베르누이 다항식 $B_n(x)$와 고전적 오일러 다항식 $E_n(x)$는 보편적으로 다음의 생성함수에 의해 정의된다.

$$\left(\frac{z}{e^z - 1}\right)^{\alpha} e^{xz} = \sum_{n=0}^{\infty} B_n^{(\alpha)}(x) \frac{z^n}{n!} \quad (|z| < 2\pi;\ 1^{\alpha} = 1) \tag{6.2.1}$$

와

$$\left(\frac{2}{e^z + 1}\right)^{\alpha} e^{xz} = \sum_{n=0}^{\infty} E_n^{(\alpha)}(x) \frac{z^n}{n!} \quad (|z| < \pi;\ 1^{\alpha} = 1). \tag{6.2.2}$$

이들은

$$B_n(x) = B_n^{(1)}(x) \text{ 와 } E_n(x) = E_n^{(1)}(x) \quad (n \in \mathbb{N}_0) \tag{6.2.3}$$

을 만족하며, 이 때

$$\mathbb{N}_0 = \mathbb{N} \cup \{0\} \quad (\mathbb{N} = \{1, 2, 3, \cdots\}).$$

고전적 베르누이 수 B_n과 고전적 오일러 수 E_n에 대하여 (6.2.3)에서 다음을 알 수 있다.

$$B_n = B_n(0) = B_n^{(1)}(0) \text{ 와 } E_n = E_n(0) = E_n^{(1)}(0) \quad (n \in \mathbb{N}_0). \tag{6.2.4}$$

고전적 베르누이 다항식과 수의 몇 가지 흥미로운 해석이 아포스톨과 스리바스타바에 의해 밝혀졌다. 아포스톨의 정의들은 다음과 같다.

[정의 6.2.1] 아포스톨 - 베르누이 다항식 $B_n(x, \lambda)$는 다음의 생성함수에 의해 정의되고,

$$\frac{ze^{xz}}{\lambda e^z - 1} = \sum_{n=0}^{\infty} B_n(x; \lambda) \frac{z^n}{n!} \quad (|z + \log\lambda| < 2\pi), \tag{6.2.5}$$

$$B_n(x) = B_n(x; 1) \text{ 와 } B_n(\lambda) = B_n(0; \lambda). \tag{6.2.6}$$

이 때 $B_n(\lambda)$는 소위 아포스톨 - 베르누이 수라 한다.

아포스톨은 다항식 $B_n(x; \lambda)$의 기본적인 성질을 제공했을 뿐 아니라 아포스톨 - 베르누이 수 $B_n(\lambda)$의 반복공식을 다음과 같이 얻었다.

$$B_n(\lambda) = n\sum_{k=0}^{n-1}\frac{k!(-\lambda)^k}{(\lambda-1)^{k+1}}S(n-1,k) \quad (n\in\mathbb{N}_0;\, \lambda\in\mathbb{C}\backslash\{1\}). \tag{6.2.7}$$

$S(n,k)$는 다음의 표현과 같이 정의되는 제2종 스털링 수를 나타낸다.

$$x^n = \sum_{k=0}^{n}\binom{x}{k}k!S(n,k). \tag{6.2.8}$$

이는 다음을 만족한다.

$$S(n,0)=\delta_{n,0},\ S(n,1)=S(n,n)=1\text{와 } S(n,n-1)=\binom{n}{2}$$

여기서 $\delta_{n,k}$는 크로네크 기호이다. (6.2.1)과 (6.2.2)에 있는 베르누이 다항식과 고전적 오일러 다항식의 일반화를 계기로 하여 다음과 같이 정의 되는 차수 α의 아포스톨 - 베르누이 다항식 $B_n^{(\alpha)}(x;\lambda)$와 차수 α의 아포스톨 - 오일러 다항식 $E_n^{(\alpha)}(x;\lambda)$를 소개하고 분석해 보겠다.

[정의 6.2.2]

$$\left(\frac{z}{\lambda e^z-1}\right)^{\alpha}e^{xz} = \sum_{n=0}^{\infty}B_n^{(\alpha)}(x;\lambda)\frac{z^n}{n!} \quad (|z+\log\lambda|<2\pi;\, 1^{\alpha}=1), \tag{6.2.9}$$

$$B_n^{(\alpha)}(x) = B_n^{(\alpha)}(x;1)\text{와 } B_n^{(\alpha)}(\lambda) = B_n^{(\alpha)}(0;\lambda) \tag{6.2.10}$$

여기서 $B_n^{(\alpha)}(\lambda)$는 차수 α인 아포스톨 - 베르누이 수를 나타낸다.

차수 α인 아포스톨 - 베르누이 다항식은 다음의 생성함수에 의해 정의된다.

[정의 6.2.3] 차수 α인 아포스톨 - 오일러 다항식 $E_n^{(\alpha)}(x;\lambda)$은 다음의 생성함수에 의해 정의된다.

$$\left(\frac{2}{\lambda e^z+1}\right)^{\alpha} e^{xz} = \sum_{n=0}^{\infty} E_n^{(\alpha)}(x;\lambda)\frac{z^n}{n!} \quad (|z+\log\lambda| < \pi;\ 1^{\alpha}=1), \tag{6.2.11}$$

$$E_n^{(\alpha)}(x) = E_n^{(\alpha)}(x;1) \text{와 } E_n^{(\alpha)}(\lambda) = E_n^{(\alpha)}(0;\lambda). \tag{6.2.12}$$

이 때 $E_n^{(\alpha)}(\lambda)$는 차수 α인 아포스톨 - 오일러 수를 나타낸다.

정의 6.2.3과 (6.2.2)에 의해 다음을 쉽게 알 수 있다.

$$\begin{aligned}
\sum_{n=0}^{\infty} E_n^{(\alpha)}(x;\lambda)\frac{z^n}{n!} &= e^{-x\log\lambda}\left(\frac{2}{e^{z+\log\lambda}+1}\right)^{\alpha} e^{x(z+\log\lambda)} \\
&= e^{-x\log\lambda}\sum_{k=0}^{\infty} E_k^{(\alpha)}(x)\frac{(z+\log\lambda)^k}{k!} \\
&= e^{-x\log\lambda}\sum_{k=0}^{\infty} E_k^{(\alpha)}(x)\sum_{n=0}^{k}\frac{z^n(\log\lambda)^{k-n}}{(k-n)!n!} \\
&= e^{-x\log\lambda}\sum_{n=0}^{\infty}\frac{z^n}{n!}\sum_{k=0}^{\infty} E_{n+k}^{(\alpha)}(x)\frac{\log(\lambda)^k}{k!}.
\end{aligned}$$

이는 잘 알려진 차수 α인 오일러 다항식 $E_n^{(\alpha)}(x)$ 급수에서 차수 α인 아포스톨 - 오일러 다항식 $E_n^{(\alpha)}(x;\lambda)$을 나타내는 다음 표현을 말한다.

[보조정리 6.2.4] 차수 α인 아포스톨 - 오일러 다항식 $E_n^{(\alpha)}(x;\lambda)$는 차수 α인 잘 알려진 오일러 다항식 $E_n^{(\alpha)}(x)$의 급수

$$E_n^{(\alpha)}(x;\lambda)=e^{-x\log\lambda}\sum_{k=0}^{\infty}E_{n+k}^{(\alpha)}(x)\frac{(\log\lambda)^k}{k!}\quad(n\in\mathbb{Z}_0)\qquad(6.2.13)$$

로 표현된다.

같은 방법으로 정의 6.2.2에 의해 다음 결과를 갖게 된다.

[보조정리 6.2.5] 차수 l인 아포스톨 - 베르누이 다항식 $B_n^{(l)}(x;\lambda)$는 차수 l인 잘 알려진 베르누이 다항식 $B_n^{(l)}(x)$의 급수

$$B_n^{(l)}(x;\lambda)=e^{-x\log\lambda}\sum_{k=0}^{\infty}\binom{n+k-1}{k}\binom{n+k}{k}B_{n+k}^{(l)}(x)\frac{(\log\lambda)^k}{k!}\quad(n,l\in\mathbb{Z}_0)\qquad(6.2.14)$$

로 표현된다.

최근에 루(Luo)는 다음과 같이 정의되는 가우스의 초기하 함수 $F(a,b;c;z)$를 가지는 $E_n^{(\alpha)}(x;\lambda)$의 급수 전개를 포함하는 차수 α인 아포스톨 - 오일러 다항식 $E_n^{(\alpha)}(x;\lambda)$의 몇 가지 흥미로운 성질들과 표현들을 찾아냈다.

$$F(a,b;c;z)={}_2F_1(a,b;c;z)={}_2F_1(b,a;c;z)=\sum_{n=0}^{\infty}\frac{(a)_n(b)_n}{(c)_n}\frac{z^n}{n!}$$

$$(c \notin \mathbb{Z}_0^-;\ |z|<1;\ z=1\text{와 } \Re(c-a-b)>0;$$
$$z=-1\text{과 } \Re(c-a-b)>-1), \tag{6.2.15}$$

여기서 $\mathbb{Z}_0^- = \mathbb{Z}^- \cup \{0\}$ $(\mathbb{Z}^- = \{-1, -2, -3, \cdots\})$이다. 그리고 $(\lambda)_n$은 다음과 같이 정의되는 포카머 기호을 말한다.

$$(\lambda)_0 = 1\text{와 } (\lambda)_n = \frac{\Gamma(\lambda+n)}{\Gamma(\lambda)} = \lambda(\lambda+1)\cdots(\lambda+n-1) \quad (n \in \mathbb{Z}).$$

이 논문의 주요 목표는 차수 α인 아포스톨-베르누이 다항식 $B_n^{(\alpha)}(x;\lambda)$에 대한 문제를 조사하는 것이다. $\alpha=1$인 경우에 스리바스타의 논문을 잘 살펴보면, 다음과 같은 급수 전개를 도출할 수 있다.

$$B_n^{(\alpha)}\left(\frac{p}{q}; e^{2\pi i\xi}\right) \quad (p \in \mathbb{Z};\ q \in \mathbb{Z};\ \xi \in \mathbb{R}).$$

이 급수 전개는 다음과 같이 정의되는 허비츠 (또는 일반화 된) 제타 함수 $\zeta(s,a)$와 관련 있으며,

$$\zeta(s,a) = \sum_{n=0}^{\infty} \frac{1}{(n+1)^s} \quad (\Re(s)>1;\ a \notin \mathbb{Z}_0^-). \tag{6.2.16}$$

리만 제타 함수 $\zeta(s)$에 대해

$$\zeta(s,1) = \zeta(s) = \frac{1}{2^s-1}\zeta\left(s, \frac{1}{2}\right) \tag{6.2.17}$$

이다.

이 절에서 다음의 정리 6.2.6과 같은 우리의 주요결과를 보이도록 하겠다.

[정리 6.2.6] $\mathbb{N}_0$의 원소 n과 l 그리고 1을 제외한 복소수 λ에 대하여, 다음의 급수 전개를 가진다 :

$$B_n^{(l)}(x;\lambda) = l!\binom{n}{l}\sum_{k=0}^{n-l}\binom{n-l}{k}\binom{l+k-1}{k}\frac{\lambda^k}{(\lambda-1)^{k+1}}$$
$$\cdot \sum_{j=0}^{k}(-1)^j\binom{k}{j}j^k(x+j)^{n-k-l}F\left(k+l-n, k; k+1; \frac{j}{x+j}\right), \tag{6.2.18}$$

여기에서 $F(a,b;c;z)$는 (6.2.15) 식에 의해 정의된 가우스 초기하 함수이다.

또한 $n, l \in \mathbb{N}_0$에 대해,

$$B_n^{(\alpha)}(x;\lambda) = e^{-x\log\lambda}\sum_{k=0}^{\infty}\binom{n+k-l}{k}\binom{n+k}{k}\frac{(\log\lambda)^k}{k!}$$
$$\cdot \sum_{r=0}^{n+k}\binom{n+k}{r}\binom{l+r-1}{r}\frac{r!}{(2r)!}\sum_{j=0}^{r}(-1)^j\binom{r}{j}$$
$$\cdot j^{2r}(x+j)^{n+k-r}F\left(r-n-k, r-l; 2r+1; \frac{j}{x+j}\right) \tag{6.2.19}$$

(6.2.15)에 의해 정의된 가우스 초기하 함수로 쓰여진다.

증명 테일러 전개와 라이프니츠 법칙을 사용하여 $\alpha = l(l \in \mathbb{N}_0)$일 때, (9)로부터 다음을 얻을 수 있다.

$$B_n^{(l)}(x;\lambda) = D_z^n\left\{\left(\frac{z}{\lambda e^z-1}\right)^l e^{xz}\right\}\Big|_{z=0}\left(D_z = \frac{d}{dz}\right)$$
$$= \frac{l!}{(\lambda-1)^l}\sum_{k=l}^{n}\binom{n}{k}\binom{k}{l}x^{n-k}D_z^{k-l}\cdot\left\{\left(1+\frac{\lambda}{\lambda-1}(e^z-1)\right)^{-1}\right\}\Big|_{z=0}.$$

$\alpha = l (l \in \mathbb{N}_0)$로 놓고,

$$w = \frac{\lambda}{\lambda - 1}(e^z - 1).$$

이항 전개하면

$$(1+w)^{-\alpha} = \sum_{r=0}^{\infty} \binom{\alpha + r - 1}{r} (-w)^r \quad (|w| < 1) \tag{6.2.21}$$

이다. 그리고 잘 알려진 다음의 정의를 이용하여

$$(e^z - 1)^l = l! \sum_{r=l}^{\infty} S(r, l) \frac{z^r}{r!}, \tag{6.2.22}$$

(6.2.20)으로부터 다음을 얻는다.

$$B_n^{(l)}(x;\lambda) = l! \sum_{k=l}^{n} \binom{n}{k} \binom{k}{j} x^{n-k} \cdot \sum_{r=0}^{k-l} \binom{l+r-1}{r} \frac{r!(-\lambda)^r}{(\lambda-1)^{r+1}} S(k-l, r). \tag{6.2.23}$$

(6.2.23)에서 합의 순서를 바꾸고,

$$S(n,k) = \frac{1}{k!} \sum_{j=0}^{k} (-1)^{k-j} \binom{k}{j} j^n$$

와 기본적인 조합 항등식

$$\binom{n}{k}\binom{k}{r} = \binom{n}{r}\binom{n-r}{n-k}$$

를 이용하여 다음을 얻는다.

$$B_n^{(l)}(x;\lambda) = l! \binom{n}{l} \sum_{k=0}^{n-l} \binom{l+k-1}{k} \binom{n-l}{k} \frac{\lambda^k x^{n-k-l}}{(\lambda-1)^{k+1}} \cdot \sum_{j=0}^{k} (-1)^j \binom{k}{j} j^k F\left(k+l-n, 1; k+1; -\frac{j}{x}\right). \tag{6.2.24}$$

마지막으로 잘 알려진 파프 - 쿠머 초기하 변환을 (6.2.24)에 적용하면

$$F(a,b;c;z)=(1-z)^{-\alpha}F\left(a,c-b;c;\frac{z}{z-1}\right) \qquad (6.2.25)$$
$$(c \notin \mathbb{Z}_0^-;|\arg(1-z)| \le \pi-\varepsilon(0<\varepsilon<\pi))$$

을 얻는다. 따라서 정리 6.2.6의 (6.2.18)을 얻는다. ▢

유사한 방법으로 정리 6.2.6의 (6.2.19)를 증명할 수 있다(또는 보조정리 6.2.5는 스리바스타바와 토도로브에 의해 이미 알려진 결과에 $\alpha=l(l\in\mathbb{N}_0)$인 경우를 접목하여 증명할 수 있다.)

주의 6.2.7

(6.2.19)에서 $\lambda=1$로 하면, 스리바스타바와 토도로브에 의해 잘 알려진 결과에 $\alpha=l(l\in\mathbb{N}_0)$인 특별한 경우를 얻는다.

$$B_n^{(\alpha)}(x)=\sum_{k=0}^{n}\binom{n}{k}\binom{\alpha+k-1}{k}\frac{k!}{(2k)!}\sum_{j=0}^{k}(-1)^j\binom{k}{j}j^{2k}(x+j)^{n-k}$$
$$\cdot F\left(k-n,k-\alpha;2k+1;\frac{j}{x+j}\right). \qquad (6.2.26)$$

주의 6.2.81

(6.2.18)에서 $x=0$이라 하면, 아포스톨 - 베르누이 수 $B_n^{(\alpha)}(\lambda)$에 대하여 다음을 얻을 수 있다.

$$B_n^{(l)}(\lambda)=l!\binom{n}{l}\sum_{k=0}^{n-l}\binom{l+k-1}{k}\frac{k!(-\lambda)^k}{(\lambda-1)^{k+l}}S(n-l,k), \qquad (6.2.27)$$
$$(n,l\in\mathbb{N}_0;\lambda\in\mathbb{C}\backslash\{1\}),$$

여기서 다음의 가우스의 합의 정리를 이용하였다.

$$a=k+l-n, \quad b=k\text{와} \quad c=k+1$$

일 때,

$$F(a,b;c;1)=\frac{\Gamma(c)\Gamma(c-a-b)}{\Gamma(c-a)\Gamma(c-b)}\quad (c\not\in \mathbb{Z}_0^-;\ \Re(c-a-b)>0).$$

이 때,

$$F(k+l-n,k;k+1;1)=\binom{n-l}{k} \tag{6.2.28}$$
$$(k=0,1,\cdots,n-l;\ n,l\in \mathbb{N}_0)$$

를 만족한다.

■ 주의 6.2.9

$l=1$일 때, 아포스톨 공식 (6.2.7)은 공식 (6.2.27)의 특별한 경우이다.

■ 주의 6.2.10

차수 α인 베르누이 수 $B_n^{(\alpha)}$에 대한 다음의 공식은 토도로브에 의해 주어졌다.

$$B_n^{(\alpha)}=\sum_{k=0}^{n}(-1)^k\binom{\alpha+n}{n-k}\binom{\alpha+k-1}{k}\binom{n+k}{k}S(n+k,k). \tag{6.2.29}$$

스리바스타브와 토도로브에 의해 알려진 토도로브의 공식(29)는 위의 좀 더 일반적인 스리바스타브 - 토도로브의 결과 (26)에 포함되어진다.

■ 주의 6.2.11

정리 6.2.6의 증명은 다음과 같은 제2종 스털링 수를 포함하는 아포스톨 - 베르누이 다항식 $B_n^{(\alpha)}(x;\lambda)$의 새로운 공식을 얻기 위해 무타티스 무탄디스에 사용될 수 있다.

$$B_n^{(l)}(x;\lambda) = l!\sum_{k=l}^{n}\binom{n}{k}\binom{k}{l}x^{n-k}\sum_{j=0}^{k-l}\binom{l+j-1}{j}$$
$$\cdot \frac{j!(-\lambda)^j}{(\lambda-1)^{j+1}}S(k-l,j) \quad (n,l\in\mathbb{N}_0;\ \lambda\in\mathbb{C}\setminus\{1\}). \tag{6.2.30}$$

> [따름정리 6.2.12] 아포스톨 - 베르누이 다항식 $B_n^{(\alpha)}(x;\ \lambda)$에 대해 다음은 사실이다.
>
> $$B_n(x;\lambda) = n\sum_{k=0}^{n-1}\binom{n-1}{k}\frac{\lambda^k}{(\lambda-1)^{k+1}}\sum_{j=0}^{k}(-1)^j\binom{k}{j}j^k(x+j)^{n-k-1}$$
> $$\cdot F\left(k-n+1,k;k+1;\frac{j}{x+j}\right) \quad (n\in\mathbb{N}_0;\ \lambda\in\mathbb{C}\setminus\{1\}). \tag{6.2.31}$$

허비츠 (또는 일반화된) 제타함수를 포함하는 표현

일반적인 허비츠 - 레치 제타 함수 $\Phi(z,s,a)$는 다음과 같이 정의되고

$$\Phi(z,s,a) = \sum_{n=0}^{\infty}\frac{z^n}{(n+a)^s} \tag{6.2.32}$$
$$(a\in\mathbb{C}\setminus\mathbb{Z}_0^-;\ s\in\mathbb{C}\ \ |z|<1\text{일 때};\ \Re(s)>1\ \ |z|=1\text{일 때})$$

이의 특별한 경우처럼 리만과 허비츠 제타함수

$$\zeta(s)=\Phi(1,s,1)\text{와}\ \ \zeta(s,a)=\Phi(1,s,a) \tag{6.2.33}$$

와 레치 제타 함수 :

$$\ell_s(\xi) = \sum_{n=1}^{\infty} \frac{e^{2n\pi i\xi}}{n^s} = e^{2\pi i\xi}\Phi(e^{2\pi i\xi}, s, 1) \quad (\xi \in \mathbb{R};\ \Re(s) > 1), \tag{6.2.34}$$

뿐만 아니라 다중 로그 함수

$$Li_s(z) = \sum_{n=1}^{\infty} \frac{z^n}{n^s} = z\Phi(z, s, 1) \tag{6.2.35}$$
$$(s \in \mathbb{C}\quad |z| < 1\text{일때};\ \Re(s) > 1\quad |z| = 1\text{일때})$$

와 립셔쯔-레치 제타 함수

$$\phi(\xi, a, s) = \sum_{n=0}^{\infty} \frac{e^{2n\pi i\xi}}{(n+a)^s} = \phi(e^{2\pi i\xi}, s, a) = L(\xi, s, a)$$
$$(a \in \mathbb{C}\backslash\mathbb{Z}_0^-;\ \Re(s) > 0\quad \xi \in \mathbb{R}\backslash\mathbb{Z}\text{ 일때};\ \Re(s) > 1\quad \xi \in \mathbb{Z}\text{ 일때}) \tag{6.2.36}$$

와 같은 다른 함수도 포함한다. 이는 산술 과정의 소수에 대한 디리클레의 유명한 정리와 연관해서 루돌프 립셔쯔와 메트야스 레치에 의해 처음으로 연구되었다.

(6.2.32)에 정의된 일반적인 허비츠-레치 제타 함수 $\Phi(z, s, a)$에 대해 기본적인 급수 항등식

$$\sum_{k=1}^{\infty} f(k) = \sum_{j=1}^{q}\sum_{k=0}^{\infty} f(qk+j) \quad (q \in \mathbb{N}) \tag{6.2.37}$$

를 이용하여

$$\Phi(z, s, a) = q^{-s}\sum_{j=1}^{q}\Phi\left(z^q, s, \frac{a+j-1}{q}\right)z^{j-1} \tag{6.2.38}$$

를 쉽게 보일 수 있는데, 이는

$$z=\exp\left(\frac{2p\pi i}{q}\right) \quad (p\in\mathbb{Z};\ q\in\mathbb{N})$$

일 때, (6.2.36)에 의해 정의된 립셔쯔-레치 제타 함수 $\phi(\xi, a, s)$에 대한 다음의 합 공식

$$\phi\left(\frac{p}{q}, a, s\right)=q^{-s}\sum_{j=1}^{q}\zeta\left(s, \frac{a+j-1}{q}\right)\exp\left(\frac{2(j-1)p\pi i}{q}\right) \tag{6.2.39}$$

을 허비츠 제타 함수 $\zeta(s,a)$에 의해 나타낸다.

$z=1$이면 (6.2.38)은 다음의 잘 알려진 항등식이 된다.

$$\zeta(s,a)=q^{-s}\sum_{j=1}^{q}\zeta\left(s, \frac{a+j-1}{q}\right), \tag{6.2.40}$$

여기서 $a=1$이면, 리만 제타 함수 $\zeta(s)$의 잘 알려진 결과가 된다. 한편, (6.2.38)과 (6.2.39)에서 $a=\frac{1}{2}$이면, 각각

$$\sum_{n=1}^{\infty}\frac{z^n}{(2n-1)^s}=(2q)^{-s}\sum_{j=1}^{q}\Phi\left(z^q, s, \frac{2j-1}{2q}\right)z^{j-1} \tag{6.2.41}$$

와

$$\sum_{n=0}^{\infty}\frac{e^{(2n+1)p\pi i/q}}{(2n+1)^s}=(2q)^{-s}\sum_{j=1}^{q}\zeta\left(s, \frac{2j-1}{2q}\right)\exp\left(\frac{(2j-1)p\pi i}{q}\right) \tag{6.2.42}$$

이 된다. $a=1$인 경우에는 (6.2.38)과 (6.2.39)는 각각 다음과 같이 함의 공식 (6.2.41)과 (6.2.42)의 짝이 된다.

$$\sum_{n=1}^{\infty}\frac{z^n}{n^s}=Li_s(z)=q^{-s}\sum_{j=1}^{q}\Phi\left(z^q, s, \frac{j}{q}\right)z^j, \qquad (6.2.43)$$

$$\sum_{n=1}^{\infty}\frac{e^{2np\pi i/q}}{n^s}=\ell_s\left(\frac{p}{q}\right)=q^{-s}\sum_{j=1}^{q}\zeta\left(s, \frac{j}{q}\right)\exp\left(\frac{2jp\pi i}{q}\right). \qquad (6.2.44)$$

(6.2.36)에 정의된 립셔쯔 - 레치 제타 함수 $\phi(\xi, a, s)$에 대하여 레치의 함수 방정식을 짚어보자.

$$\begin{aligned}\phi(\xi, a, 1, -s) = \frac{\Gamma(s)}{(2\pi)^s}&\left\{\exp\left[\left(\frac{1}{2}s-2a\xi\right)\pi i\right]\phi(-a, \xi, s)\right.\\ &\left.+\exp\left[\left(-\frac{1}{2}s+2a(1-\xi)\right)\pi i\right]\phi(a, 1-\xi, s)\right\} \qquad (6.2.45)\\ &(s\in\mathbb{C}; 0<\xi<1).\end{aligned}$$

이는 최근에 스리바스타바에 의해 아포스톨의 공식

$$\phi(\xi, a, -n)=-\frac{\mathcal{B}_n(a; e^{2\pi i\xi})}{n} \quad (n\in\mathbb{N}) \qquad (6.2.46)$$

과 함께 (6.2.5)에 정의된 아포스톨 - 베르누이 다항식 $B_n(x;\lambda)$를 다음과 같이 나타내기 위해 사용되었다.

$$\begin{aligned}&B_n\left(\frac{p}{q}; e^{2\pi i\xi}\right)=-\frac{n!}{(2q\pi)^n}\left\{\sum_{j=1}^{q}\zeta\left(n, \frac{\xi+j-1}{q}\right)\exp\left[\left(\frac{n}{2}-\frac{2(\xi+j-1)p}{q}\right)\pi i\right]\right.\\ &\left.+\sum_{j=1}^{q}\zeta\left(n, \frac{j-\xi}{q}\right)\exp\left[\left(-\frac{n}{2}+\frac{2(j-\xi)p}{q}\right)\pi i\right]\right\}\\ &\qquad (n\in\mathbb{N}\setminus\{1\};\ p\in\mathbb{Z};\ q\in\mathbb{N}; \xi\in\mathbb{R}). \qquad (6.2.47)\end{aligned}$$

이 등식은 각 변이 존재하면 성립된다. 실제로 $\xi\in\mathbb{Z}$이면 합공 (6.2.47)은 시비조빅과 클리노스키에 의해 이미 알려진 결과가 된다.

■ 주의 6.2.13

스리바스타바의 공식 (6.2.47)과 그의 급수 (6.2.47)의 미분은 루(Luo)에 의해 급수전개 (6.2.47)에 제대로 귀속되지 않고 버바팀으로 재생되었는데, 우리 목적에 스리바스타바 공식 (6.2.47)을 적용하여 다음을 나타내는 정의 6.2.1를 다시 본다.

$$\begin{aligned}\sum_{n=0}^{\infty} B_n^{(\alpha)}(x;\lambda)\frac{z^n}{n!} &= \left(\frac{z}{\lambda e^z - 1}\right)^{\alpha-1} \cdot \left(\frac{z}{\lambda e^z - 1}\right)e^{xz} \\ &= \left(\sum_{n=0}^{\infty} B_n^{(\alpha-1)}(\lambda)\frac{z^n}{n!}\right) \cdot \left(\sum_{n=0}^{\infty} B_n(x;\lambda)\frac{z^n}{n!}\right).\end{aligned} \tag{6.2.48}$$

(6.4.48)의 마지막 항이 두 급수의 코시곱인 것을 알 수 있고, 다음의 보조정리 6.2.14를 얻게 된다.

[보조정리 6.2.14] 차수 α인 아포스톨 - 베르누이 다항식 $B_n^{(\alpha)}(x;\lambda)$차수 $\alpha-1$인 아포스톨 - 베르누이 수 $B_n^{(\alpha-1)}(\lambda)$ 사이에서 다음의 관계가 성립한다.

$$B_n^{(\alpha)}(x;\lambda) = \sum_{k=0}^{n}\binom{n}{k}B_{n-k}^{(\alpha-1)}(\lambda)B_k(x;\lambda) \quad (n \in \mathbb{N}_0). \tag{6.2.49}$$

[정리 6.2.15] 차수 α인 아포스톨 - 베르누이 다항식 $B_n^{(\alpha)}(x;\lambda)$에 대해 다음을 알 수 있다.

$$\begin{aligned}B_n^{(\alpha)}\left(\frac{p}{q};e^{2\pi i\xi}\right) &= n(e^{2\pi i\xi}-1)^{-1}B_{n-1}^{(\alpha-1)}(e^{2\pi i\xi}) - \sum_{k=2}^{n}\frac{k!}{(2q\pi)^k}\binom{n}{k}B_{n-k}^{(\alpha-1)}(e^{2\pi i\xi}) \\ &\cdot \left(\sum_{j=1}^{q}\zeta\left(k,\frac{\xi+j-1}{q}\right)\exp\left[\left(\frac{k}{2}-\frac{2(\xi+j-1)p}{q}\right)\pi i\right]\right.\end{aligned}$$

$$+\sum_{j=1}^{q}\zeta\left(k, \frac{j-\xi}{q}\right)\exp\left[\left(-\frac{k}{2}+\frac{2(j-\xi)p}{q}\right)\pi i\right] \tag{6.2.50}$$
$$(n \in \mathbb{N}\backslash\{1\};\ p \in \mathbb{Z};\ q \in \mathbb{N};\ \xi \in \mathbb{R}\backslash\mathbb{Z}).$$

증명 정리 6.2.15의 증명은 매우 직설적이다. 사실 보조정리 6.2.14의 스리바스타바 공식 (6.2.47)을 사용하여 정리 6.2.15의 (6.2.50)이 다음과 같이 주장되어진다.

$$B_0(x;\lambda) = 0 \text{ 와 } B_1(x;\lambda) = \frac{1}{\lambda-1} \quad (\lambda \neq 1), \tag{6.2.51}$$

$$B_n^{(0)}(\lambda) = B_n^{(0)}(0;\lambda) = \delta_{n,0} \quad (n \in \mathbb{N}_0) \tag{6.2.52}$$

이기 때문에, (6.2.50)에서 $\alpha = 1$로 하면 정리 6.2.15에서 스리바스타바 공식 (6.2.47)은 복원된다. 더 중요한 것은 $\xi \in \mathbb{Z}$일 때 공식 (6.2.50)의 예외적인 경우로서 스리바스타바 공식과 함께 보조정리 6.2.14의 (6.2.49)를 주장할 수 있다.

$$B_n\left(\frac{p}{q}\right) = -\frac{2 \cdot n!}{(2q\pi)^n}\sum_{j=1}^{q}\zeta\left(n, \frac{j}{q}\right)\cos\left(\frac{2jp\pi}{q}-\frac{n\pi}{2}\right) \tag{6.2.53}$$
$$(n \in \mathbb{N}\backslash\{1\};\ p \in \mathbb{N}_0;\ q \in \mathbb{N};\ 0 \leq p \leq q).$$

이는 $\xi \in \mathbb{Z}$일 때 다음과 같이 (6.2.50)의 보완관계를 이끌어 낼 수 있다.

$$\begin{aligned}B_n^{(\alpha)}\left(\frac{p}{q}\right) &= B_n^{(\alpha-1)} + n\left(\frac{p}{q}-\frac{1}{2}\right)B_{n-1}^{(\alpha-1)} \\ &\quad - \sum_{k=2}^{n}\frac{2 \cdot k!}{(2q\pi)^k}\binom{n}{k}B_{n-k}^{(\alpha-1)}\sum_{j=1}^{q}\zeta\left(k, \frac{j}{q}\right)\cos\left(\frac{2jp\pi}{q}-\frac{k\pi}{2}\right)\end{aligned}$$
$$(n \in \mathbb{N}\backslash\{1\};\ p \in \mathbb{N}_0;\ q \in \mathbb{N};\ 0 \leq p \leq q). \tag{6.2.54}$$

여러 가지 결과

차수 α인 아포스톨 - 베르누이 다항식 $B_n^{(\alpha)}(x;\lambda)$의 다음과 같은 더 많은 성질들이 정의 6.2.2로부터 구해진다. 그러므로 자세한 증명들은 생략하기로 한다.

$$B_n^{(\alpha+1)}(x;\lambda)=\left(1-\frac{n}{\alpha}\right)B_n^{(\alpha)}(x;\lambda)+n\left(\frac{x}{\alpha}-1\right)B_{n-1}^{(\alpha)}(x;\lambda). \quad (6.2.63)$$

[정리 6.2.16] $n\in\mathbb{N}_0$라 하고, α와 λ를 적절한 (실수 혹은 복소수) 매개변수라 하면, 다음을 알 수 있다.

$$B_n^{(\alpha)}(x;\lambda)=\sum_{k=0}^{n}\binom{n}{k}B_k^{(\alpha)}(\lambda)x^{n-k} \text{ and } B_n^{(0)}(x;\lambda)=x^n, \quad (6.2.55)$$

$$\lambda B_n^{(\alpha)}(x+1;\lambda)-B_n^{(\alpha)}(x;\lambda)=nB_{n-1}^{(\alpha-1)}(x;\lambda), \quad (6.2.56)$$

$$\frac{\partial}{\partial x}B_n^{(\alpha)}(x;\lambda)=nB_{n-1}^{(\alpha)}(x;\lambda), \quad (6.2.57)$$

$$\int_a^b B_n^{(\alpha)}(x;\lambda)\,dx=\frac{B_{n+1}^{(\alpha)}(b;\lambda)-B_{n+1}^{(\alpha)}(a;\lambda)}{n+1}, \quad (6.2.58)$$

$$B_n^{(\alpha+\beta)}(x+y;\lambda)=\sum_{k=0}^{n}\binom{n}{k}B_k^{(\alpha)}(x;\lambda)B_{n-k}^{(\alpha)}(y;\lambda), \quad (6.2.59)$$

$$B_n^{(\alpha)}(a-x;\lambda)=\frac{(-1)^n}{\lambda^\alpha}B_n^{(\alpha)}(x;\lambda^{-1}), \quad (6..2.60)$$

$$B_n^{(\alpha)}(\alpha+x;\lambda)=\frac{(-1)^n}{\lambda^\alpha}B_n^{(\alpha)}(-x;\lambda^{-1}), \quad (6.2.61)$$

$$nxB_{n-1}^{(\alpha)}(x;\lambda)=(n-\alpha)B_n^{(\alpha)}(x;\lambda)+\alpha\lambda B_n^{(\alpha+1)}(x+1;\lambda),\text{와} \quad (6.2.62)$$

7 비틀림 특수함수의 q-아날로그

7.1 비틀림 q-허비츠 제타함수와 $q-L-$함수 I

소개, 정의 그리고 기호

우리의 목표는 새로운 비틀림 (h,q)-허비츠 제타함수와 비틀림 (h,q)-두 수 L-함수를 만드는 것이다. 심섹(Simsek)에 의해 정의된 비틀림 (h,q)-허비츠 제타 함수와 비틀림 (h,q)-두 변수 L-함수의 적분 표현을 나타낼 수 있다. 이 절에서 사용될 정의, 정리와 생성함수를 소개하겠다. 김 외 몇 학자들은 $\mathbb{Z}_p$에서 p-진 불변적분을 사용하여 비틀림 q-베르누이 수를 정의하였다. 그들은 비틀림 q-베르누이 수를 보간하는 비틀림 q-제타함수와 $q-L$-급수를 만들었다. 우리는 q-일반화 된 오일러수와 다항식의 생성함수를 만들었고 양이 아닌 정수에서 비틀림 q-오일러수로 보간되는 복소수 해석적 비틀림 L-급수를 만들었다. 최근, 우리는 비틀림 L-함수의 해석적 성질들을 연구하였다. 그리고 비틀림 베르누이 다항식과 수를 정의하였고, 비틀림 베르누이 수와 비틀림 L-함수와의 관계를 구하였다. 또 이 수와 함수들의 q-유사를 하였다. 영(Young)은 두 변수 p-진 L-함수의 p-진 적분을 나타내었다. 타이치뮬러 지표의 멱(power)에서 첫 번째 변수에 대해 유리형(meromorphic)함수이고 두 번째 변수에 대해 정칙이 되는 큰 정의역으로 L-함수를 확장하는 적분 표현을 사용하였다. 이런 적분 표현들은 일반화된 베르누이 다항식의 합동 체계(system of congruence)를 의미한다.

김은 q-볼켄본 적분을 이용하여 새로운 베르누이 수와 다항식의 (h,q)-확장을 만들었다. 또한, 그는 새로운 베르누이 수와 다항식의 (h,q)- 확장으로 보간되는 제타함수의 (h,q)-확장을 정의하였다. (h,q)-베르누이 수와 제타함수 그리고 L-함수를 정의하였고 이 함수와 수들 사이에서 관계를 규명하였다. 김과 임은 두 변수 L-함수 $L(s, x|\chi)$를 만들었다. 그들은 이 함수가 χ에 대한 일반화된 베르누이 다항식을 보간한다는 것을 보였고 멜린 변환을 이용하여 두 변수 디리클레 L-함수의 복소수 적분을 표현했다. 그들은 또한 두 변수 디리클레 L-함수의 몇 가지 성질들을 찾아냈다. 김은 디리클레 지표에 대한 일반화된 q-베르누이 다항식을 보간하는 두 변수 p-진 $q-L$- 함수을 만들었다. 그는 또 두 변수 p-진 $q-L$-함수의 p-진 적분을 표현하였고, p-진 감마와 로그감마 함수에 대한 두 변수 p-진 L-함수의 일반화 된 다이아몬드와 페로(Ferro) 그리고 그린버그(Greenberg)공식의 q-확장을 이

끌어냈다. 심섹, 김 그리고 임은 두 변수 L-함수의 q-유사를 정의하였고 이 함수들을 일반화 하였다.

이 절에서 $\mathbb{Z}$, $\mathbb{Z}_p$, $\mathbb{Q}_p$와 $\mathbb{C}_p$는 각각 유리정수의 환(ring), p-진 정수 환(ring), p-진 유리수 체(field) 그리고 $\mathbb{Q}_p$의 대수적 폐포(algebraic closure)의 완비화(completion)이다.

v_p가 $|p|_p = p^{-v_p(p)} = p^{-1}$을 만족하는 $\mathbb{C}_p$의 표준화된 지수값(normalized exponential valuation)이라 하자. q-확장을 이야기 할 때 q는 복소수 또는 p-진 복소수와 같은 미지수로 다양하게 생각할 수 있으며 보통은 $q^x = \exp(x \log q)$ $(|x|_p \le 1)$를 만족하도록 하는 $|q-1|_p < p^{-\frac{1}{p-1}}$이라 가정한다. 만약 q가 복소수이면 보통 $|q| < 1$이라 가정한다. 만약

$$f \in UD(\mathbb{Z}_p, \mathbb{C}_p) = \{f | f : \mathbb{Z}_p \to \mathbb{C}_p \text{ 는 평등 미분가능 함수}\}$$

이면, p-진 적분 (또는 볼켄본 적분)은 다음과 같이 정의되고

$$I_q(f) = \int_{\mathbb{Z}_p} f(x) d\mu_q(x) = \lim_{N \to \infty} \frac{1}{[p^N]_q} \sum_{x=0}^{p^N-1} q^x f(x) \qquad (7.1.1)$$

여기서 $[x]_q = \dfrac{1-q^x}{1-q}$이다.

$$I_1(f) = \lim_{q \to 1} I_q(f) = \int_{\mathbb{Z}_p} f(x) d\mu_1(x) = \lim_{N \to \infty} \frac{1}{p^N} \sum_{x=0}^{p^N-1} f(x). \qquad (7.1.2)$$

식 (7.1.2)에서 $f_1(x)$를 $f(x+1)$로 택하면

$$I_1(f_1) = I_1(f) + f'(0), \qquad (7.1.3)$$

이고, 이때 $f'(0)=\left.\frac{d}{dx}f(x)\right|_{x=0}$ 이다. 김은 그의 논문에서 베르누이 수와 다항식의 새로운 (h,q)-확장을 보였다. 그는 음의 정수에서 베르누이 수의 새로운 (h,q)-확장을 보간하는 제타함수의 새로운 q-확장을 만들었다.

p가 어떤 소수라 하자. $(p,f)=1$인 어떤 고정된 양의 정수 f에 대하여

$$X=X_f=\lim_{\overleftarrow{N}}\mathbb{Z}/fp^N\mathbb{Z},$$
$$X_1=\mathbb{Z}_p,$$
$$X^*=\bigcup_{\substack{0<a<fp\\(a,p)=1}}a+fp\mathbb{Z}_p$$

라 하고

$$a+fp^N\mathbb{Z}_p=\{x\in X|x\equiv a(\mathrm{mod}fp^N)\}$$

하자. 여기서 정수 a는 $0\le a<fp^N$이다. $f\in UD(\mathbb{Z}_p,\ \mathbb{C}_p)$에 대해

$$\int_{\mathbb{Z}_p}f(x)d\mu_1(x)=\int_X f(x)d\mu_1(x) \tag{7.1.4}$$

이다. (7.1.3)에서 귀납법에 따라

$$I_1(f_b)=I_1(f)+\sum_{j=0}^{b-1}f'(j) \tag{7.1.5}$$

임을 알 수 있는데 여기서

$$f_b(x)=f(x+b),\ b\in\mathbb{Z}^+ \tag{7.1.6}$$

이다.

[정리 7.1.1] χ는 도수 $f \in \mathbb{Z}^+$의 디리클레 지표라 하자. $n \in \mathbb{Z}^+$이면

$$L_q^{(h)}(-n, \chi) = -\frac{B_{n+1,\chi}^{(h)}(q)}{n+1}.$$

결과를 요약하면 다음과 같다.

$T_p = \bigcup_{n \geq 1} C_{p^n} = \lim_{n\to\infty} C_{p^n}$라 하자. 여기서 $C_{p^n} = \left\{w | w^{p^n} = 1\right\}$는 p^n차 순환군(cycle group)이다. $w \in T_p$일 때 국소적 상수함수 $x \to w^x$는 $\phi_w : \mathbb{Z}_p \to \mathbb{C}_p$로 정의한다.

q-볼켄본 적분을 사용하여 베르누이 수 $B_{n,w}^{(h)}(q)$의 비틀림 (h, q)-확장의 생성함수를 다음과 같이 정의할 수 있다.

$$F_{w,q}^{(h)}(t) = \frac{\log q^h + t}{wq^h e^t - 1} + \sum_{n=0}^{\infty} B_{n,w}^{(h)}(q) \frac{t^n}{n!}$$

만약 $w \to 1$이면 $B_{n,w}^{(h)}(q) \to B_n^{(h)}(q)$이고 $F_{w,q}^{(h)}(t) \to F_q^{(h)}(t) = \dfrac{h\log q + t}{q^h e^t - 1}$이라는 것은 알려져 있다. 만약 $w \to 1$이고 $q \to 1$이면 $F_{w,q}(t) \to F(t) = \dfrac{t}{e^t - 1}$와 $B_{n,w}(q) = B_n$는 보통의 베르누이 수이다. 베르누이 다항식 $B_{n,w}^{(h)}(z : q)$의 비틀림 (h, q)-확장은 다음의 생성 함수로 정의된다.

$$F_{w,q}^{(h)}(t, z) = \frac{(t + \log q^h)e^{tz}}{wq^h e^t - 1} = I_1(\phi_w(x) q^{hx} e^{t(z+x)})$$

$$= \sum_{n=0}^{\infty} B_{n,w}^{(h)}(z:q)\frac{t^n}{n!} \tag{7.1.6}$$

여기에서 $B_{n,w}^{(h)}(0:q) = B_{n,w}^{(h)}(q)$이다. 일반화된 비틀림 (h,q)-확장 베르누이 수는 생성함수

$$F_{\chi,w,q}^{(h)}(t) = \sum_{a=1}^{f}\frac{\chi(a)\phi_w(a)q^{ha}e^{at}(t+\log q^h)}{w^f q^{hf}e^{ft}-1}$$

$$= \sum_{n=0}^{\infty} B_{n,\chi,w}^{(h)}(q)\frac{t^n}{n!}$$

에 의해 정의된다. 따라서

$$\lim_{w\to 1} F_{\chi,w,q}^{(h)}(t) = \sum_{a=1}^{f}\frac{\chi(a)q^{ha}e^{at}(t+\log q^h)}{q^{hf}e^{ft}-1},\ \ B_{n,\chi,w}^{(h)}(q) \to B_{n,\chi}^{(h)}(q)$$

이 일반화된 베르누이 수의 비틀림 (h,q)-확장이다.

[정리 7.1.2] χ가 도수 $f \in \mathbb{Z}^+$의 디리클레 지표라 하면,

$$B_{n,\chi,w}^{(h)}(q) = \int_X \chi(x)\phi_w(x)q^{hx}x^n d\mu_1(x), \tag{7.1.7}$$

$$B_{n,\chi,w}^{(h)}(z:q) = \int_X \chi(x)\phi_w(x)q^{hx}(x+z)^n d\mu_1(x) \tag{7.1.8}$$

인데 이 때 $q \in \mathbb{C}_p$, $|q-1|_p < p^{-\frac{1}{p-1}}$이다. 어떠한 양의 정수 n에 대하여

$$B_{n,\chi,w}^{(h)}(z:q) = f^{n-1}\sum_{a=1}^{f}\chi(a)\phi_w(a)q^{ha}B_{n,w^f}^{(h)}\left(\frac{a+z}{f}:q^f\right),$$

$$B_{n,\chi,w}^{(h)}(z:q) = \sum_{k=0}^{n}\binom{n}{k}z^{n-k}B_{k,\chi,w}^{(h)}(q) \tag{7.1.9}$$

이다. $B_{n,\chi,w}^{(h)}(0:q) = B_{n,\chi,w}^{(h)}(q)$, $\lim_{q\to 1}B_{n,\chi,w}^{(h)}(q) = B_{n,\chi,w}^{(h)}$ 임을 알 수 있는데 여기서 $B_{n,\chi,w}^{(h)}$는 비틀림 베르누이 수이다.

$w\to 1$이고 $q\to 1$이면

$$F_{\chi,w,q}(t) \to F_{\chi}(t) = \sum_{a=1}^{f}\frac{\chi(a)e^{at}t}{e^{ft}-1}$$

이고 $B_{n,\chi,w}(q)\to B_{n,\chi}$는 고전적 일반화된 베르누이 수이고

$$F_{\chi,w,q}(t,z)\to F_{\chi}(t,z) = \sum_{a=1}^{f}\frac{\chi(a)e^{at}t}{e^{ft}-1}e^{zt}$$

이고 $B_{n,\chi,w}(z:q)\to B_{n,\chi}(z)$는 고전적 베르누이 다항식이다. $w\to 1$이면

$$F_{w,q}^{(h)}(t,z) \to F_{q}^{(h)}(t,z) = F_{q}^{(h)}(t)e^{tz}$$

이다.

■■■ 비틀림 허비츠 제타 함수와 비틀림 두 변수 L-함수의 (h, q)-유사

여기에서 우리의 우선 목표는 비틀림 (h,q)-허비츠 제타 함수와 비틀림 (h,q)-두 변수 L-함수를 정의하는 것이다. (7.1.6)에서

생성 함수와 비틀림 (h,q)-허비츠 제타 함수의 관계를 규명한다. $q\in\mathbb{C}$ 이고 $|q|<1$이라 하자. 복소수 s에 대해 식 (7.1.6)에 멜린 변환을 적용하면 다음을 얻게 된다.

$$\begin{aligned}
&\frac{1}{\Gamma(s)}\int_0^\infty t^{s-2}F_{w,q}^{(h)}(-t,x)dt\\
&=\frac{1}{\Gamma(s)}\int_0^\infty t^{s-2}e^{-tx}\left(\frac{-t}{q^h we^{-t}-1}+\frac{hlogq}{q^h we^{-t}-1}\right)dt\\
&=\frac{1}{\Gamma(s)}\int_0^\infty \frac{t^{s-1}e^{-tx}dt}{q^h we^{-t}-1}-\frac{hlogq}{\Gamma(s)}\int_0^\infty \frac{t^{s-2}e^{-tx}dt}{1-q^h we^{-t}}\\
&=\sum_{n=0}^{\infty}q^{nh}w^n\frac{1}{\Gamma(s)}\int_0^\infty t^{s-1}e^{-(n+x)}dt-\frac{hlogq}{\Gamma(s)}\sum_{n=0}^{\infty}q^{nh}w^n\int_0^\infty t^{s-2}e^{-(n+x)t}dt\\
&=\sum_{n=0}^{\infty}\frac{w^n q^{nh}}{(n+x)^s}-\frac{\log q^h}{s-1}\sum_{n=0}^{\infty}\frac{w^n q^{nh}}{(n+x)^{s-1}}.
\end{aligned} \tag{7.1.10}$$

위의 방정식을 이용하여 새로운 (h,q)-허비츠 제타 함수의 적분 표현을 얻는다. (7.1.10)을 이용하여 새로운 비틀림 (h,q)-허비츠 제타 함수를 다음과 같이 정의할 수 있다.

[정의 7.1.3] $s\in\mathbb{C}$, $x\in$ $^+s\in\mathbb{C}, x\in\mathbb{R}^+$라 하면

$$\zeta_{w,q}^{(h)}(s,x)=\sum_{n=0}^{\infty}\frac{w^n q^{nh}}{(n+x)^s}-\frac{hlogq}{s-1}\sum_{n=0}^{\infty}\frac{w^n q^{nh}}{(n+x)^{s-1}}. \tag{7.1.11}$$

주의 7.1.4

$w\to 1$이면 $\zeta_{w,q}^{(h)}(s,x)$는 다음과 같음을 알 수 있다.

$$\zeta_q^{(h)}(s,x)=\sum_{n=0}^{\infty}\frac{q^{nh}}{(n+x)^s}-\frac{hlogq}{s-1}\sum_{n=0}^{\infty}\frac{q^{nh}}{(n+x)^{s-1}}.$$

$q \to 1$, $w \to 1$이고 $h=1$이면 $\zeta_q^{(h)}(s)$는 리만 제타함수 $\zeta(s)=\sum_{n=1}^{\infty}\frac{1}{n^s}$ 가 되고, $\zeta_q^{(h)}(s,x)$는 허비츠 제타 함수 $\zeta(s,x)=\sum_{n=1}^{\infty}\frac{1}{(n+x)^s}$이 된다. 복소수 평면에서 $\zeta(s,x)$ 함수의 적분 표현은 다음과 같이 나타냈다.

$$\zeta(s,x)=\frac{x^{1-s}}{s-1}+\frac{x^{-s}}{2}-s\int_0^{\infty}\frac{\{t\}-\frac{1}{2}}{(t+x)^{s+1}}dt$$

여기서 $\{t\}$는 t의 소수 부분이다. 그는 또 허비츠 제타 함수와 러치의 표현(Lerch's expression) $\ln\Gamma(s)=\zeta'(0,x)-\zeta(0)$과 관련된 전통적인 공식들을 내놓았다. (7.1.11)에서 $x=1$이면 비틀림 제타 함수를 나타내는 $\zeta_{w,q}^{(h)}(s,1)=\zeta_{w,q}^{(h)}(s)$를 쉽게 알 수 있다. 또한 $\zeta_{w,q}^{(h)}(s)$는 $Re(s)>1$에 대해 해석적 연속이다.

$\lim_{w\to 1}\zeta_{w,q}^{(h)}(s)=\zeta_q^{(h)}(s)$으로 주어진다.

[정리 7.1.5] $n \in \mathbb{Z}^+$라 하면

$$\zeta_{w,q}^{(h)}(1-n,x)=-\frac{B_{n,w}^{(h)}(x:q)}{n}. \tag{7.1.12}$$

증명 이 정리의 증명은 $s=1-n$, $n\in\mathbb{Z}^+$에 대하여 식(7.1.10)에서 코시의 유수정리를 사용하면 증명되므로 생략하기로 하겠다. ▨

비틀림 (h,q)-L함수는 다음과 같이 정의된다.

[정의 7.1.6] $s \in \mathbb{C}$라 하고 χ가 도수 $f \in \mathbb{Z}^+$의 디리클레 지표라 하고 다음을 정의한다.

$$L_{w,q}^{(h)}(s,\chi) = \sum_{n=1}^{\infty} \frac{q^{nh} w^n \chi(n)}{n^s} - \frac{\log q^h}{s-1} \sum_{n=1}^{\infty} \frac{q^{nh} w^n \chi(n)}{n^{s-1}}. \quad (7.1.13)$$

$w \to 1$이면 (7.1.13)는 $L_q^{(h)}(s,\chi)$ 함수가 되고 다음과 같이 정의된다. χ가 도수 $f \in \mathbb{Z}^+$의 디리클레 지표라 하자. 복소수 s에 대해 다음을 정의한다.

$$L_q^{(h)}(s,\chi) = \sum_{n=1}^{\infty} \frac{q^{nh} \chi(n)}{n^s} - \frac{\log q^h}{s-1} \sum_{n=1}^{\infty} \frac{q^{nh} \chi(n)}{n^{s-1}}.$$

[정의 7.1.7] χ가 도수 $f \in \mathbb{Z}^+$의 디리클레 지표라 하자. 양의 정수 n에 대해

$$L_{w,q}^{(h)}(-n,\chi) = -\frac{B_{n+1,\chi,w}^{(h)}(q)}{n+1}$$

이다. $\lim_{w \to 1} L_{w,q}^{(h)}(s,\chi) = L_q^{(h)}(s,\chi)$임을 알 수 있다.

만약 (7.1.5)에서 $f(x) = \chi(x)\phi_w(x) q^{hx} e^{t(x+z)}$라 하면 베르누이 다항식의 새로운 (h,q,w)-확장인 $B_{n,\chi,w}^{(h)}(z:q)$는 다음의 생성함수에 의해 정의된다.

$$\begin{aligned} F_{\chi,w,q}^{(h)}(t,z) &= \int_X \chi(x)\phi_w(x)q^{hx}e^{t(x+z)}d\mu_1(x) \\ &= \sum_{a=1}^{f} \frac{\chi(a)\phi_w(a)q^{ha}e^{(z+a)t}(t+\log q^h)}{w^f q^{hf}e^{ft}-1} \\ &= \sum_{n=0}^{\infty} B_{n,\chi,w}^{(h)}(z:q)\frac{t^n}{n!}, \quad \text{for } |t|_p < p^{-\frac{1}{p-1}}, \ h \in \mathbb{Z}. \end{aligned} \tag{7.1.14}$$

$q \in \mathbb{C}$ 이고 $|q| < 1$이라 가정하자. (7.1.14)에 의해 새로운 비틀림 두 변수 $(h,q)-L$-함수를 정의한다. 복소수 s에 대해 $F_{\chi,w,q}^{(h)}(t,z)$의 멜린변환으로 알려진 아래의 적분을 생각해보자.

$$\begin{aligned} &\frac{1}{\Gamma(s)}\int_0^\infty t^{s-2}F_{\chi,w,q}^{(h)}(-t,z)dt \\ &= \frac{1}{\Gamma(s)}\int_0^\infty t^{s-2}\sum_{a=1}^{f}\frac{\chi(a)\phi_w(a)q^{ha}e^{-(z+a)t}(-t+\log q^h)}{w^f q^{hf}e^{-ft}-1} \\ &= \frac{1}{\Gamma(s)}\sum_{a=1}^{f}\chi(a)\phi_w(a)q^{ha}\int_0^\infty \frac{t^{s-1}e^{-(z+a)t}}{1-w^f q^{hf}e^{-ft}}dt - \frac{h\log q}{\Gamma(s)} \\ &\quad \times \sum_{a=1}^{f}\chi(a)\phi_w(a)q^{ha}\int_0^\infty \frac{t^{s-2}e^{-(z+a)t}}{1-w^f q^{hf}e^{-ft}}dt \\ &= \sum_{a=1}^{f}\chi(a)\phi_w(a)q^{ha}\sum_{n=0}^{\infty}q^{nfh}w^{fn}\frac{1}{\Gamma(s)}\int_0^\infty t^{s-1}e^{-(nf+z+a)t}dt - \frac{h\log q}{\Gamma(s)} \\ &\quad \times \sum_{a=1}^{f}\chi(a)\phi_w(a)q^{ha}\sum_{n=0}^{\infty}q^{nfh}w^{fn}\int_0^\infty t^{s-2}e^{(nf+z+a)t}dt \\ &= \sum_{a=1}^{f}\sum_{n=1}^{\infty}\frac{\chi(a+nf)\phi_w(a+nf)q^{h(a+nf)}}{(z+n)^s} - \frac{\log q^h}{s-1} \\ &\qquad \times \sum_{a=1}^{f}\sum_{n=1}^{\infty}\frac{\chi(a+nf)\phi_w(a+nf)q^{h(a+nf)}}{(z+n)^{s-1}}. \end{aligned} \tag{7.1.15}$$

$m=a+nf$인 $m=0,1,\cdots,\infty$에 대하여

$$\frac{1}{\Gamma(s)}\int_0^\infty t^{s-2}F_{\chi,w,q}^{(h)}(-t,z)dt$$
$$=\sum_{m=0}^{\infty}\frac{\chi(m)\phi_w(m)q^{hm}}{(z+m)^s}-\frac{\log q^h}{s-1}\sum_{m=0}^{\infty}\frac{\chi(m)\phi_w(m)q^{hm}}{(z+m)^{s-1}}$$

이다. 이제 새로운 비틀림 두 변수 $(h,q)-L$-함수를 정의할 수 있다. 위의 적분 표현을 이용하여 다음 정의를 얻게 된다.

[정의 7.1.8] $s\in\mathbb{C}$라 하고 χ가 도수 $f\in\mathbb{Z}^+$의 디리클레 지표라 하면 비틀림 두 변수 $(h,q)-L-$함수는

$$L_{w,q}^{(h)}(s,z,\chi)=\sum_{m=0}^{\infty}\frac{\chi(m)\phi_w(m)q^{hm}}{(z+m)^s}-\frac{\log q^h}{s-1}\sum_{m=0}^{\infty}\frac{\chi(m)\phi_w(m)q^{hm}}{(z+m)^{s-1}} \tag{7.1.16}$$

로 정의한다.

[정리 7.1.9] $\zeta_{w,q}^{(h)}(s,z)$와 $L_{w,q}^{(h)}(s,z,\chi)$의 관계는 다음과 같다.

$$L_{w,q}^{(h)}(s,z,\chi)=\frac{1}{f^s}\sum_{a=1}^{f}q^{ha}w^a\chi(a)\zeta_{w^f,q^f}^{(h)}\left(s,\frac{a+z}{f}\right). \tag{7.1.17}$$

증명 $m=0,1,,\cdots,\infty$이고 $a=1,\cdots,f$일 때 $n=a+mf$를 (7.1.3)에 대입하면

$$\begin{aligned}
&L_{w,q}^{(h)}(s,z,\chi) \\
&= \sum_{a=1}^{f} q^{ha} w^{a} \chi(a) \sum_{m=0}^{\infty} \frac{q^{mfh} w^{fm}}{(z+a+mf)^{s}} - \frac{\log q^{h}}{s-1} \sum_{a=1}^{f} q^{ha} w^{a} \chi(a) \sum_{m=0}^{\infty} \frac{q^{mfh} w^{fm}}{(z+a+mf)^{s-1}} \\
&= \frac{1}{f^{s}} \sum_{a=1}^{f} q^{ha} w^{a} \chi(a) \left(\sum_{m=0}^{\infty} \frac{q^{mfh} w^{fm}}{(m+\frac{a+z}{f})^{s}} - \frac{\log q^{fh}}{s-1} \sum_{m=0}^{\infty} \frac{q^{mfh} w^{fm}}{(m+\frac{a+z}{f})^{s-1}} \right)
\end{aligned}$$

를 얻게 되고 위 식 에서 $\zeta_{w,q}^{(h)}(s,z)$의 정의에 의해 원하는 결과를 얻는다. ▨

> [정리 7.1.7] χ가 도수 $f \in \mathbb{Z}^{+}$의 디리클레 지표라 하자. $n \in \mathbb{Z}^{+}$에 대해
>
> $$L_{w,q}^{(h)}(1-n,z,\chi) = -\frac{B_{n,\chi,w}^{(h)}(z:q)}{n}.$$

정리 7.1.10의 첫 번째 증명 이 정리의 증명은 정리 7.1.5의 증명과 유사하다. $s=1-n$, $n \in \mathbb{Z}^{+}$일 때 (7.1.15)에서 코시의 나머지 residue정리를 이용하면 증명되므로 자세한 것은 생략한다.

정리 7.1.10의 두 번째 증명 (7.1.17)에 $s=1-n$, $n \in \mathbb{Z}^{+}$를 대입하면

$$L_{w,q}^{(h)}(1-n,z,\chi) = f^{n-1} \sum_{a=1}^{f} q^{ha} w^{[a} \chi(a) \zeta_{w^{f},q^{f}}^{(h)}\left(1-n, \frac{a+z}{f}\right)$$

이다. (7.1.12)를 이용하여

$$\begin{aligned}
L_{w,q}^{(h)}(1-n,z,\chi) &= -\frac{f^{n-1}}{n} \sum_{a=1}^{f} q^{ha} w^{a} \chi(a) B_{n,w^{f}}^{(h)}\left(\frac{a+z}{f} : q^{f}\right) \\
&= -\frac{1}{n} B_{n,\chi,w}^{(h)}(z:q)
\end{aligned}$$

를 얻게 되고 (7.1.9)를 위 식에 대입하면 원하는 결과를 얻게 된다.

■ 주의 7.1.11 $\lim_{w \to 1} L_{w,q}^{(h)}(s,1,\chi) = L_q^{(h)}(s,\chi)$이다. 그러므로 $w \to 1$이면 정리 7.1.10은 정리 7.1.1이 된다. $z=1$이면 정리 7.1.11은 정리 7.1.9가 된다. $q \to 1$이고 $z=1$이면 (7.1.16)은 다음의 잘 알려진 정의가 된다. r이 양의 정수의 집합 $\mathbb{Z}^+$의 원소이고 χ가 도수 $f \in \mathbb{Z}^+$의 디리클레 지표라 하고 $\zeta^r = 1$, $\zeta \neq 1$이라고 가정하자. 비틀림 L-함수는

$$L(s,\chi,\zeta) = \sum_{n=1}^{\infty} \frac{\chi(n)\zeta^n}{n^s}$$

로 정의된다. 함수 $n \to \chi(n)\zeta^n$이 주기 fr을 가지므로 이것은 디리클레 L-함수의 특별한 경우다. 코브리츠와 저자는 양이 아닌 정수에서 비틀림 베르누이 수와 $L(s,\chi,\zeta)$의 관계를 규명하였다.

7.2 비틀림 q－허비츠 제타함수와 비틀림 q－L 함수 II

일반화된 q-오일러수의 생성함수

코브리츠는 p-진 L-함수의 q-유사인 $L_{p,q}(s,x)$를 만들었고, 두 개의 문제를 던졌다. 첫 번째 문제는 사토가 풀었다. 그는 복소수 정칙 $q-L$-급수를 만들었는데 이것은 디리클레의 L-함수의 q-유사이면서 코브리츠의 문제의 답인 q-베르누이 수를 보간한다. 사토는 카리츠의 q-오일러 다항식의 분배관계를 규명하였고 코브리츠가 $L_{p,q}(s,x)$를 만들었던 것과 같은 방법으로

q-오일러수의 p-진 보간함수를 얻기 위한 p-진 q-오일러 측도를 만들었다.

김은 p-진 불변 측도를 이용하여 코브리츠의 첫 번째 문제의 일부를 해결하였다. 쯔무라는 대수체(algebric number field)에 관련된 디리클레 급수의 q-유사를 만들었다. 그는 또한 p-진 로그 감마 함수의 q-유사를 만들었다. 그러나 그는 이 함수들과 대수체(algebradic number field)의 관계를 뚜렷이 보이지는 않았다. 그는 디리클레 l-급수의 q-유사를 이용하여 클래스 수(class number)공식의 q-표현을 얻어냈다. 김이 이전에 만들었던 p-진 q-적분을 이용하여 김-장-임은 고전적 베르누이 수의 p-진 q-유사를 정의하였고 q-오일러 수를 일반화 하였다. 그들은 쯔무라의 p-진 함수 $l_p(u, s, \chi)$를 다르게 만들었다. 오일러수와 관련된 코브리츠의 첫째 문제의 답이 되는 비틀림 q-오일러수를 보간하며 l_q-급수의 q-유사인 복소수 정칙 비틀림 $l_q(\frac{u}{\zeta}, s, \chi)$ 급수를 만드는 것이 이 절의 목적이다. 비틀림 일반화된 q-오일러 수의 생성함수로부터 비틀림 l_q-급수를 이끌어낼 수 있다.

q-오일러수 $F_{u,q}$의 생성함수는 다음과 같다. 만약에 $|u| > 1$이면

$$F_{u,q}(t) = (1-\frac{1}{u})\sum_{n=0}^{\infty}\frac{e^{[n]t}}{u^n},$$

이다. 여기서 q는 $|q| < 1$인 복소수이다. 복소수의 경우에는 q-일반화된 오일러 수의 생성함수 $F_{u,q,\chi}(t)$는 다음과 같다.

$$F_{u,q,\chi}(t) = \sum_{a=1}^{f}\chi(a)u^{f-a}e^{[a]t}F_{u^f,q^f}(t[f]q^a) \qquad (7.2.1)$$
$$= (1-\frac{1}{f^f})\sum_{a=1}^{f}\chi(a)u^{f-a}\sum_{n=0}^{\infty}\frac{e^{[fn+a]t}}{u^{fn}})$$
$$= \sum_{n=0}^{\infty}H_{\chi}^{n}(u,\ q)\frac{t^n}{n!}$$

여기서 q는 $|q|<1$인 복소수이고 $H_{\chi}^{n}(u,\ q)$는 q번째 q-일반화된 오일러 수이며

$$[x] = [x;\ q] = \frac{1-q^x}{1-q},$$
$$[a+nf] = [a] + q^a[nf],\ [nf] = [f][n;\ q^f]$$

이다. 식 (7.2.1)의 우변에 있는 급수는 더 넓은 의미에서 평등 수렴한다. 따라서

$$H_{\chi}^{f}(u,q) = \frac{d^k}{dt^k}F_{u,q,\chi}(t)\Big|_{t=0} = (1-\frac{1}{u^f})\sum_{a=1}^{f}\frac{[fn+a]^k}{u^{fn}}.$$

이것은 $l_q(u,s,\chi)$ 급수를 만들 때 사용된다. $F_{u,q,\chi}(t)$는 다음의 q-차(difference)방정식의 해로서 유일하게 결정된다.

$$F_{u,q,\chi}(t) = (1-\frac{1}{u^f})\sum_{a=1}^{f}\chi(a)u^{f-a}e^{[a]t} + \frac{e^{[f]t}F_{u,q,\chi}(q^f t)}{u^f}. \quad (7.2.2)$$

$\chi = 1$이면 (7.2.2)가

$$F_{u,q}(t) = 1-\frac{1}{u}+\frac{1}{u}e^tF_{u,q}(qt) \qquad (7.2.3)$$

이 됨을 알 수 있는데 이 식은 사토가 내놓았다. $q\rightarrow 1$이면 $F_{u,q}(t)=F_u(t)$이고

$$F_u(t)=\frac{1-u}{e^t-u}$$

이다.

비틀림 q-일반화된 오일러수의 생성함수 $F_{u,q,\chi}(t)$는 다음과 같다.

$$\begin{aligned} F_{\frac{u}{\zeta};q;\chi}(t) &= \sum_{\substack{1\le a\le f\\ 0\le b<r}} \chi(a)\zeta^{a+bf}u^{rf-a-bf}e^{[a+bf]t}F_{u^{rf};q^{rf}}(t[rf]q^{a+bf}) \\ &= (1-\frac{1}{u^{rf}})\sum_{\substack{1\le a\le f\\ 0\le b<r}} \chi(a)\zeta^{a+bf}u^{rf-a-bf}\sum_{n=0}^{\infty}\frac{e^{[rfn+a+bf]t}}{u^{rfn}} \\ &= \sum)n=0^{\infty} H^n_{\chi;\zeta}(u,q)\frac{t^n}{n!}, \qquad (7.2.4)\end{aligned}$$

여기서 χ는 도수 f의 디리클레 지표이고 ζ는 1의 r번째 원시근이다. (7.2.4)의 우변의 급수가 넓은 의미에서 평등 수렴한다는 것은 주목할 만하다. 따라서

$$\begin{aligned} H^k_{\chi,\zeta}(u,q) &= \frac{d^k}{dt^k}F_{\frac{u}{\zeta},q,\chi}(t)\Big|_{t=0} \\ &= (1-\frac{1}{u^{rf}})\sum_{\substack{1\le a\le f\\ 0\le b< r}}\chi(a)\,\zeta^{a+bf}u^{rf-a-bf}\sum_{n=0}^{\infty}\frac{[rfn+a+bf]^k}{u^{rfn}}. \qquad (7.2.5)\end{aligned}$$

(7.2.5)는 비틀림 $l_q(\frac{u}{\zeta},s,\chi)$급수를 만드는데 사용된다.

$F_{\frac{u}{\zeta},q,\chi}(t)$는 다음의 q-차 미분방정식의 해로서 유일하게 결정된다.

$$F_{\frac{u}{\zeta},q,\chi}(t) = (1-\frac{1}{u^{rf}})\sum_{\substack{1\le a\le f\\ 0\le b<r}}\chi(a)\zeta a+bfu^{rf-a-bf} + \frac{e^{[rf]t}F_{\frac{u}{\zeta},q,\chi}(q^{rf}t)}{u^{rf}}. \tag{7.2.6}$$

$r=1$이면 (7.2.6)은 (7.2.2)가 된다. 비틀림 q-일반화된 오일러 수의 생성함수를 이용하여 $l_q(\frac{u}{\zeta},-n,\chi)$를 계산하고자 한다.

q는 복소수 미지수(indeterminate)라 하고, $|q|<1$이라 하고, $[x]=[x;q]=\frac{1-q^x}{1-q}$라 하자. 그러면 $\lim_{q\to1}[x,q]=x$이다. 카리츠의 q-오일러수 $H_k(u,q)$는 $H_0(u,q)=1$을 이용하여 귀납적으로 결정된다. $k>1$에 대하여

$$(qH+1)^k - uH_k(u,q) = 0$$

이고 여기서 u는 $|u|>1$인 복소수이며 $k>0$일 때 H^j를 H_j로 대치하면

$$H_k(u,x,q) = (q^xH+[x])^k$$

이다. $q\to1$일 때 $H_k(u,q)\to H_k(u)$이고 $H_k(u,x,q)\to H_k(u,x)$이다. 여기서 $H_k(u)$와 $H_k(u,x)$는 각각 고전적 오일러수와 오일러 다항식이다.

사토는 q-오일러수의 생성함수를 다음과 같이 나타냈다.

$$F_{i,q}(t) = (1-\frac{1}{u})\sum_{n=0}^{\infty}\frac{e^{[n]t}}{u^n} = \sum_{n=0}^{\infty}H^n(u,q)\frac{t^n}{n!}. \qquad (7.2.7)$$

q-오일러 다항식의 생성함수는 다음과 같다.

$$\begin{aligned} F_{u,q}(t,x) &= F_{u,q}(q^x t)e^{[x]t} \\ &= (1-\frac{1}{u})\sum_{n=0}^{\infty}\frac{e^{[n+x]t}}{n^n} = \sum_{n=0}^{\infty}H^n(u,x,q)\frac{t^n}{n!}. \end{aligned} \qquad (7.2.8)$$

$[u+v] = [u] + q^u[v]$가 위식에 사용되었다. 사토에 의해 정의된 일반화된 q-오일러수 $H_{\chi}^n(u,q)$를 생각해보자. $H_{\chi}^n(u,q)$의 생성함수 $F_{u,q,x}(t)$는 다음과 같다.

$$F_{u,q,\chi}(t) = \sum_{n=0}^{\infty}H_{\chi}^n(u,q)\frac{t^n}{n!}. \qquad (7.2.9)$$

이는 다음의 q-차 방정식의 유일해이다.

$$F_{u,q,\chi}(t) = (1-\frac{1}{u^f})\sum_{a=1}^{f}\chi(a)u^{f-a}e^{[a]t} + \frac{e^{[f]t}F_{u,q,\chi}(q^f t)}{u^f}. \qquad (7.2.10)$$

[보조정리 7.2.1] χ를 도수 $f\in\mathbb{N}$의 원시 디리클레 지표라 하면 $H_{\chi}^n(u,q)$의 생성함수는

$$\begin{aligned} F_{u,q,\chi}(t) &= \sum_{a=1}^{f}\chi(a)u^{f-a}e^{[a]t}F_{u^f,q^f}(t[f]q^a) \qquad (7.2.11) \\ &= (1-\frac{1}{u^f})\sum_{a=1}^{f}\chi(a)u^{f-a}\sum_{n=0}^{\infty}\frac{e^{[fn+a]t}}{u^{fn}}. \end{aligned}$$

증명 (7.2.11)의 우변이 넓은 의미에서 평등 수렴하고 (7.2.10)를 만족한다. □

$\chi=1$이 되면 (7.2.11)는 (7.2.9)이 된다. 일반화된 q-오일러 다항식의 생성함수는 다음과 같이 정의된다.

$$F_{u,q,\chi}(t,x)=F_{u,q,\chi}(q^x t)e^{[x]t}. \tag{7.2.12}$$

일반화된 q-오일러 다항식을 다음과 같이 나타낸다.

[정리 7.2.2] χ가 도수 f의 원시디리클레 지표라고 하다. 어떤 양의 정수 n에 대하여

$$H_\chi^n(u,x,q)=[f]^n\sum_{a=1}^{f}\chi(a)u^{f-a}H^n(u^f,\frac{x+a}{f},q^f).$$

증명 (7.2.12)식에 의해

$$F_{u,q,\chi}(t,x)=F_{u,q,\chi}(q^x t)e^{[x]t}=\sum_{n=0}^{\infty}H_\chi^n(u,x,q)\frac{t^n}{n!} \tag{7.2.13}$$

인데 (7.2.11)를 (7.2.13)에 대입하면

$$F_{u,q,x}(t,x)=\sum_{a=1}^{f}\chi(a)u^{f-a}e^{[a+x]t}F_{u^f,q^f}(t[f]q^{a+x})$$

를 얻게된다. □

위에서 주어진 $F_{u,q}(t)$의 정의를 이용하면 다음을 얻는다.

$$\begin{aligned} F_{u,q,\chi}(t,x) &= (1-\frac{1}{u^f})\sum_{a=1}^{f}\chi(a)u^{f-a}\sum_{n=0}^{\infty}u^{-fn}e^{[fn+a+x]t} \\ &= \sum_{a=1}^{f}\chi(a)u^{f-a}((1-\frac{1}{u^f})\sum_{n=0}^{\infty}\frac{1}{(u^f)^n}e^{[f][n+\frac{a+x}{f};q^f]t}, \end{aligned}$$

여기에서 $[a+nf]=[a]+q^a[nf]$, $[nf]=[f][n;q^f]$를 사용했다. (7.2.8)식을 위의 식에 대입하면

$$F_{u,q,\chi}(t,x)=[f]^n\sum_{a=1}^{f}\chi(a)u^{f-a}\sum_{n=0}^{\infty}H_{\chi}^{n}(u,\frac{x+a}{f},q^f)\frac{t^n}{n!}. \quad (7.2.14)$$

를 얻게된다. (7.2.7)과(7.2.14) 의 우변에 있는 급수에서 $\frac{t^n}{n!}$의 계수를 비교하여 정리를 증명한다. 일반화된 q-오일러수를 보일 수 있다. $\chi=0$일 때 다음의 따름정리는 정리 7.2.1의 특별한 경우이다.

[따름정리 7.2.3] χ가 도수 f의 원시 디리클레 지표라고 하자. 어떤 양의 정수 k에 대하여 다음을 가진다.

$$H_{\chi}^{n}(u,q)=[f]^n\sum_{a=1}^{f}\chi(a)u^{f-a}H^n(u^f,\frac{a}{f},q^f).$$

$H_{\chi,\zeta}^{n}(u,q)$의 비틀린 생성함수 $F_{\frac{u}{\zeta},q,\chi}(t)$를 규정할 것이다. χ가 도수 f의 원시 디리클레 지표라 하고 ζ를 1의 r번째 원시근이라 하자.

$$F_{\frac{u}{\zeta},q,\chi}(t)=\sum_{n=0}^{\infty}H_{\chi,\zeta}^{n}(u,q)\frac{t^n}{n!}.$$

이것이 다음의 q-차 방정식의 유일해이다.

$$F_{\frac{u}{\zeta},q,\chi}(t)=(1-\frac{1}{u^{rf}})\sum_{\substack{1\le a\le f\\0\le b<r}}\chi(a)u^{rf-a-bf}e^{[a]t}+\frac{e^{[rf]t}F_{\frac{u}{\zeta},q,\chi}(q^{rf}t)}{u^{rf}}. \tag{7.2.15}$$

[보조정리 7.2.4]

$$\begin{aligned}F_{\frac{u}{\zeta},q,\chi}(t)&=\sum_{\substack{1\le a\le f\\0\le b<r}}\chi(a)\zeta^{a+bf}u^{rf-a-bf}e^{[a+b]t}F_{u^{rf},q^{rf}}(t[rf]q^{a+bf})\\&=(1-\frac{1}{u^{rf}})\sum_{\substack{1\le a\le f\\0\le b<r}}\chi(a)\zeta^{a+bf}u^{rf-a-bf}\sum_{n=0}^{\infty}\frac{e^{[rfn+a+bf]t}}{u^{rfn}}.\end{aligned} \tag{7.2.16}$$

(7.2.16) 우변의 급수는 넓은 의미에서 평등 수렴함을 안다.

보조정리 7.2.4의 증명 (7.2.15)의 우변이 (7.2.14)를 만족하는 것은 쉽게 보일 수 있다. (7.2.15)에서 $q\to1$일 때

$$F_{\frac{u}{\zeta},q,\chi}(t)\to F_{\frac{u}{\zeta},\chi,\zeta}(t)$$

이고 여기서 $F_{\frac{u}{\zeta},\chi}(t)$는 다음에 정의되는 비틀림 일반화된 오일러 수의 고전적 생성함수이다.

$$F_{\frac{u}{\zeta},\chi}(t)=\sum_{a=0}^{f-1}\frac{(u^{rf}-1)\chi(a)\zeta^{a}e^{at}u^{f-a-1}}{\zeta^{f}e^{ft}-u^{f}}=\sum_{n=0}^{\infty}H^{n}_{\chi,\zeta}(u)\frac{t^{n}}{n!}.$$

비틀림 일반화된 q-오일러 다항식의 생성함수는 아래와 같다.

$$\begin{aligned} F_{\frac{u}{\zeta},q,\chi}(t,x) &= F_{\frac{u}{\zeta},q,\chi}(q^x t)e^{[x]t} \\ &= (1-\frac{1}{u^{rf}}) \sum_{\substack{1 \le a \le f \\ 0 \le b < r}} \chi(a)\zeta^{a+bf}u^{rf-a-bf} \sum_{n=0}^{\infty} \frac{e^{[rfn+a+x+bf]t}}{u^{rfn}} \\ &= \sum_{\substack{1 \le a \le f \\ 0 \le b < r}} \chi(a)\zeta^{a+bf}u^{rf-a-bf}e^{[a+x+bf]t}F_{u^{rf},q^{rf}}(t[rf]q^{a+x+bf}) \\ &= \sum_{n=0}^{\infty} H^n_{\chi,\zeta}(u,x,q)\frac{t^n}{n!}. \end{aligned}$$

이와 유사하게 비틀림 일반화된 q-오일러수와 다항식을 얻을 수 있다. 다음의 정리와 따름정리는 증명없이 쓴다. 왜냐하면 그 증명들은 정리 7.2.2의 증명과 매우 유사하기 때문이다.

> [정리 7.2.5] χ가 도수 f의 원시 디리클레 지표이고 ζ는 1의 r번째 원시 근이라 하자. 어떤 정수 n에 대해 다음을 갖는다.
>
> $$\begin{aligned} &H^n_{\chi,\zeta}(u,x,q) \\ &= [rf]^n \sum_{\substack{1 \le a \le f \\ 0 \le b \le r}} \chi(a)\zeta^{a+bf}u^{rf-a-bf}H^n(u^{rf},\frac{x+a+bf}{rf},q^{rf}). \end{aligned}$$

> [보조정리 7.2.6] χ가 도수 f의 원시 디리클레 지표이고 ζ는 1의 r번째 원시 근이라 하자. 어떤 정수 n에 대해 다음을 갖는다.
>
> $$H^n_{\chi,\zeta}(u,q) = [rf]^n \sum_{\substack{1 \le a \le f \\ 0 \le b \le r}} \chi(a)\zeta^{a+bf}u^{rf-a-bf}H^n(u^{rf},\frac{a+bf}{rf},q^{rf}).$$

$H^n_{\chi,\zeta}(u,q)$와 $H^n_{\chi,\zeta}(u,x,q)$의 간단한 성질들은 다음과 같이 나열해보자.

(i) $\chi=1,\ f=1$이고 $r=1$이면 $F_{\frac{u}{\zeta},q,\chi}(t)=F_{u,q}(t)$이다. 그래서 $H^n_{1,1}(u,q)=H^n(u,q)$이다.

(ii) $r=1$이면 $F_{\frac{u}{\zeta},q,\chi}(t)=F_{u,q,\chi}(t)$이고 그래서 $H^n_{\chi,1}(u,q)=H^n_{\chi}(u,q)$이다.

(iii) $H^n_{\chi,\zeta}(u,0,q)=H^n_{\chi,\zeta}(u,q),\quad n\geq 0.$

(iv) $H^0_{\chi,\zeta}(u,q)=\sum_{\substack{1\leq a\leq f\\ 0\leq b<r}}\chi(a)\zeta^{a+bf}u^{rf-a-bf}H_0(u^{rf},\frac{a+bf}{rf},q^{rf}).$

q 오일러수의 정의를 이용하면 $H_0(u,x,q)=1$이다. 그래서

$$H^0_{\chi,\zeta}(u,q)=\sum_{\substack{1\leq a\leq f\\ 0\leq b<r}}\chi(a)\zeta^{a+bf}u^{rf-a-bf}=\sum_{a=1}^{f}\chi(a)\zeta^a u^{rf-a}\sum_{b=0}^{r-1}(\frac{\zeta^f}{u^f})^b$$

이다. 위의 두 번째 합에서 기하적 진행을 이용하고 약간의 계산을 하면

$$H^0_{\chi,\zeta}(u,q)=\frac{u^{rf}-1}{u^f-\zeta^f}\sum_{a=1}^{f}\frac{\chi(a)\zeta^a}{u^{a-f}}$$

을 얻을 수 있다. $r=1$이면 $H^0_{\chi,1}(u,q)=u^f\sum_{a=1}^{f}\frac{\chi(a)}{u^a}$이다.

■■■ 비틀림 l_q-급수

사토는 양이 아닌 정수에서 q 오일러 수를 보간하는 복소수 정칙 $q-l$-급수를 만들었다. 우리는 이 함수들을 다음과 같이 주겠다. 복소수 s에 대하여

$$l_q(u,s) = \sum_{n=0}^{\infty} \frac{1}{u^n [n]^s}.$$

쯔무라는 p-진 l-급수와 그 성질들을 자세히 연구했다. 사토는 p-진인 경우에 q-오일러수를 보간하는 복소수 p-진 $q-l$-급수를 만들었다. (2.1)에 의해 $k \geq 0$일 때 다음을 알 수 있다.

$$H_k(u,q) = \frac{d^k}{dt^k} F_{u,q}(t)\bigg|_{t=0} = (1-\frac{1}{u}) \sum_{n=0}^{\infty} \frac{[n]^k}{u^n}. \qquad (7.2.17)$$

[정리 7.2.7] 어떤 양의 정수 $k \geq 0$에 대하여

$$l_q(u,-k) = \begin{cases} \dfrac{1}{1-u}, & k=0 \\ \dfrac{u}{1-u} H_q(u,q), & k \geq 1. \end{cases} \qquad (7.2.18)$$

증명 (7.2.17)을 이용하면

$$l_q(u,-k) = (1-\frac{1}{u}) \sum_{n=0}^{\infty} \frac{[n]^k}{u^n} = \frac{u}{u-1} H_k(u,q)$$

이므로 증명되었다. ▨

$k \geq 0$에 대하여 보조정리 7.2.1을 적용하면

$$\begin{aligned} H_{\chi}^{k}(u,q) &= \left. \frac{d^k}{dt^k} F_{u,q,\chi}(t) \right|_{t=0} \\ &= (1-\frac{1}{u^f}) \sum_{a=1}^{f} \chi(a) u^{f-a} \sum_{n=0}^{\infty} \frac{[fn+a]^k}{u^{fn}}. \end{aligned} \tag{7.2.19}$$

이다. $H_{\chi}^{k}(u,q)$수의 보간함수는 아래와 같다.

[정의 7.2.8] 복소수 s에 대하여

$$l_q(u,s,\chi) = \sum_{n=1}^{\infty} \frac{\chi(n)}{u^n [n]^s}. \tag{7.2.20}$$

양이 아닌 정수에서 $l_q(u,s,\chi)$의 값은 다음과 같다.

[정리 7.2.9] 어떤 양의 정수 k에 대하여

$$l_q(u,-k,\chi) = \frac{1}{u^f - 1} H_{\chi}^{k}(u,q).$$

증명 $m = 1, \cdots, \infty$, $a = , \cdots, f-1$이라 하자. $n = a + mf$와 $s = -k$를 (7.2.19)에 대입하면

$$l_q(u,-k,\chi) = \sum_{a=1}^{f} \frac{\chi(a)}{u^a} \sum_{n=0}^{\infty} \frac{[fm+a]^k}{u^{fm}}$$

이 된다. (7.2.18)을 이 식에 대입하면

$$H_\chi^k(u,q) = (u^f-1)l_q(u,-k,\chi)$$

이 되며 증명이 완결된다. □

코브리츠와 심섹은 수 이론과 p-dic 해석에 유용한 비틀림 l 함수를 만들었다. 또한, 비틀림 l-함수와 비틀림 베르누이 수의 기본적인 성질들을 보였다. 여기서 우리는 비틀림 일반화된 오일러 수를 보간하는 복소수의 비틀림 $q-l$-급수를 만든다. 이것을 응용하여 양이 아닌 정수에서 비틀림 l_q-급수 값을 얻는다. r이 양의 정수라 하고 ζ가 1의 r번째 원시 근이라 하면 비틀림 L-함수는 다음과 같이 정의된다.

$$L(s,\chi,\zeta) = \sum_{n=1}^{\infty}\frac{\chi(n)\zeta^n}{n^s}.$$

함수 $n\rightarrow\chi(n)\zeta^n$이 주기 fr를 갖기 때문에 이는 디리클레 L 함수의 특별한 경우이다. $r=f$인 이런 L-급수는 전통적으로 퓨리에 역변환에 의해 $L(1,\chi)$에 관한 공식을 증명하는데 사용된다. 마지막으로 비틀림 일반화된 q-오일러수의 보간함수를 정의하자.

[정의 7.2.10] 복소수 s에 대하여

$l_q(\frac{u}{\zeta},s,\chi) = \sum_{n=1}^{\infty}\frac{\chi(n)\zeta^n}{u^n[n]^s}$이며 이때 ζ는 1의 r번째 원시근이다.

양이 아닌 정수에서 $l_q(\frac{u}{\zeta},s,\chi)$의 값은 다음에 주어진다.

> **[정리 7.2.11]** 어떤 정수 $k \geq 0$에 대해
> $$l_q(\frac{u}{\zeta},-k,\chi) = \frac{H^k_{\chi,\zeta}(u,q)}{u^{rf}-1}.$$

(증명) $m = 1, \cdots, \infty, a = , \cdots, f,\ \ b = 0, 1, 2, \cdots, r-1$라 하자. $n = a+bf+mrf$와 $s = -k,\ k \geq 0$를 (3.4)에 대입하면

$$l_q(\frac{u}{\zeta},-k,\chi) = \sum_{\substack{1 \leq a \leq f \\ 0 \leq b < r}} \chi(a)\zeta^{a+bf}u^{-a-bf} \sum_{m=1}^{\infty} \frac{[rfm+bf+a]^k}{u^{rfm}}$$

이다. 위 식에 (7.2,5)를 대입하면

$$H^k_{\chi\cdot\zeta}(u,q) = (u^{rf}-1)l_q(\frac{u}{\zeta},-k,\chi)$$

이고 정리는 증명된다. □

주의 7.2.12

비틀림 일반화된 q-오일러 수의 p-진 비틀림 보간함수를 만들 수을 가능성도 있으며 있고 이 수들의 쿠마합동식(Kummer congruence)를 증명할 수 있을지도 모른다.

7.3 비틀림 q-허비츠 제타함수와 $q-L$-함수 III

새로운 (h,q)-확장 비틀림 베르누이 다항식과 수

크브리츠는 비틀림 L-함수($L(s,\chi,\xi)$)를 다음과 같이 정의하였다. r이 양의 정수 집합 $\mathbb{Z}^+$의 원소이고, χ는 도수의 디리클레 지표 $f \in \mathbb{Z}^+$이고 $\xi^r = 1, \xi \neq 1$라고 하면

$$L(s,\ \chi,\ \xi) = \sum_{n=1}^{\infty} \frac{\chi(n)\xi^n}{n^s}$$

n을 $x(n)\xi^n$으로 보내는 함수의 주기를 fr이기 때문에 디리클레 L-함수의 특별한 경우이다. 코브리츠가 $L(s,\chi,\xi)$와 양이 아닌 정수에서 비틀림 베르누이 수인 $B_{s,x,\xi}$ 사이의 관계를 나타내었다. 코브리츠는 p-진 $q-L$-함수를 만들었다.

이 함수는 양이 아닌 정수에서 카리츠의 양이 아닌 정수에서 q-베르누이 수를 보간한다. 김이 p-진 q-적분을 만들었다. 그는 보통 p-진 불변 측도의 q-해석에 의해 카리츠의 q-베르누이 수가 p-진 q-적분으로 표현될 수 있다는 것을 증명하였다. 우리는 q-일반화된 오일러 수와 다항식 그리고 비틀림 q-베르누이수를 정의하였다. 그들은 비틀림 q-제타 함수를 만들었고 비틀림-q 베르누이 다항식과 수 그리고 해석적 성질들을 연구하였다.

우리는 양이 아닌 정수에서 비틀림 L-함수에 관한 비틀림 베르누이 다항식과 수 그리고 해석적 성질들을 연구하였고, 양이 아닌 정수에서 비틀림 L-함수에 관한 비틀림 베르누이 수의 관계를 규

명했다. 또한 비틀림 베르누이 다항식과 비틀림 L-함수의 q-유사를 정의하였다. 생성함수(generating function)을 정의하였다. 이 함수들에 멜린 변환(Mellin transformation)을 적용하여 q-제타 함수, $q-L$-함수 그리고 q-데데킨드 합을 만들었다. 확장은 새로운 베르누이 수와 다항식의 (h,q)-확장을 만들었다. 그는 새로운 (h,q)-확장을 보완하여 제타(zeta) 함수의 (h,q)- 확장을 정의하였다. 김은 디리클레 지표와 관련된 일반적인 q - 베르누이 다항식을 보간하는 두 변수 p-진 $q-L$-함수를 만들었다. 또한 그는 이 두 변수 p-진 $q-L$-함수를 표현하는 p-진 적분을 만들었고 p-진 감마와 로그 감마함수에 대한 두변수 p-진 L-함수를 위해 일반화된 다이아몬드와 페로와 그린버그 공식의 q - 확장을 도출하였다.

이 절에서 $\mathbb{Z}$, $\mathbb{Z}_p$, $\mathbb{Q}_p$와 $\mathbb{C}_p$는 각각 유리정수 환, p-진 정수 환, p-진 유리정수 체(field)와 $\mathbb{Q}_p$ 대수 폐포의 완비화을 나타낸다. v_p를 $|p|_p = p^{-v_p(p)} = p^{-1}$이 되는 $\mathbb{C}_p$의 정규화된 지수 값(exponential valuation)이라 하자. 우리가 q-확장을 이야기 할 때 q는 복소수 또는 p-진 복소수와 같은 미지수로 다양하게 생각할 수 있다. 만약 q가 p-진 복소수($\mathbb{C}_p$)라면 우리는 일반적으로 $|q-1|_p < p^{-\frac{1}{p-1}}$ 이라 가정하고, 만약 q가 복소수이면, 우리는 보통 $|q|< 1$라고 가정한다.

만약 $f \in UD(\mathbb{Z}_p, \mathbb{C}_p)=\{f \mid f : \mathbb{Z}_p \to \mathbb{C}_p$는 평등 미분가능 함수$\}$이면 p-진 q-적분(또는 q-볼켄본 적분)을 다음과 같이 정의한다.

$$I_q(f) = \int_{Z_p} f(x) d\mu_q(x) = \lim_{N \to \infty} \frac{1}{[p^N]_q} \sum_{x=0}^{p^N-1} q^x f(x),$$

여기에서 $[x]_q = \dfrac{1-q^x}{1-q}$ 이고

$$I_1(f) = \lim_{q \to 1} I_q(f) = \int_{Z_p} f(x) d\mu_1(x) = \lim_{N \to \infty} \frac{1}{p^N} \sum_{x=0}^{p^N-1} f(x) \quad (7.3.1)$$

이다. 만약 (7.3.1)에서, $f_1(x) = f(x+1)$을 취하면

$$I_1(f_1) = I_1(f) + f'(0) \quad (7.3.2)$$

여기서 $f'(0) = \dfrac{d}{dx} f(x)|_{x=0}$이다.

[정리 7.3.1] h가 정수이고, $|q-1|_q < p^{-\frac{1}{p-1}}$ 인 q가 p-진 복소수이면

$$I_1(q^{hx}x^n) = \int_{Z_p} q^{hx}x^n d\mu_1(x) = B_n^{(h)}(q),$$

$$\int_{Z_p} q^{hy}(x+y)^n d\mu_1(y) = B_n^{(h)}(x,q). \quad (7.3.3)$$

정리 7.3.1은 김에 의해 증명되었다.

우리는 $B_n^{(h)}(0,q) = B_n^{(h)}(q), \lim_{q \to 1} B_n^{(h)}(q) = B_n^{(h)}$임을 알 수 있다. 이때 $B_n^{(h)}$는 n번째 고차(higher order)베르누이 수의 이라 하고, p가 고정된 소수라 하자. $(p, f) = 1$을 만족하는 고정된 양의 정수 f에 대하여 우리는

$$X_1 = \mathbb{Z}_p,\ X^* = \bigcup_{\substack{0<a<fp \\ (a,p)=1}} a+fp\mathbb{Z}_p \text{와}$$
$$a+fp\mathbb{Z}_p = \{x \in X | x \equiv a (\bmod fp^N)\}$$

라고 한다. 여기서 정수 a는 $0<a<fp^N$이라는 조건을 만족한다. $f \in UD(\mathbb{Z}_p, \mathbb{C}_p)$에 대하여

$$\int_{\mathbb{Z}_p} f(x) d\mu_1(x) = \int_{X_1} f(x) d\mu_1(x)$$

이다. (7.3.2)에서 귀납법에 의해 다음을 쉽게 알 수 있다.

$$I_1(f_b) = I_1(f) + \sum_{j=0}^{b-1} f'(j)$$

여기서 $f_b(x) = f(x+b), b \in \mathbb{Z}^{\times}$이다. (h,q)- 제타 함수와 (h,q)-허비츠 제타함수 그리고 (h,q) - L-급수는 다음과 같이 정의된다.

[정의 7.3.2] $s \in \mathbb{C}, \chi \in \mathbb{R}^{\times}$라고 하자. (h,q)-제타함수와 (h, q)-허비츠 제타함수를 다음과 같이 정의한다.

$$\zeta_q^{(h)}(s) = \sum_{n=1}^{\infty} \frac{q^{(n-1)h}}{n^s} - \frac{h \log q}{s-1} \sum_{n=1}^{\infty} \frac{q^{(n-1)h}}{n^{s-1}},$$
$$\zeta_q^{(h)}(s,\chi) = \sum_{n=0}^{\infty} \frac{q^{(n-1)h}}{(n+\chi)^s} - \frac{h \log q}{s-1} \sum_{n=0}^{\infty} \frac{q^{(n-1)h}}{n^{s-1}}.$$

[정의 7.3.3] χ를 도수 $f\in\mathbb{Z}^{\times}$의 디리클레 지표라고 하자. $s\in\mathbb{C}$에 대하여 $(h,q)-L$-급수를 다음과 같이 정의한다.

$$L_q^{(h)}(s,\chi)=\sum_{n=0}^{\infty}\frac{q^{nh}\chi(n)}{(n)^s}-\frac{h\log q^h}{s-1}\sum_{n=0}^{\infty}q^{nh}\frac{\chi(n)}{n^{s-1}},$$

■ 주의 7.3.4

$q\to1$이면 $h=1$이면 $\zeta_q^{(h)}(s)$는 리만 제타함수 $\zeta_q^{(h)}(s)=\sum_{n=1}^{\infty}\frac{1}{n^s}$가 되고 $\zeta_q^{(h)}(s,\chi)$는 허비츠 제타 함수 $\zeta(s,\chi)=\sum_{n=1}^{\infty}\frac{1}{(n+\chi)^s}$가 된다.

버놀트(Bernolt)가 이 함수들을 연구하였고 $\zeta(s,\chi)$ 함수의 적분을 다음과 같이 표현하였다.

$$\zeta(s,\chi)=\frac{\chi^{1-s}}{s-1}+\frac{\chi^{-s}}{2-s}\int_0^{\infty}\frac{\{t\}-1/2}{(t+\chi)^{s+1}}dt$$

여기에서 $\{t\}$의 t의 소수 부분이다. 그는 또한 러치(Lerch)의 $\ln\Gamma(s)=\zeta'(0,s)-\zeta'(0)$과 허비츠 제타함수와 관련된 전통적인 공식들을 내 놓았다. 양이 아닌 정수 $B_n^{(h)}(\chi,q)$, $B_{n+1,\chi}^{(h)}(q)$, $\zeta_q^{(h)}(s,\chi)$ 그리고 $L_q^{(h)}(s,\chi)$ 사이의 관계는 다음과 같다.

[정리 7.3.5] $n\in\mathbb{Z}$라 하면,

$$\zeta_q^{(h)}(1-n,\chi)=-\frac{B_n^{(h)}(\chi,q)}{n}.$$

[정리 7.3.6] x를 도수 $f \in \mathbb{Z}^{\times}$의 디리클레 지표라고 하자. $n \in \mathbb{Z}^{\times}$이면

$$L_q^{(h)}(-n,\chi) = -\frac{B_{n+1,\chi}^{(h)}(q)}{n+1}.$$

여기에서는 새로운 비틀림 (h,q)-베르누이 수와 다항식의 새로운 생성함수를 만드는 것이 목적이다. 이 생성함수들과 볼켄본 적분을 이용하여 비틀림 (h,q)-베르누이 수와 다항식의 관계를 나타낼 것이다. 또한 디리클레 지표가 들어가는 새로운 비틀림 일반화된 $(h,\ g)$ 베르누이수와 다항식을 정의한다. (h,q)-베르누이 수와 다항식에 대한 위트 공식의 비틀림 버전이 다음과 같음을 증명할 것이다.

$$T_q = \bigcup_{n \geq 1} C_{p^n} = \lim_{n \to \infty} C_{p^n}$$

라 하자. 여기서 $C_{p^n} = \left\{ w | w^{p^n} = 1 \right\}$은 p^n차 순환군이다. $w \in T_p$에 대하여 부분적으로 상수함수 $x \to w^x$을 $\phi_w :\ \mathbb{Z}_p \to \mathbb{C}_p$로 나타낸다. q-볼켄본 적분을 이용하여 다음 생성함수로 베르누이 수 $B_{n,w}^{(h)}(q)$의 새로운 비틀림 $(h,\ g)$ - 확장을 정의한다.

$$F_{w,q}^{(h)}(t) = \frac{\log q^h + t}{wq^h e^t - 1} = \sum_{n=0}^{\infty} B_{n,w}^{(h)}(q) \frac{t^n}{n!}.$$

만약 $w \to 1$이면 $B_{n,w}^{(h)}(q) \to B_n^{(h)}(q)$이고 $F_{w,q}^{(h)}(t) \to F_q^{(h)}(t) = \dfrac{hlogq+t}{q^h e^t - 1}$임을 알 수 있다. 만약 $q \to 1$이고 $h = 1$이면

$F_q^{(h)}(t) \to F(t) = \dfrac{t}{e^t - 1} = \displaystyle\sum_{n=1}^{\infty} B_n \dfrac{t^n}{n!}$ 인데 이때 B_n는 일반적인 베르누이 수이다. $B_{n,w}^{(h)}(q)$에 대한 위트 공식의 비틀림 버전은 다음 정리에 의해 주어진다.

[정리 7.3.7] $h \in \mathbb{Z}$와 $|q-1|_p < p^{-\frac{1}{p-1}}$을 만족하는 $q \in \mathbb{C}$에 대하여

$$B_{n,w}^{(h)}(q) = \int_{\mathbb{Z}_p} \phi_w(x) q^{hx} x^n d\mu_1(x). \qquad (7.3.4)$$

증명 만약에 (7.2.2)에서 $f(x) = \phi_w q^{hx} e^{tx}$ 이면,

$$wq^h e^t I_1(\phi_w(x) q^{hx} e^{tx}) = I_1(\phi_w(x) q^{hx} e^{tx}) + hlogq + t.$$

그래서 우리는 베르누이 수의 비틀림 (h,q)-확장 $B_{n,w}^{(h)}(q)$의 생성함수를 다음과 같이 얻을 수 있다.

$$\begin{aligned} F_{w,q}^{(h)}(t) &= I_1(\phi_w(x) q^{hx} e^{tx}) \\ &= \frac{\log q^h + t}{wq^h e^t - 1} = \sum_{n=0}^{\infty} B_{n,w}^{(h)}(q) \frac{t^n}{n!} \qquad (7.3.5) \end{aligned}$$

여기서 $|t| < p^{-\frac{1}{p-1}}$이고 h는 정수이다. (7.3.5)에서 e^{tx}의 테일러 급수를 이용하면

$$\begin{aligned} I_1\left(\phi_w(x) q^{hx} \sum_{n=1}^{\infty} \frac{x^n t^n}{n!}\right) &= \sum_{n=1}^{\infty} (I_1(\phi_w(x) q^{hx} x^n)) \frac{t^n}{n!} \\ &= \sum_{n=0}^{\infty} B_{n,w}^{(h)}(q) \frac{t^n}{n!}. \end{aligned}$$

위 식의 계수들 $\frac{t^n}{n!}$을 비교함으로써 우리가 바라는 결론에 도달한다. ▩

만약 $w\to 1$이면 정리 7.3.7은 정리 7.3.1이 됨을 알 수 있다. 베르누이 다항식의 비틀림 $(h,\ g)$-확장 $B_{n,w}^{(h)}(z,\ q)$는 다음 생성함수에 의해 정의된다.

$$F_{w,q}^{(h)}(t,z)=\frac{(t+\log q^h)e^{tz}}{wq^h e^t-1}=I_1(\phi_w(x)q^{hx}e^{t(z+x)})$$
$$=\sum_{n=0}^{\infty}B_{n,w}^{(h)}(z,q)\frac{t^n}{n!}. \tag{7.3.6}$$

$B_{n,w}^{(h)}(0,q)=B_{n,w}^{(h)}(q)$임을 알고 있다. 만약 $w\to 1$이면

$$B_{n,w}^{(h)}(z,q)\to B_n^{(h)}(z,q) \text{ 이고 } F_{w,q}^{(h)}(t,z)\to F_q^{(h)}(t,z)=F_q^{(h)}(t)e^{tz}$$

이다. $B_{n,w}^{(h)}(z,\ q)$에 대한 위트 공식의 비틀림 버전은 다음의 정리에서 의해 주어진다.

[정리 7.3.8] $h\in\mathbb{Z}$와 $|q-1|_p<p^{-\frac{1}{p-1}}$을 만족하는 $q\in\mathbb{C}_p$가 있으면

$$B_{n,w}^{(h)}(z,q)=\int_{\mathbb{Z}_p}\phi_w(x)q^{hx}(x+z)^n d\mu_1(x). \tag{7.3.7}$$

증명 정리 7.3.7과 같은 방법으로 (7.3.6)에서 $e^{t(x+z)}$의 테일러 급수를 이용하고 계수 $\frac{t^n}{n!}$을 비교하여 증명하면 된다. ▩

만약 $w\to1$, $q\to1$, $h=1$이면 $F_{w,q}(t,z)\to F(t,z)=\dfrac{t}{e^t-1}e^{tz}$와 $B_{n,w}^{(h)}(z,q)\to B_n(z)$, 보편적인 베르누이 다항식임을 잘 알고 있다. $w\to1$이면 (7.3.7)는 (7.3.3)이 된다.

> [정리 7.3.9] 어떠한 양의 정수 k가 있으면 $n\geq0$에 대하여
> $$B_{n,w}^{(h)}(z,q)=k^{n-1}\sum_{a=0}^{k-1}\phi_w(a)q^{ha}B_{n,w^k}^{(h)}\left(\frac{a+z}{k},q^k\right).$$

증명 (7.3.4)와 (7.3.7)를 이용하여 다음을 쉽게 알 수 있다.

$$\begin{aligned}
B_{n,w}^{(h)}(z,q) &= \int \phi_w(x)q^{hx}(x+z)^n d\mu_1(x)\\
&= \lim_{N\to\infty}\frac{1}{kp^N}\sum_{x=0}^{kp^N-1}w^x q^{hx}(x+z)^n\\
&= \frac{1}{k}\lim_{N\to\infty}\frac{1}{p^N}\sum_{a=0}^{k-1}\sum_{x=0}^{p^N-1}w^{a+kx}q^{h(a+kx)}(a+kx+z)^n.\\
&= k^{n-1}\sum_{a=0}^{k-1}w^a q^{ha}\lim_{N\to\infty}\sum_{x=0}^{p^N-1}w^{kx}q^{hkx}\left(\frac{a+z}{k}+x\right)^n.\\
&= k^{n-1}\sum_{a=0}^{k-1}w^a q^{ha}\int_{\mathbb{Z}_p}\phi_{w^k}(x)q^{khz}\left(x+\frac{a+z}{k}\right)^n d\mu_1(x).
\end{aligned}$$

위의 식에 (7.3.7)을 사용하면 증명된다. ▨

$B_{n,w}^{(h)}(z,q)$와 $B_{k,w}^{(h)}(q)$의 관계는 다음의 정리에 의해 주어진다.

[정리 7.3.10] $n \geq 0$에 대해

$$B_{n,w}^{(h)}(z,q) = \sum_{k=0}^{n} \binom{n}{k} z^{n-k} B_k^{(h)}(q).$$

증명 (7.3.6)에 의해

$$\sum_{n=0}^{\infty} B_{n,w}^{(h)}(z,q)\frac{t^n}{n!} = \frac{(t+\log q^h)e^{tz}}{wq^h e^t - 1}.$$

그리고 위 식에서 e^{tz}의 테일러 급수를 이용하면,

$$\sum_{n=0}^{\infty} B_{n,w}^{(h)}(z,q)\frac{t^n}{n!} = \sum_{n=0}^{\infty} \frac{z^n t^n}{n!} \sum_{n=0}^{\infty} B_{n,w}^{(h)}(q)\frac{t^n}{n!}.$$

위 식에 코시의 곱을 이용하면

$$\sum_{n=0}^{\infty}\left(B_{n,w}^{(h)}(z,q)\frac{1}{n!}\right)t^n = \sum_{n=0}^{\infty}\left(\sum_{k=0}^{n} B_{k,w}^{(h)}(q)\frac{z^{n-k}}{k!(n-k)!}\right)t^n.$$

을 얻게 되며 이 식에서 계수 t^n을 비교함으로써 원하는 결과를 얻는다. □

주의 7.3.11

(7.3.7)의 이항정리와 (7.3.4)를 이용하여 기초적인 계산을 하고 나면 또 다른 방법으로 정리 7.3.10을 쉽게 증명할 수 있다.

베르누이수의 일반화된 비틀림 (h,q)-확장은 다음의 생성 함수에 의해 정의된다.

$$F_{\chi,w,q}^{(h)}(t) = \sum_{a=1}^{f} \frac{\chi(a)\phi_w(a)q^{ha}e^{at}(t+\log q^h)}{w^f q^{hf} e^{ft} - 1} = \sum_{n=0}^{\infty} B_{n,\chi,w}^{(h)}(q)\frac{t^n}{n!}.$$

$w\to 1$이면 $F^{(h)}_{\chi,w,q}(t)\to F^{(h)}_{\chi,q}(t)$와 $B^{(h)}_{n,\chi,w}(q)\to B^{(h)}_{n,\chi,}(q)$임을 알 수 있다.

> [정리 7.3.12] χ가 도수 $f\in\mathbb{Z}^{\times}$의 디리클레 지표라 하면,
>
> $$B^{(h)}_{n,\chi,w}(q)=\int_{\mathbb{Z}_p}\chi(x)\phi_w(x)q^{hx}x^n d\mu_1(x). \tag{7.3.8}$$

증명 (7.3.5)에서 $f(x)=\chi(x)\phi_w(x)q^{hx}e^{tx}$이면,

$$\begin{aligned}&w^f q^{fh}e^{ft}I_1(\phi_w(x)\chi(x)q^{hx}e^{tx})\\&=I_1(\phi_w(x)\chi(x)q^{hx}e^{tx})+\sum_{a=0}^{f-1}q^{ha}\chi(a)\phi_w(a)e^{ta}(\log q^h+t).\end{aligned}$$

이다. 위 식에서 기초적인 계산하면,

$$\begin{aligned}F^{(h)}_{\chi,w,q}(t)&=\int_{\mathbb{Z}_p}\chi(x)\phi_w(x)q^{hx}e^{tx}d\mu_1(x)\\&=\sum_{a=0}^{f-1}\frac{\chi(a)\phi_w(a)q^{ha}e^{at}(t+\log q^h)}{w^f q^{hf}e^{ft-1}}=\sum_{n=0}^{\infty}B^{(h)}_{n,\chi,w}(q)\frac{t^n}{n!}\end{aligned}\tag{7.3.9}$$

를 얻게 된다. (7.3.9)에서 e^{tz}의 테일러 급수를 이용하면 다음을 얻게 된다.

$$\begin{aligned}\sum_{n=0}^{\infty}B^{(h)}_{n,\chi,w}(q)\frac{t^n}{n!}&=\int_{\mathbb{Z}_p}\chi(x)\phi_w(x)q^{hx}e^{tx}d\mu_1(x)\\&=\int_{\mathbb{Z}_p}\chi(x)\phi_w(x)q^{hx}\left(\sum_{n=0}^{\infty}\frac{x^nt^n}{n!}\right)d\mu_1(x)\\&=\sum_{n=0}^{\infty}\left(\int_{\mathbb{Z}_p}\chi(x)\phi_w(x)q^{hx}x^n d\mu_1(x)\right)\frac{t^n}{n!}.\end{aligned}$$

위 식에서 계수들 $\dfrac{t^n}{n!}$을 비교하면 원하는 결과를 얻게 된다. ▨

$f(x)$는 다음과 같이 정의된다.

$$f(x) = \chi(x)\phi_w(x)q^{hx}e^{t(x+z)}.$$

이 함수를 (7.3.5)에 대입하면 다음의 생성함수에 의해 구해지는 베르누이 다항식의 일반화된 비틀림 (h,q)-확장 $B_{n,\chi,w}^{(h)}(z,q)$를 얻게된다.

$$\begin{aligned} F_{\chi,w,q}^{(h)}(t,z) &= \int_{\mathbb{Z}_p} \chi(x)\phi_w(x)q^{h}e^{t(x+z)}d\mu_1(x) \\ &= \sum_{a=1}^{f} \frac{\chi(a)\phi_w(a)q^{ha}e^{(z+a)t}(t+\log q^{h})}{w^f q^{hf}e^{ft}-1} \\ &= \sum_{n=0}^{\infty} B_{n,\chi,w}^{(h)}(z,q)\frac{t^n}{n!}. \end{aligned} \tag{7.3.10}$$

$z=0$을 (7.3.10)에 대입하면, $B_{n,\chi,w}^{(h)}(0,q) = B_{n,\chi,w}^{(h)}(q)$이 n번째 비틀림 (h,q)-베르누이 수임을 알고 있다. 만약 (7.3.10)에서 $w \to 1$이고 $q \to 1$이면

$$F_{\chi,w,q}^{(h)}(t) \to F_\chi(t,z) = e^{zt}\sum_{a=1}^{f}\frac{\chi(a)e^{at}t}{e^{ft}-1} = \sum_{n=0}^{\infty}B_{n,\chi}(z)\frac{t^n}{n!}$$

이다. 이때 $B_{n,\chi}$는 보편적인 일반화된 베르누이 수이다.

$B_{n,\chi,w}^{(h)}(z,q)$와 $B_{k,\chi,w}^{(h)}(q)$의 관계는 다음의 정리에 의해 주어진다.

> [정리 7.3.13] χ가 도수 $f \in \mathbb{Z}^\times$의 디리클레 지표라고 하면,
>
> $$B_{n,\chi,w}^{(h)}(z,q) = \sum_{k=0}^{n}\binom{n}{k}z^{n-k}B_{k,\chi,w}^{(h)}(q).$$

증명 (7.3.10)에서 $e^{t(x+z)}$의 테일러 급수를 이용하면,

$$\begin{aligned}\sum_{n=0}^{\infty} B_{n,\chi,w}^{(h)}(z,q)\frac{t^n}{n!} &= \int_{\mathbb{Z}_p} \chi(x)\phi_w(x)q^{hx}e^{t(x+z)}d\mu_1(x) \\ &= \sum_{n=0}^{\infty}\left(\int_{\mathbb{Z}_p} \chi(x)\phi_w(x)q^{hx}(x+z)^n d\mu_1(x)\right)\frac{t^n}{n!} \\ &= \sum_{n=0}^{\infty}\left(\sum_{k=0}^{n}\binom{n}{k}z^{n-k}\int_{\mathbb{Z}_p} \chi(x)\phi_w(x)q^{hx}x^k d\mu_1(x)\right)\frac{t^n}{n!}.\end{aligned}$$

위의 식에 (7.3.8)를 이용하고 계수 $\frac{t^n}{n!}$을 비교하면 정리를 쉽게 증명할 수 있다. ▩

주의 7.3.14

정리 7.3.13을 이용하면 일반화된 (h,q)-베르누이 다항식의 적분 표현은 다음과 같다.

$$B_{n,\chi,w}^{(h)}(z,q) = \int_{\mathbb{Z}_p} \chi(x)\phi_w(x)q^{hx}(x+z)^n d\mu_1(x), \qquad (7.3.11)$$

여기서 $q \in \mathbb{C}_p$, $|q-1|_p < p^{-\frac{1}{p-1}}$. 정리 7.3.10과 마찬가지로 정리 7.3.13의 또 다른 증명 방법을 얻을 수 있다. 만약 $w\to 1$이고 $q\to 1$이면

$$F_{\chi,w,q}(t,z)\to F_\chi(t,z) = F_\chi(t)e^{zt} = \sum_{a=1}^{f}\frac{\chi(a)e^{(a+z)t}t}{e^{ft}-1} \text{ 와}$$

$$B_{n,\chi,w}(z:q)\to B_{n,\chi}(z)$$

는 보편적인 일반화된 베르누이 다항식이다.

[정리 7.3.15] k가 어떤 양의 정수라 하면 $n \geq 0$에 대하여

$$B_{n,\chi,w}^{(h)}(z,q) = f^{n-1}\sum_{a=0}^{f-1}\chi(a)\phi_w(a)q^{ha}B_{n,w}^{(h)}\left(\frac{a+z}{f},q^f\right). \quad (7.3.12)$$

증명 (7.3.4)와 (7.3.11)을 이용하면 다음을 쉽게 알 수 있다.

$$\begin{aligned}
B_{n,\chi,w}^{(h)}(z,q) &= \int_X \chi(x)\phi_w(x)q^{hx}(x+z)^n d\mu_1(x) \\
&= \lim_{N\to\infty}\frac{1}{fp^N}\sum_{x=0}^{fp^N-1}\chi(x)w^x q^{hx}(x+z)^n \\
&= \frac{1}{f}\lim_{N\to\infty}\frac{1}{p^N}\sum_{a=0}^{f-1}\sum_{x=0}^{p^N-1}\chi(a+fx)w^{a+fx}q^{h(a+fx)}(a+fx+z)^n \\
&= f^{n-1}\sum_{a=0}^{f-1}\chi(a)w^a q^{ha}\lim_{N\to\infty}\sum_{x=0}^{p^N-1}w^{fx}q^{hfx}\left(\frac{a+z}{f}+x\right)^n \\
&= f^{n-1}\sum_{a=0}^{f-1}\chi(a)w^a q^{ha}\int_{\mathbb{Z}_p}\phi_{w^f}(x)q^{fhx}\left(x+\frac{a+z}{f}\right)^n d\mu_1(x).
\end{aligned}$$

위의 식에 (7.3.11)를 이용하면 원하는 결과를 얻게 된다. □

비틀림 제타 함수와 비틀림 L−함수의 q−유사

여기에서 일차 목표는 (7.3.5), (7.3.6), (7.3.9)와 같은 비틀림 (h,q)- 베르누이 다항식과 수의 생성함수에 멜린변환을 적용하는 것이다. 양이 아닌 정수에서 비틀림 (h,q)-베르누이 수로 보간되는 비틀림 (h,q)-제타 함수와 일반화된 비틀림 (h,q)-베르누이 수로 보간되는 (h,q)-L-함수를 정의할 것이다. $q \in \mathbb{C}$ 이고 $|q|<1$ 이며 $s \in \mathbb{C}$ 라고 가정한다. 멜린변환을 (7.3.5)와 (7.3.6)에 적용함으로서 다음의 적분 표현을 얻는다.

$$\begin{aligned}
&\frac{1}{\Gamma(s)}\int_0^\infty t^{s-2}e^{-t}F_{w,q}^{(h)}(-t)dt \\
&= \frac{1}{\Gamma(s)}\int_0^\infty t^{s-2}e^{-t}\left(\frac{-t}{q^h we^{-t}-1}+\frac{hlogq}{q^h we^{-t}-1}\right)dt \\
&= \frac{1}{\Gamma(s)}\int_0^\infty \frac{t^{s-1}e^{-t}dt}{q^h we^{-t}-1}-\frac{hlogq}{\Gamma(s)}\int_0^\infty \frac{t^{s-2}e^{-t}dt}{1-q^h we^{-t}} \\
&= \sum_{n=0}^\infty q^{nh}w^n\frac{1}{\Gamma(s)}\int_0^\infty t^{s-1}e^{-(n+1)t}dt-\frac{hlogq}{\Gamma(s)}\sum_{n=0}^\infty q^{nh}w^n\int_0^\infty t^{s-1}e^{-(n+1)t}dt \\
&= \sum_{n=1}^\infty \frac{w^{n-1}q^{(n-1)h}}{n^s}-\frac{\log q^h}{s-1}\sum_{n=1}^\infty \frac{w^{n-1}q^{(n-1)h}}{n^{s-1}} \\
&= \zeta_{w,q}^{(h)}(s).
\end{aligned} \tag{7.3.13}$$

그리고 위와 비슷한 방법으로

$$\frac{1}{\Gamma(s)}\int_0^\infty t^{s-2}e^{-t}F_{w,q}^{(h)}(-t,x)dt = \zeta_{w,q}^{(h)}(s,x) \tag{7.3.14}$$

얻는다. (7.3.13)과 (7.3.14)를 이용하여 다음과 같이 새로운 비틀림 (h,q)- 제타 함수를 정의한다.

> [정의 7.3.16] $s \in \mathbb{C}$, $\chi \in \mathbb{R}^{\times}$라 하자. 비틀림 (h, q)-제타함수를 다음과 같이 정의한다.
>
> $$\zeta_{w,q}^{(h)}(s) = \sum_{n=1}^\infty \frac{w^{n-1}q^{(n-1)h}}{n^s}-\frac{hlogq}{s-1}\sum_{n=1}^\infty \frac{w^{n-1}q^{(n-1)h}}{n^{s-1}},$$
> $$\zeta_{w,q}^{(h)}(s,x) = \sum_{n=0}^\infty \frac{w^{n-1}q^{(n-1)h}}{(n+\chi)^s}-\frac{hlogq}{s-1}\sum_{n=0}^\infty \frac{w^{n-1}q^{nh}}{(n+\chi)^{s-1}}.$$

정의 7.3.16을 이용하면 $\zeta_{w,q}^{(h)}(s)=\zeta_{w,q}^{(h)}(s,1)$임을 쉽게 알 수 있다. 또한 $Re(s)>1$일 때 $\zeta_{w,q}^{(h)}(s)$는 해석적으로 연속임을 알 수 있

다. 정의 7.3.16에서 $\lim_{w\to 1}\zeta_{w,q}^{(h)}(s)=\zeta_q^{(h)}(s)$을 알았다. 만약 정의 7.3.16에서 $h=1$, $w\to 1$ 그리고 $q\to 1$이면 리만 제타 함수와 허비츠 제타 함수를 얻는다. 음의 정수에서 비틀림 (h,q)-제타 함수의 값은 다음 정리에 의해 구해진다.

> **[정리 7.3.17]** $n\in \mathbb{Z}^{\times}$라 하면
>
> $$\zeta_{w,q}^{(h)}(1-n)=-\frac{B_{n,w}^{(h)}(q)}{n}.$$

증명 (7.3.13)로부터 우리는 다음의 칸투어적분(contour integral)을 이용해 $Y(s)$를 정의한다.

$$Y(s)=\int_C z^{s-2}e^{-z}F_{w,q}^{(h)}(-z)dz \tag{7.3..15}$$

여기에서 C는 무한대에서 출발하여 시계방향으로 원점$(z=0)$을 한번 돌아서 무한대로 되돌아가는 $z=0$과 $z=\infty$를 실수 축 위에서 연결하는 단면을 따라 도는 핸켈의 칸투어이다. 평소처럼 z^s는 $\exp(s\log z)$로 해석하는데 이때 로그는 $\log t$는 실수축의 윗부분 $\log t+2\pi i$는 실수축의 아랫부분을 나타낸다. 그래서 식 (7.3.15)에서 다음을 발견한다.

$$\begin{aligned}Y(s)=&\ (e^{2\pi is}-1)\int_{\epsilon} t^{s-2}e^{-t}F_{w,q}^{(h)}(-t)dt\\ &+\int_{C_\epsilon} z^{s-2}e^{-z}F_{w,q}^{(h)}(-z)dz\end{aligned}$$

여기서 C_ϵ은 시계방향으로 나타나는 반지름이 $\epsilon>0$인 원을 나타낸다. 첫째로 $Re(s)>1$이라 가정하자. 그러면

$$\int_{C_\epsilon} \to 0 \quad as \quad \epsilon \to 0$$

이고 따라서

$$Y(s) = (e^{2\pi is} - 1)\int_0^\infty t^{s-2} e^{-t} F_{w,q}^{(h)}(-t)dt$$

를 갖게 되며 (7.3.14)를 이용하여 다시 쓰면

$$Y(s) = (e^{2\pi is} - 1)\Gamma(s)\zeta_{w,q}^{(h)}(s)$$

이다. 그래서

$$\zeta_{w,q}^{(h)}(s) = \frac{Y(s)}{(e^{2\pi is} - 1)\Gamma(s)} \tag{7.3.16}$$

을 얻게 되고 이는 해석적 연속성에 의해 1이 아닌 모든 s에 대하여 참이 된다. 이것은 $\zeta_{w,q}^{(h)}(s)$의 해석적 연속성을 명백하게 보여준다.

(7.3.16)에서 양의 정수 n에 대해 $s \to 1-n$이라 하자.

$$e^{2\pi is} = e^{2\pi i(1-n)} = 1 \qquad (n \in \mathbb{Z}^\times)$$

이므로 잘 알려진 $\Gamma(s)$에 대한 반사 공식에 의해

$$\begin{aligned}\lim_{s\to 1-n}\{(e^{2\pi is}-1)\Gamma(s)\} &= \lim_{s\to 1-n}\left\{\frac{(e^{2\pi is}-1)}{\sin(\pi s)}\frac{\pi}{\Gamma(1-s)}\right\} \\ &= \frac{2\pi i(-1)^{n-1}}{(n-1)!} \qquad (n \in \mathbb{Z}^\times)\end{aligned} \tag{7.3.17}$$

을 가진다. 더 나아가 (7.3.15)의 적분인자가 (7.3.15)에서 $s=1-n$일 때 볼 수 있는 것처럼 $z=0$에서 차수 $n+1$인 단순극을 가지므로 (7.3.6)에서 만든 멱급수를 이용하면 다음과 같다.

$$Y(1-n) = \int_C z^{-n-1}e^{-z}F_{w,q}^{(h)}(-z)dz \tag{7.3.18}$$
$$= 2\pi i Res_{z=0}\left\{z^{-n-1}e^{-z}F_{w,q}^{(h)}(-z)\right\}$$
$$= (2\pi i)\frac{(-1)^n}{n!}B_{n,w}^{(h)}(q).$$

그러므로 코시의 나머지 정리에 의해 (7.3.17)와 (7.3.18) 그리고 (7.3.16)를 결합하여 정리를 증명할 수 있다. ▢

> [정리 7.3.18] 음의 정수에서 $\zeta_{w,q}^{(h)}(s,x)$ 함수의 값은 양의 정수 n에 대해 다음과 같이 주어진다.
>
> $$\zeta_{w,q}^{(h)}(1-n,x) = -\frac{B_{n,w}^{(h)}(x,q)}{n}. \tag{7.3.19}$$

정리 7.3.18의 (7.3.19)는 정리 11의 증명과 유사하게 증명되기 때문에 자세한 것은 생략하겠다. (7.2.9)에 멜린변환을 이용하면 다음을 얻을 수 있다.

$$\frac{1}{\Gamma(s)}\int_0^\infty t^{s-2}F_{\chi,w,q}^{(h)}(-t)dt$$
$$= \frac{1}{\Gamma(s)}\int_0^\infty t^{s-2}\left(\sum_{a=1}^{f}\frac{\chi(a)\phi_w(a)q^{ha}e^{-at}(-t+\log q^h)}{w^f q^{hf}e^{-ft}-1}\right)dt$$
$$= \frac{1}{\Gamma(s)}\sum_{a=1}^{f}\chi(a)\phi_w(a)q^{ha}\int_0^\infty t^{s-2}\left(-\sum_{n=0}^{\infty}(w^f q^{hf}e^{-ft})^n\right)e^{-at}(-t+\log q^h)dt$$
$$= \frac{1}{\Gamma(s)}\sum_{a=1}^{f}\chi(a)\phi_w(a+fn)q^{h(a+fn)}\sum_{n=0}^{\infty}\int_0^\infty t^{s-1}e^{-(a+nf)t}dt$$
$$- \frac{\log q^h}{\Gamma(s)}\sum_{a=1}^{f}\chi(a)\phi_w(a+fn)q^{h(a+fn)}\sum_{n=0}^{\infty}\int_0^\infty t^{s-2}e^{-(a+nf)t}dt.$$

위 식에서 몇 단계의 기초적인 계산을 하면, 다음 식을 가지게 된다.

$$\begin{aligned}&\frac{1}{\Gamma(s)}\int_0^\infty t^{s-2}F^{(h)}_{\chi,w,q}(-t)dt\\&=\sum_{a=1}^{f}\sum_{n=0}^{\infty}\frac{\chi(a+fn)\phi_w(a+fn)q^{h(a+fn)}}{(a+nf)^s}\\&\qquad-\frac{\log q^h}{s-1}\sum_{a=1}^{f}\sum_{n=0}^{\infty}\frac{\chi(a+fn)\phi_w(a+fn)q^{h(a+fn)}}{(a+nf)^{s-1}}.\end{aligned}$$

$m=1,2,\cdots,\infty$에 대해 $m=a+nf$을 위 식에 대입하면 새로운 비틀림 (h,q)-L-급수의 적분표현

$$\begin{aligned}&\frac{1}{\Gamma(s)}\int_0^\infty t^{s-2}F^{(h)}_{\chi,w,q}(-t)dt\\&=\sum_{n=1}^{\infty}\frac{q^{nh}w^n\chi(n)}{n^s}-\frac{\log q^h}{s-1}\sum_{n=1}^{\infty}\frac{q^{nh}w^n\chi(n)}{n^{s-1}}\\&=L^{(h)}_{w,q}(s,\chi)\end{aligned}\tag{7.3.20}$$

을 구할 수 있다. (7.3.20)을 이용해서 새로운 비틀림 (h,q)-l-함수를 다음과 같이 정의한다.

[정의 7.3.19] $s\in\mathbb{C}$라 하고 χ가 도수 $f\in\mathbb{Z}^\times$의 디리클레 지표면

$$L^{(h)}_{w,q}(s,\chi)=\sum_{n=1}^{\infty}\frac{q^{nh}w^n\chi(n)}{n^s}-\frac{\log q^h}{s-1}\sum_{n=1}^{\infty}\frac{q^{nh}w^n\chi(n)}{n^{s-1}}.$$

$w\to1$이면 위 식은 정의 7.3.3이 됨을 알 수 있다. 위 식에서 $h=1,\ w\to1$ 그리고 $q\to1$이면

$$L(s,\chi)=\sum_{n=1}^{\infty}\frac{\chi(n)}{n^s}$$

이 되는데 이때 $L(s,\chi)$는 디리클레 L-함수이다. 다음 정리에 $\zeta_{w,q}^{(h)}(s,z)$와 $L_{w,q}^{(h)}(s,x)$의 관계를 살펴보자.

> **[정리 7.3.20]** $s\in\mathbb{C}$라 하고 χ가 도수 $f\in\mathbb{Z}^{\times}$의 디리클레라 하면
>
> $$L_{w,q}^{(h)}(s,\chi)=\frac{1}{f^s}\sum_{a=0}^{f-1}q^{ha}w^a\chi(a)\zeta_{w^f,q^f}^{(h)}\left(s,\frac{a}{f}\right). \tag{7.3.21}$$

증명 $m=1,2,3,\cdots,\infty$ 그리고 $a=0,1,\cdots,f-1$이라 하자. $n=a+mf$를 정의 7.3.19에서 대입하면

$$\begin{aligned}L_{w,q}^{(h)}(s,\chi)&=\sum_{a=0}^{f-1}q^{ha}w^a\chi(a)\sum_{m=1}^{\infty}\frac{q^{mfh}w^{fm}}{(a+mf)^s}\\&\qquad-\frac{\log q^h}{s-1}\sum_{a=0}^{f-1}q^{ha}w^a\chi(a)\sum_{m=1}^{\infty}\frac{q^{mfh}w^{fm}}{(a+mf)^{s-1}}\\&=\frac{1}{f^s}\sum_{a=0}^{f-1}q^{ha}w^a\chi(a)\left(\sum_{m=1}^{\infty}\frac{q^{mfh}w^{fm}}{(m+\frac{a}{f})^s}-\frac{\log q^{fh}}{s-1}\sum_{m\equiv1}^{\infty}\frac{q^{mfh}w^{fm}}{(m+\frac{a}{f})^{s-1}}\right).\end{aligned}$$

위 식에 정의 7.3.16을 이용하면 증명되어진다. ▨

음의 정수에서 비틀림 (h,q)-L-함수의 값은 다음의 정리에 의해 주어진다.

[정리 7.3.21] χ가 도수 $f \in \mathbb{Z}^{\times}$의 디리클레 지표라고 하고 $n \in \mathbb{Z}^{\times}$라 하면 다음을 알 수 있다.

$$L_{w,q}^{(h)}(-n,\chi) = -\frac{B_{n+1,\chi,w}^{(h)}(q)}{n+1}.$$

(증명) $n \in \mathbb{Z}^{\times}$라 하고 $s = 1-n$을 (7.3.21)에 대입하면

$$L_{w,q}^{(h)}(1-n,\chi) = f^{n-1}\sum_{a=0}^{f-1} q^{ha}w^{a}\chi(a)\zeta_{w^f,q^f}^{(h)}\left(1-n,\frac{a}{f}\right).$$

이 식에 (7.3.19)를 적용하면

$$\begin{aligned} L_{w,q}^{(h)}(1-n,\chi) &= -\frac{f^{n-1}}{n}\sum_{a=0}^{f-1} q^{ha}w^{a}\chi(a)B_{n,w^f}^{(h)}\left(\frac{a}{f},q^f\right) \\ &= -\frac{1}{n}B_{n,\chi,w}^{(h)}(q) \end{aligned}$$

를 얻는다. 또 이 식에 (7.3.12)를 이용하면 다음의 원하는 결론에 도달한다.

$$L_{w,q}^{(h)}(1-n,\chi) = -\frac{1}{n}B_{n,\chi,w}^{(h)}(q).$$

주의 7.3.22

$s = 1-n$, $n \in \mathbb{Z}^{\times}$라고 하자. 코시의 나머지 정리를 이용하면 정리 7.3.18의 증명과 유사하게 정리 7.3.21의 또 다른 증명을 이끌어낼 수 있다. $w \to 1$이면 정리 7.3.21은 정리 7.3.6이 됨을 알게 된다.

참 고 문 헌

1. 김태균, 박달원, 박홍경, 임석훈, 유천성, 장이채, 정인철(2004), 비아르키메디언 해석학 입문, 교우사.
2. 김태균, 박달원, 박홍경, 임석훈, 유천성, 장이채(2005), 초월함수 개론, 교우사.
3. 김태균, 박홍경, 유천성, 임석훈, 장이채(2006), q-정수의 세계와 그 응용, 교우사.
4. 이우영 · 신항균 · 이홍렬 옮김(2001), 수학의 황제 가우스, 일공일공일.
5. Apostol, T(1976), Introduction to analytic number theory, Springer -Verlag, New York.
6. Bernd C. Kellne, On Irregular Prime Power Divisors Of The Bernoulli Numbers, Mathematics Of Computation(2007), Vol. 76, No. 257, pp. 405-441.
7. J. Bernoulli, Ars Conjectandi, Basel, (1713), (Reprinted on pp. 106-286 in Vol. 3 of "Die Werke von Jakob Bernoulli", Birkhauser Verlag, Basel, 1975. See also SMITH D.E. 1, 85-90.
8. J. Bernoulli(1899), Wahrscheinlichkeitsrechnung, Leipzig, 1899.
9. L. Carlitz(1937), "An analogue of the von Staudt-Clausen theorem", Duke Math. J. 3, 503-517.

10. L. Carlitz(1940), "An analogue of the von Staudt-Clausen theorem", Duke Math. J. 7, 62-67.
11. L. Carlitz(1941), "An analogue of the Bernoulli polynomials", Duke Math. J. 8, 405-412.
12. L. Carlitz(1941), "Generalized Bernoulli and Euler numbers", Duke Math. J. 8 (1941), 585-589.
13. L. Carlitz(1948), "q-Bernoulli numbers and polynomials", Duke Math. J. 15, 987-1000.
14. W. Dane, Bernoulli numbers and Sums of Powers, Int. J. of Mathematical Education in Science and Technology, Vol. 32, No. 3 (2001), pp. 440-443.
15. J. Diamond, The p-adic log gamma function and p-adic Euler constants, Trans. Amer. Math. Soc. 233(1977),321-337.
16. J. Diamond, On the values of p-adic L-functions at positive integers, Acta Arith.,XXXV(1979), 223-237.
17. K. Dilcher(2004), 'A Bibliography of Bernoulli Numbers', http://www.mscs.dal.
ca/~dilcher/bernoulli.html, December 31.
18. J. Faulhaber(1631), "Academia Algebrae, Darinnen die miraculosischeInventiones zu den h¨ochsten Cossen weiters continuirt und profitiert werden", Augspurg, bey Johann Ulrich Sch¨onigs,
19. K. C. Garrett, K. A. Hummel(2004), "Combinatorial proof of the sum of q-cubes", Electron. J. Combin.11.
20. G. Gasper, M. Rahman(1990), "Basic hypergeometric series,

Encyclopedia of Mathematics and Its Applications" 35, Cambridge University Press, Cambridge.

21. I. P. Goulden, D. M. Jackson(2004), Combinatorial enumeration, reprint of the 1983 original, Dover Publications, Inc., Mineola, NY,
22. F. T. Howard, Application of a recurrence for the Bernoulli numbers, J. Number Theory 52(1995), 157-172.
23. I.-C. Huang, S.-Y. Huang, Bernoulli numbers and polynomials via residues, J. Number Theory 76(1999),178-193.
24. L.C. Jang, T. Kim, D.H. Lee and D.W. Park, An application of polylogarithms in the analogues of Genocchi numbers, Notes on Number Theory and Discrete Mathematics 7(3)(2001), 65-70.
25. A. Khrennikov, Non-Archimedean Analysis:quantum paradoxes, dynamical systems and biological models, Klumer, 1997.
26. A. Khrennikov, p-adic valued distributions in mathematical physics, Klumer, 1994.
27. T. Kim(1994), "An analogue of Bernoulli numbers and their congruences", Rep. Fac. Sci. Engrg. Saga Univ. Math., 22(2), 21-26.
28. T. Kim(1994), "On explicit formulas of p-adic q-L-functions", Kyushu J. Math., 48(1), 78-86.
29. T. Kim(1999), "On a q-analogue of the p-adic log gamma functions and related integrals", J. Number Theory 76(2), 320-329.

30. T. Kim(2001), "Sums of products of q-Bernoulli numbers", Arch. Math. (Basel) 76(3), 190-195.
31. T. Kim(2000), "Remark on p-adic q-L-functions and sums of powers", Proc. Jangjeon Math. Soc. 1, 161-169.
32. T. Kim(2001), "Remark on p-adic proofs for q-Bernoulli and Eulerian numbers of higher order", Proc. Jangjeon Math. Soc. 2, 9-15.
33. T. Kim(2001), 'Some q-Bernoulli numbers of higher order associated with the p-adic q-integers', Proc. Jangjeon Math. Soc. 2, 23-28.
34. T. Kim(2001), "A note on p-adic q-Dedekind sums", C. R. Acad. Bulgare Sci. 54(10), 37-42.
35. T. Kim(2001), "A note on the solutions for exercise problems of p-adic q-integrals", Proc. Jangjeon Math. Soc. 2, 45-49.
36. T. Kim(2002), "Some formulae for the q-Bernoulli and Euler polynomials of higher order", J. Math. Anal. Appl. 273 (1), 236-242.
37. T. Kim(2002), "On p-adic q-L-functions and sums of powers", Discrete Math. 252(1-3), 179-187.
38. T. Kim(2002), "A note on exploring the sums of powers of consecutive q-integers". Adv. Stud. Contemp. Math. 11(1), 137-140.
39. T. Kim, Non-Archimedean q-integrals associated with multiple Changhee q-Bernoulli polynomials. Russ. J. Math. Phys.10(2003), no. 1, pp. 91-98

40. T. Kim(2004), "Sums of powers of consecutive q-integers". Adv. Stud. Contemp. Math. 1, 15-18.
41. T. Kim, p-adic q-integrals associated with the Changhee-Barnes' q-Bernoulli polynomials, Integral Transforms Spec. Funct.15(2004), no. 5, 415-420.
42. T. Kim, L. C. Jang and H.K. Pak, A note on q-Euler numbers and Genocchi numbers, Proc. Japan Acad. Ser. A Math. Sci. 77(2001), 139-141.
43. T. Kim, S.H. Rim, J.W. Son and L.C. Jang, On the values of q-analogue of Zeta and L-functions I, Algebra Colloquium 9(2)(2002), 233-240.
44. T. Kim at al., Exploring The Sums of Powers of Consecutive q-Integers, Int. J. of Mathematical Education in Science and Technology, Vol. 36(8)(2005), pp. 947-956.
45. T. Kim at al., Exploring The q-Riemann Zeta Function and q-Bernoulli Polynomials, Int. J. Comput. Math.82 (2005), no. 4, 483-493. 11B68 (11S40 33D45)
46. T. Kim, C.S. Ryoo, Jang, L. C., Rim, S. H.(2005), "Exploring the sums of powers of consecutive q-integers", International Journal of Mathematical Education in Science and Technology, 36(6)
47. D. E. Knuth(1993) "Johann Faulhaber and sums of powers", Math. Comp. 61, 77-294.
48. N. Koblitz(1982), "n Carlitz's q-Bernoulli numbers" J. Number Theory, 14, 332-339.

49. S. H. Rim, T. Kim, C. S. Ryoo(2006), "On the alternating sums of powers of consecutive q-integers", to appear Bull. Korean Math. Soc.42.

50. S.H. Rim and T. Kim, A New Changhee q-Euler Numbers and Polynomials Associated with p-Adic q-Integrals, Computers and Mathematics with Applications(2007), (11B68 11S40).

51. C.S. Ryoo, T. Kim, R. P. Agaral, Exploring the multiple Changhee q-Bernoulli polynomials, Int. J. Comput. Math.82 (2005), no. 4, 483-493. 11B68 (11S40 33D45)

52. C.S. Ryoo and T. Kim, A numerical computation of the structure of the roots of q-Bernoulli polynomials, J. of Computational and Applied Mathematics, (2007), 11B68, 11S40.

53. Satoh, J.(1989), "q-analogue of Riemann's ζ-function and q-Euler number", J. Number Theory, 31(3), 346-362.

54. Schlosser, M.(2004) "q-Analogues of the sums of consecutive integers, squares, cubes, quarts and quints", Elect. J. Comb. 11, #R71.

55. Shen, Y.-Y..(民國 八十九年七月), "Exploring the sums of powers of consecutive Integers with Mathematica", 東海科學弟2卷, 45-48

56. Y.-Y. Shen, A note on the sums of powers of consecutive integers, Tunghai Science 5(2003), 101-106

57. Sherwood, Howard, Sums of powers of integers and

Bernoulli numbers, Math. Gaz. 54(1970), No.389, pp. 272-274.

58. Silvia Dassie, Marco Vianello, And Renato Zanovell, A New Summation Method For Power Series With Rational Coefficients, Mathematics Of Computation(1999), Vol. 69, No. 230, pp. 749-756
59. Tuenter, Hans J. H., The Frobenius problem, sums of powers of integers, and recurrences for the Bernoulli numbers, J. Number Theory 117(2006), No.2, pp. 376-386.
60. S. O. Warnaar, On the q-analogue of the sum of cubes, Electron. J. Combin. 11(2004), #N13.
61. C. F. Woodcock, A two variable Riemann Zeta function, J. Number Theory 27(1987), 212-221.
62. C. F. Woodcock, A spectral properties of tame functions on the ring of p-adic integers, J. London Math. Soc. 30(1984), 407-418.
63. C. F. Woodcock, A spectral valuation on the ring of p-adic integers, J. London Math. Soc. 25(1982), 223-234.

찾아보기

저자 약력

김태균 : 경북대 전자전기컴퓨터학부 (tkim@knu.ac.kr)
장이채 : 건국대 자연과학대학 전산수학과 (leechae.jang@kku.ac.kr)
임석훈 : 경북대 사범대학 수학교육과 (shrim@knu.ac.kr)
박순철 : 경북대 전자전기컴퓨터학부 (scp@knu.ac.kr)
석정영 : 경북대 전자전기컴퓨터학부 (jysug@knu.ac.kr)
최준용 : 경북대 전자전기컴퓨터학부 (abyss1225@hanmail.net)
유천성 : 한남대 이과대학 수학과 (ryoocs@hannam.ac.kr)

비 아르키메디언 적분과 그 응용

2007년 8월 30일 초판 인쇄
2007년 9월 5일 초판 발행

저 자 / 김태균 · 장이채 · 임석훈 · 박순철
석정영 · 최준용 · 유천성
발행자 / 오판근
발행처 / 교우사
주 소 / 서울 동대문구 제기2동 148-19
전 화 / 925-2861, 929-4865
팩 스 / 925-2860
E-mail / kw2861 @ chollian. net
http: // www. kyowoo. co. kr
등록 / 1994. 3. 24 제6-0256호

ISBN 978-89-8172-708-6 (93410)
값 **16,000**원